Training Klassenarbeiten

Lambacher Schweizer

Mathematik für Gymnasien

Klasse **9**

Nordrhein-Westfalen

erarbeitet von
Heinz Peisch

Regionale Beratung für
Nordrhein-Westfalen
Thomas Jörgens

Ernst Klett Verlag
Stuttgart • Leipzig

1. Auflage 1 5 4 3 2 | 2015 14 13

Alle Drucke dieser Auflage sind unverändert und können im Unterricht nebeneinander verwendet werden.
Die letzte Zahl bezeichnet das Jahr des Druckes.

Autor: Heinz Peisch

Redaktion: Eva Göhner, Andreas Marte
Herstellung: SMP Oehler, Remseck

Illustrationen: Christine Lackner-Hawighorst, Ittlingen; Alfred Marzell, Schwäbisch Gmünd
Bildkonzept Umschlag: SoldanKommunikation, Stuttgart
Umschlagsfotografie: Corbis (Diego Lezama Orezzoli); Gettiy Images (Stone/Jody Dole)
Satz: SMP Oehler, Remseck
Druck: Medienhaus Plump GmbH, Rheinbreitbach

Printed in Germany
ISBN 978-3-12-734195-9

9 783127 341959

Inhaltsverzeichnis

Man sollte sich nicht schlafen legen,
ohne sagen zu können,
dass man an dem Tage etwas gelernt hätte.

G. Chr. Lichtenberg

Liebe Schülerin, lieber Schüler,

diese Sammlung von Mathematik-Arbeiten wird dir helfen, dich zielgerichtet auf bevorstehende Mathematik-Klassenarbeiten vorzubereiten.

Vermutlich hast du dich bisher schon mithilfe deines Mathematikbuches und deines Hefts auf Klassenarbeiten vorbereitet. Das solltest du auch zukünftig tun. Dein neues Trainingsbuch bietet dir weitere Möglichkeiten der Vorbereitung, insbesondere das Üben mit realistisch gestellten Klassenarbeiten.

Willst du für eine bevorstehende Klassenarbeit üben, so suchst du im Inhaltsverzeichnis das entsprechende Kapitel heraus. Zu jedem Thema findest du vier Übungsarbeiten. Anhand der ausführlichen Lösungen kannst du dich kontrollieren und deine Leistung bewerten.
Die drei Jahrgangsarbeiten am Ende des Buches dienen der Überprüfung des Gelernten am Schuljahresende.

Folgende Seiten und Abschnitte helfen dir beim Lösen und Verstehen der Klassenarbeiten:
Pinboard – Jedes Kapitel beginnt mit einer Doppelseite *Pinboard*. Hier kannst du die wichtigsten mathematischen Sachverhalte nachlesen. Die richtige Anwendung der Inhalte und Regeln wird dir in Beispielen vorgeführt.
Bist du sicher? – Mit den einfachen Aufgaben in *Bist du sicher?* kannst du ausprobieren, ob du den Stoff des Kapitels verstanden hast. Die Lösungen dazu findest du auf der gleichen Seite. Diesen Kurztest solltest du vor der ersten Klassenarbeit bearbeiten.
Tipps – Die erste Klassenarbeit eines Kapitels enthält *Tipps* zu den gestellten Aufgaben. Diese Tipps solltest du nutzen, wenn du Probleme hast, die Lösung zu finden.
Bei anderen Klassenarbeiten sind Lerntipps aufgeführt, die du ausprobieren kannst. Sie helfen dir zum Beispiel mit Ideen bei der Lösung von Text- oder Geometrieaufgaben.
Lösungen – Bei den ersten beiden Arbeiten eines Kapitels werden nicht nur die *Lösungen* notiert.
In kursiver Schrift werden auch Erklärungen angeboten, Denkanstöße formuliert und alternative Lösungen dargestellt. Wenn du eine Teilaufgabe nicht gelöst hast, kannst du diese kursiven Texte als Lernhilfe nutzen, um nun vielleicht doch noch die Aufgabe selbstständig zu Ende zu führen.

Alle Arbeiten in diesem Buch sind für eine Arbeitszeit von 45 Minuten gedacht.

Bevor du dich an die Arbeit machst, lies bitte in aller Ruhe die nächsten Seiten durch. Dort findest du weitere Hinweise, wie du erfolgreich mit diesem Buch arbeiten kannst.

Wenn du Anregungen und Wünsche hast oder gar Fehler findest, so lass mich dies wissen, damit diese gegebenenfalls in späteren Auflagen berücksichtigt werden können.

Du wirst dieses Buch nicht wie ein Jugendbuch in einem Zuge durchlesen können. Es wird dir ein Lernbegleiter sein und du wirst mit ihm arbeiten. Lesen allein genügt nicht! Ich weiß: Arbeiten ist nicht immer das reine Vergnügen. Konzentriertes Lernen ist manchmal mühevoll, kann aber auch sehr viel Spaß bringen. Jede Reise beginnt mit einem ersten Schritt. Mache dich auf den Weg!

Ich wünsche dir beim Arbeiten mit dieser Aufgabensammlung Freude und viel Erfolg!

Heinz Peisch

Wer wagt, selbst zu denken,
der wird auch selbst handeln.

Bettina von Arnim

Sehr geehrte Eltern,

die vorliegende Sammlung von Klassenarbeiten soll Ihrem Kind die Vorbereitung auf Mathematik-Klassenarbeiten erleichtern.

Dieses Trainingsbuch will den oft geäußerten Wunsch nach realistischen Übungsarbeiten bedienen.
Die vier zu jedem der sechs Gebiete bereitgestellten Klassenarbeiten sind so konzipiert, dass sie Ihrem Kind angemessenes Trainingsmaterial bieten. Lücken oder Ungenauigkeiten können anhand ausführlicher Musterlösungen festgestellt werden. Damit lässt sich der Leistungsstand Ihres Kindes einschätzen. Erkannte Lücken können auf dieser Basis noch vor der Klassenarbeit gefüllt werden. Wer weiß, was er (noch) nicht weiß bzw. nicht genau genug weiß, hat schon einen großen Lernschritt nach vorne gemacht.

Ermuntern Sie Ihr Kind dazu, regelmäßig zu lernen. Eine gute Vorbereitung beginnt nicht erst wenige Tage vor der Klassenarbeit. Damit Ihr Kind ungestört 45 Minuten lang an einer Übungsarbeit trainieren kann, sollten Sie dafür sorgen, dass ein ruhiger und gut beleuchteter Arbeitsplatz zur Verfügung steht.

Freuen Sie sich mit Ihrem Kind über seine Lernerfolge, sprechen Sie aber auch offen über auftretende Schwierigkeiten. Sie können zusammen mit Ihrem Kind überlegen, welche Arbeits- und Lernmethoden hilfreich sein könnten und ihm dabei helfen, diese auszuprobieren. Weitere Anregungen erhalten Sie auch im Gespräch mit der Lehrerin bzw. dem Lehrer Ihres Kindes. Ermutigen Sie Ihr Kind und loben Sie die Anstrengungen, die es unternimmt, um sich auf eine Klassenarbeit vorzubereiten oder schwierige Gebiete zu erschließen.

Wenn diese Aufgabensammlung als Ergänzung zum Unterricht und Erweiterung des Lehrbuchs konsequent durchgearbeitet wird, dann sollte der Erfolg nicht ausbleiben und die Anstrengung Ihres Kindes wird sich in besseren Noten niederschlagen.

Heinz Peisch

Wie du dich mit diesem Buch auf eine Klassenarbeit vorbereiten kannst!

Kläre das Thema der nächsten Klassenarbeit (Lehrerin bzw. Lehrer fragen!) Welches Lehrbuchkapitel, welche Seitenzahlen, welche Aufgaben?

↓

Lies die Seiten „Pinboard" genau durch. Teste dich mit den Aufgaben in „Bist du sicher?"

Diese Seiten sind zum Aufwärmen gedacht. Hier findest du alle wichtigen Informationen für das betreffende Kapitel!
Achte auf die Beispiele!
Nutze die Testaufgaben und deren Lösungen.

↓

War der Test leicht für dich?

Probleme?

Kläre, was dir noch Schwierigkeiten macht! Frage deine Lehrerin oder deinen Lehrer, wenn du nicht weiter weißt.

↓

Suche dir einen ruhigen und hellen Arbeitsplatz. Richte alle Arbeitsmaterialien einsatzbereit her!

↓

Du hast 45 Minuten Arbeitszeit. Lies die ausgewählte Klassenarbeit genau durch und bearbeite diese. Beachte die Tipps!

Schreibe Uhrzeiten zum Arbeitsbeginn und Arbeitsende oben auf das Blatt!
Trage die Lösungen in ein Heft ein!
Keine Schmierzettel!
Schreibe sauber und übersichtlich!
Denke auch an Antwortsätze!

↓

Jetzt kannst du eine Pause machen!

↓

Korrigiere deine Lösung anhand der Lösungsvorschläge.

Schreibe mit roter Farbe „r" oder „f" an die Zwischenergebnisse!
Gib dir die entsprechenden Verrechnungspunktezahlen!
Ziehe für Rechenfehler einen Punkt, für Schreibfehler einen halben Punkt ab!
Kontrolliere auch Zwischenschritte, nicht nur Endergebnisse!

↓

Benote deine Leistung! Fülle den Arbeitsbericht Seite 10 aus!

↓

Versuche bei Unklarheiten, die angegebenen Lösungen zu verstehen.

Achte auch auf die Lerntipps bei manchen Klassenarbeiten oder Lösungen!
Die ersten beiden Klassenarbeiten zu jedem Kapitel enthalten kursiv geschrieben zusätzliche Hilfestellungen: Lösungshinweise, Denkanstöße, alternative Lösungen, usw.

↓

Du hast lange gearbeitet. Jetzt hast du eine Belohnung verdient.

Lernen auf die Klassenarbeit

Aufwärmen

In kaum einem anderen Fach kann man seine Erfolge so gut planen wie in Mathematik. Man muss nicht begabt sein, um Mathematikunterricht erfolgreich zu bewältigen. Ein großer Teil der Aufgaben erfordert nämlich lediglich das Anwenden von Routinetechniken. Diese Techniken kann man lernen und einüben, so wie auch der Sportler oder der Musiker seine Bewegungsabläufe immer wieder trainieren und dabei optimieren muss. Der andere Teil der Aufgaben macht es nötig zu erkennen, wo und wie welche Techniken erfolgversprechend angewendet werden können und diese dann sachgerecht zu nutzen. Dies ist nicht immer ganz einfach, fällt jedoch zunehmend leichter, wenn man über das technische Repertoire sicher verfügt.

Natürlich sollte man (trotz Taschenrechner) schnell und vor allem sicher rechnen können. Die Rechengesetze (Assoziativgesetze und Kommutativgesetze für die Addition bzw. die Multiplikation und das Distributivgesetz) kann man einsehen und daher leicht lernen. Überschlagsrechnungen können helfen, grobe Rechenfehler zu entdecken. Wer dann noch die wenigen Rechenregeln für das Rechnen mit Bruchzahlen und Dezimalzahlen, auch mit negativen Zahlen, kennt und anwenden kann und das Dreisatzschema beherrscht, der hat schon eine sehr gute Grundlage im rechentechnischen Bereich. Das Lösen einfacher linearer Gleichungen und die Auflösung von Formeln nach jeder der vorkommenden Variablen ist dann eine eher leichte Übung.

Die wichtigsten Rechengesetze, Regeln und Formeln, die du bisher kennen gelernt hast, passen auf zwei bis drei Heftseiten! Prüfe dies nach, in dem du diese Grundlagen aus der Arithmetik und Algebra mithilfe deiner Schulbücher und Schulhefte für dich zusammenstellst.

Im Bereich der Geometrie ist es nützlich, die üblichen Bezeichnungen für die vorkommenden geometrischen Objekte Punkt, Strecke, Gerade, Winkel, Kreis zu kennen. Die Konstruktionsschritte der Grundkonstruktionen (z. B. Mittelsenkrechte, Winkelhalbierende, zueinander parallele Geraden, zueinander orthogonale Geraden, Tangenten an einen Kreis) müssen ohne langes Nachdenken korrekt beschrieben und ausgeführt werden können. Wenn du diese Objekte mit Geodreieck und Zirkel sauber zeichnen bzw. konstruieren und Winkel richtig messen und zeichnen kannst, wenn du also auch dein Handwerkszeug im wörtlichen Sinne gut im Griff hast, bist du im technischen Bereich der Geometrie auf dem Laufenden.

Überprüfe dich auch hier selbst, indem du die angesprochenen Zeichnungen bzw. Konstruktionen ausführst. Du wirst sehen, dass du auch hier nicht viele Heftseiten benötigst!

Und die vielen Lehrsätze der Geometrie, die du bisher kennen gelernt hast und wissen sollst? Sind es wirklich so viele? Denke z. B. an die Lehrsätze über Winkel an Geradenkreuzungen, den Satz vom gleichschenkligen Dreieck, die Sätze von der Winkelsumme im Dreieck bzw. im Viereck, den Satz von Thales mit seiner Umkehrung und du hast bereits eine ziemlich vollständige Liste der bisher behandelten Lehrsätze.

Stelle alle dir bekannten geometrischen Lehrsätze aus den vergangenen Schuljahren mit geeigneten und sorgfältigen Zeichnungen zusammen und du wirst vermutlich wieder nur drei Heftseiten benötigen.

Auf wenigen Seiten hast du damit an einem Wochenende die wesentlichen Inhalte und Techniken zusammengestellt, die auch in diesem und den nächsten Schuljahren von elementarer Wichtigkeit sein werden. Du wirst diese Fertigkeiten immer wieder brauchen. Deine Sicherheit im Bearbeiten von Mathematikaufgaben wird wachsen und du wirst erleben, dass du dich dann auch an schwierigere Fragestellungen traust und diese erfolgreich bewältigst.

Wenn du dich nicht sicher fühlst oder deine Zusammenstellung größere Lücken aufweist, dann schau doch einfach in die „Trainingshefte Klassenarbeiten" aus dieser Reihe, die für die vorhergehenden Klassenstufen bereits erschienen sind. Dort findest du – wie auch in diesem Buch – auf den Pinboard-Seiten die wichtigsten Inhalte mit Beispielen kurz und übersichtlich zusammengestellt. Einfache Testaufgaben mit Lösungen erlauben dir eine Lernkontrolle.

In Kondition bringen

Arbeite allein, wenn es darum geht, bereits gelernte Inhalte nur zu wiederholen. Auch wenn du einen neuen Stoff anhand eines Lehrbuchtextes erarbeiten willst, ist es meist zweckmäßig, zuerst allein zu lernen. Eher komplizierte Arbeitsschritte oder Denkprozesse, die deine volle Konzentration verlangen, bei denen also die kleinste Ablenkung störend wäre, werden ebenfalls besser in Einzelarbeit erledigt.

Arbeite mit einem Partner zusammen, wenn es z. B. darum geht, Lücken im Stoff zu füllen. Ihr könnt euch dabei gegenseitig kontrollieren und über euere Vorgehensweisen und Lösungswege diskutieren. Dies gelingt um so besser, je gleichwertiger die beiden Partner sind. Allerdings muss das „Betriebsklima" stimmen! Ihr müsst euch insbesondere über eines einig sein: Wenn gelernt wird, wird gelernt. Sonst nichts!

Wenn es darum geht, umfangreichere Inhalte zusammenzufassen oder neu zu strukturieren, dann kann das Zusammenarbeiten mit mehreren in einer Gruppe hilfreich sein. Vielleicht entwerft ihr euch auch gegenseitig Testaufgaben, wie ihr sie in der Klassenarbeit erwartet. Oder ihr entwickelt eine Mind-Map zu den in der Klassenarbeit erwarteten Themen und arbeitet arbeitsteilig die einzelnen Punkte aus. Anschließend erfolgt dann die Diskussion über die erstellten Materialien, die zur Ergänzung und Präzisierung führen kann, was gleichzeitig mit einer Verständniskontrolle einhergeht. Der Austausch der erarbeiteten Unterlagen ist selbstverständlich. Definitionen, neue Lehrsätze, Beweise, Beispiele, Algorithmen auf Karteikarten notiert, lassen sich überall hin mitnehmen und memorieren!

Es ist offenkundig, dass eine hohe Konzentration im Unterricht und eine sorgfältige Erledigung der Hausaufgaben eine gute Vorbereitung auf eine Klassenarbeit darstellen. Achte darauf, dass du mit deiner Heftführung auf dem Laufenden bist und deine Hefteintragungen sauber, übersichtlich und gut strukturiert sind, damit du auch wirklich damit lernen kannst. Arbeite die behandelten Beispiele noch einmal gründlich durch. Mache dir die verschiedenen Schritte der Lösung klar. Bearbeite ein ähnliches Beispiel selbstständig. Welches waren deine typischen Fehler? Leichtsinnsfehler? Systematische Fehler? Noch ist Zeit, etwas dagegen zu tun!

Nutze alle Möglichkeiten, die dir diese Aufgabensammlung bietet!

Anwenden

In der Regel sind die ersten Aufgaben der Klassenarbeit die einfachsten. Daher gilt: Fang vorne an! Damit kannst du dich „warmlaufen". Die erfolgreiche Bewältigung dieser Aufgaben gibt dir Sicherheit.

Arbeite nicht blind drauflos. Mache dir die Aufgabenstellung klar, lies den Text gegebenenfalls auch mehrmals, unterstreiche wichtige Passagen, fertige – wenn möglich oder nötig – eine saubere Zeichnung an. Mache nur das, was der Aufgabentext von dir verlangt. Achte auf Schlüsselwörter in den Fragestellungen: „Berechne …", „Gib an …", „Formuliere …", „Überprüfe …", „Beschreibe …", „Beurteile …", „Zeichne …", „Konstruiere …", „Beweise …".

Überlege, ob dir eine ähnliche Fragestellung schon einmal begegnet ist und, wenn dies der Fall sein sollte, wie du damals vorgegangen bist. Dies fällt dir leichter, wenn du wichtige, häufig wiederkehrende Vorgehensweisen stichwortartig gelernt hast. Arbeite zügig, aber nicht hektisch!

Komplexere Fragestellungen lassen sich meist in Einzelschritte zerlegen. Mache einen schriftlichen Plan, welche Schritte du nacheinander erledigen willst. Arbeite die Schritte nacheinander ab und prüfe diese, ob dir klar ist, warum du so vorgehst, welche Rechenregel, welchen Lehrsatz du gerade verwendest und welche Funktion dieser Arbeitsschritt hat. Kontrolliere dabei immer wieder die Richtigkeit der Vorgehensweise (durch das Einsetzen einfacher Zahlen, durch eine Überschlagsrechnung, durch Nachmessen in einer Figur).

Wenn gar nichts mehr geht, hilft manchmal eine kleine Pause. Ruhig bleiben! Nicht die Nerven verlieren! Vielleicht kommst du mit einer anderen Aufgabe besser klar? Bearbeite zuerst diese und komme später wieder auf die zurückgestellte Aufgabe zurück. Gutes Gelingen!

Dein Arbeitsplan

In der untenstehenden Tabelle kannst du eintragen, wann du die jeweilige Klassenarbeit bearbeitet hast, wie viele Verrechnungspunkte du dabei erreichen konntest und welcher Note dies entsprechen würde. Für die Umrechnung von Verrechnungspunkten in eine Note gilt:

Verrechnungspunkte (VP)	0-4	5-6	7-8	9-10	11-12	13-14	15-16	17-18	19-20	21-22	23-24
Note	6	5-6	5	4-5	4	3-4	3	2-3	2	1-2	1

Bei halben Verrechnungspunkten darfst du auf die nächste volle Punktzahl aufrunden. Wenn du also 18,5 Verrechnungspunkte erreicht hast, gibst du dir die Note 2.

Wenn dir nicht alle Lösungen gelungen sind, dann solltest du sorgfältig die Aufgabennummern vermerken, bei denen Unklarheiten aufgetreten sind. Versuche diese Fragen dann mithilfe des Lehrbuchs, deines Heftes oder auch deiner Mitschüler rasch zu klären. In Zweifelsfällen kannst du deine Lehrerin oder deinen Lehrer fragen.

Mit der Tabelle behältst du den Überblick: Wo sind offene Fragen? Welche Arbeiten kannst du noch schreiben? Was ist geklärt und verstanden?

Übungsarbeit	Tag der Bearbeitung	Ergebnis in VP	Note	Unklarheiten bei folgenden Aufgaben	Unklarheiten geklärt?
Beispiel	18.10.10	19,5	2	Nr. 3b, Nr. 4a	Ja, 20.10.10
Quadratische Funktionen und quadratische Gleichungen					
Klassenarbeit 1.1					
Klassenarbeit 1.2					
Klassenarbeit 1.3					
Klassenarbeit 1.4					
Ähnliche Figuren – Strahlensätze					
Klassenarbeit 2.1					
Klassenarbeit 2.2					
Klassenarbeit 2.3					
Klassenarbeit 2.4					
Formeln in Figuren und Körpern					
Klassenarbeit 3.1					
Klassenarbeit 3.2					
Klassenarbeit 3.3					
Klassenarbeit 3.4					

Übungsarbeit	Tag der Bearbeitung	Ergebnis in VP	Note	Unklarheiten bei folgenden Aufgaben	Unklarheiten geklärt?
Potenzen					
Klassenarbeit 4.1					
Klassenarbeit 4.2					
Klassenarbeit 4.3					
Klassenarbeit 4.4					
Wachstumsvorgänge					
Klassenarbeit 5.1					
Klassenarbeit 5.2					
Klassenarbeit 5.3					
Klassenarbeit 5.4					
Trigonometrie – Berechnungen an Dreiecken und periodische Vorgänge					
Klassenarbeit 6.1					
Klassenarbeit 6.2					
Klassenarbeit 6.3					
Klassenarbeit 6.4					
Jahrgangsarbeiten					
Jahrgangsarbeit 1					
Jahrgangsarbeit 2					
Jahrgangsarbeit 3					

Pinboard – Quadratische Funktionen

Quadratische Gleichungen

Definition

Die Gleichung $ax^2 + bx + c = 0$, $x \in \mathbb{R}$, a, b, $c \in \mathbb{R}$, $a \neq 0$, heißt Normalform der quadratischen Gleichung.
Sie kann nach Division durch a in die Form $x^2 + px + q = 0$, $x \in \mathbb{R}$, gebracht werden.
Der Term $\left(\frac{p}{2}\right)^2 - q$ heißt Diskriminante der quadratischen Gleichung. Er wird mit D bezeichnet.

Beispiele

$2x^2 - 3x + 1 = 0$; $a = 2$; $b = -3$; $c = 1$;
$5x^2 - 2x = 0$; $a = 5$; $b = -2$; $c = 0$;

$x^2 - 2x + 2 = 0$; $p = -2$; $q = 2$;
$D = (-1)^2 - 2 = -1$
$x^2 + 4x + 4 = 0$; $p = 4$; $q = 4$;
$D = 2^2 - 4 = 0$
$x^2 - 5x + 6 = 0$; $p = -5$; $q = 6$
$D = \left(-\frac{5}{2}\right)^2 - 6 = \frac{1}{4}$

Lösungsformel

Falls $D < 0$, so hat die quadratische Gleichung keine Lösung.

Falls $D = 0$, so hat die quadratische Gleichung nur die Lösung $x_1 = -\frac{p}{2}$.

Falls $D > 0$, so hat die quadratische Gleichung die beiden Lösungen

$x_1 = -\frac{p}{2} + \sqrt{\left(\frac{p}{2}\right)^2 - q}$; $x_2 = -\frac{p}{2} - \sqrt{\left(\frac{p}{2}\right)^2 - q}$

Beispiele

$x^2 - 2x + 3 = 0$
$D = (-1)^2 - 3 = -2 < 0$; keine Lösung

$x^2 - 6x + 9 = 0$;
$D = (-3)^2 - 9 = 0$; eine Lösung, nämlich
$x_1 = \frac{-(-6)}{2} = 3$
$\frac{1}{2}x^2 + x - 4 = 0$ wird in Normalform zu
$x^2 + 2x - 8 = 0$;
$D = 1^2 - (-8) = 9 > 0$; zwei Lösungen
$x_1 = -1 + \sqrt{9} = 2$; $x_2 = -1 - \sqrt{9} = -4$

Tipps – für Spezialfälle

$2x^2 + 3x = 0$
$x(2x + 3) = 0$
$x = 0$ oder $2x + 3 = 0$
$x_1 = 0$ oder $x_2 = -\frac{3}{2}$

$4x^2 - 1 = 0$
$4x^2 = 1$
$x^2 = \frac{1}{4}$
$x_1 = \frac{1}{2}$ oder $x_2 = -\frac{1}{2}$

$2x^2 + 8 = 0$
$2x^2 = -8$
$x^2 = -4$
Die Gleichung hat keine Lösung.

Scheitelpunktbestimmung

Definition	Beispiele
Die Graphen quadratischer Funktionen haben einen höchsten oder einen tiefsten Punkt. Dieser Punkt heißt Scheitelpunkt.	Im ersten Fall kann der Scheitelpunkt unmittelbar an der Gleichung abgelesen werden. Im zweiten Fall verwendet man die Methode „quadratisches Ergänzen".
Vorgehensweise	
1. Fall Wenn die Funktionsgleichung bereits in der Scheitelform $f(x) = a \cdot (x - d)^2 + e$ vorliegt, so muss man nur die Koordinaten des Scheitelpunkts ablesen. Scheitelpunkt: $S(d \mid e)$	**1. Fall** $f(x) = (x - 5)^2 + 1$; $S(5 \mid 1)$ $f(x) = 2 \cdot (x - 1)^2 + 7$; $S(1 \mid 7)$ $f(x) = -3 \cdot (x - 2)^2 - 1$; $S(2 \mid -1)$ $f(x) = \frac{1}{4}(x + 3)^2 - 4$; $S(-3 \mid -4)$
2. Fall Die Gleichung der quadratischen Funktion ist in Normalform gegeben. $f(x) = ax^2 + bx + c$, $x \in \mathbb{R}$ Ausklammern von a: $f(x) = a \cdot \left(x^2 + \frac{b}{a}x + \frac{c}{a}\right)$ Quadratische Ergänzung einführen: $f(x) = a \cdot \left(x^2 + \frac{b}{a}x + \left(\frac{b}{2a}\right)^2 - \left(\frac{b}{2a}\right)^2 + \frac{c}{a}\right)$ Binomische Formel anwenden: $f(x) = a \cdot \left(\left(x + \frac{b}{2a}\right)^2 - \left(\frac{b}{2a}\right)^2 + \frac{c}{a}\right)$ Distributivgesetz anwenden: $f(x) = a \cdot \left(x + \frac{b}{2a}\right)^2 + \left(-\frac{b^2}{4a} + c\right)$ Mit der Scheitelform vergleichen: $f(x) = a \cdot (x - d)^2 + 2$ $d = -\frac{b}{2a}$, $e = -\frac{b^2}{4a} + c$ Scheitelpunkt angeben: $S(d \mid e)$	**2. Fall** Durch quadratisches Ergänzen führt man die Normalform in die Scheitelform über. $f(x) = 3x^2 - 24x + 47$, $x \in \mathbb{R}$ Ausklammern von 3: $f(x) = 3 \cdot \left(x^2 - 8x + \frac{47}{3}\right)$ Die Hälfte des Faktors bei x quadrieren, addieren und sofort wieder subtrahieren: $f(x) = 3 \cdot \left(x^2 - 8x + \left(-\frac{8}{2}\right)^2 - \left(-\frac{8}{2}\right)^2 + \frac{47}{3}\right)$ Die ersten drei Summanden in der Klammer mit der binomischen Formel als Produkt schreiben: $f(x) = 3 \cdot \left((x - 4)^2 - \left(-\frac{8}{2}\right)^2 + \frac{47}{3}\right)$ Ausmultiplizieren: $f(x) = 3 \cdot (x - 4)^2 - 3 \cdot \left(-\frac{8}{2}\right)^2 + 3 \cdot \frac{47}{3}$ Vereinfachen und vergleichen: $f(x) = 3 \cdot (x - 4)^2 - 1$; $d = 4$; $e = -1$ Scheitelpunkt angeben: $S(4 \mid -1)$

Das Distributivgesetz – Besonderheiten

Ausmultiplizieren	Beispiele
Liest man das Distributivgesetz von links nach rechts, so beschreibt es das Multiplizieren einer Summe mit einem Term. Aus einem Produkt wird eine Summe.	$(a + b) \cdot c = a \cdot c + b \cdot c$ $(4x + 3) \cdot 2x = 4x \cdot 2x + 3 \cdot 2x$ $= 8x^2 + 6x$
Ausklammern (Faktorisieren)	**Beispiele**
Liest man das Distributivgesetz von rechts nach links, so beschreibt es das Ausklammern eines Terms. Aus einer Summe wird ein Produkt.	$a \cdot c + b \cdot c = (a + b) \cdot c = c \cdot (a + b)$ $20x^2 - 12x = 4x \cdot (5x - 3)$
Multiplizieren von Summen	**Beispiele**
Zwei Summen werden miteinander multipliziert, indem man jeden Summanden der einen Summe mit jedem Summanden der anderen Summe multipliziert und die entstehenden Produkte addiert, denn: $(a + b) \cdot (c + d) = (a + b) \cdot c + (a + b) \cdot d$ $= a \cdot c + b \cdot c + a \cdot d + b \cdot d$ $= ac + ad + bc + bd$	$(x + 4) \cdot (2x + 3) = x \cdot 2x + x \cdot 3 + 4 \cdot 2x + 4 \cdot 3$ $= 2x^2 + 3x + 8x + 12$ $= 2x^2 + 11x + 12$ $(3x - 1) \cdot (4 + 5x) = (3x + (-1)) \cdot (4 + 5x)$ $= 3x \cdot 4 + 3x \cdot 5x + (-1) \cdot 4 + (-1) \cdot 5x$ $= 12x + 15x^2 - 4 - 5x$ $= 15x^2 + 7x - 4$
Spezialfälle	**Beispiele**
1. binomische Formel $(a + b)^2 = a^2 + 2ab + b^2$ 2. binomische Formel $(a - b)^2 = a^2 - 2ab + b^2$ 3. binomische Formel $(a + b) \cdot (a - b) = a^2 - b^2$	$(3x + 2)^2 = (3x)^2 + 2 \cdot 3x \cdot 2 + 2^2 = 9x^2 + 12x + 4$ $(x - 5)^2 = x^2 - 2 \cdot x \cdot 5 + 5^2 = x^2 - 10x + 25$ $(2x - 7) \cdot (2x + 7) = (2x)^2 - 7^2 = 4x^2 - 49$

d quadratische Gleichungen

Aufstellen von Funktionsgleichungen

Lineare Funktionen

Eine Gerade hat die allgemeine Gleichung $y = mx + n$, $x \in \mathbb{R}$, wobei m und n noch unbekannt sind. Die Gerade soll durch die Punkte $P_1(x_1|y_1)$ und $P_2(x_2|y_2)$ gehen.
Um die Gleichung der Geraden zu bestimmen, d.h. m und n zu berechnen, setzt man die Koordinaten der beiden Punkte in die Gleichung der Geraden ein. Das entstehende Gleichungssystem aus zwei Gleichungen mit zwei Unbekannten wird dann gelöst.

Beispiel

Die Punkte $P_1(2|3)$ und $P_2(-1|1)$ bestimmen eine Gerade. Wie heißt die Gleichung dieser Geraden?

Die Gerade habe die Gleichung $y = mx + n$, $x \in \mathbb{R}$.
Einsetzen der Koordinaten von P_1:
$3 = m \cdot 2 + n$
(1) $2m + n = 3$
Einsetzen der Koordinaten von P_2:
$1 = m \cdot (-1) + n$
(2) $-m + n = 1$
Lösen des Gleichungssystems ergibt $m = \frac{2}{3}$, $n = \frac{5}{3}$.
Die Geradengleichung lautet $y = \frac{2}{3}x + \frac{5}{3}$, $x \in \mathbb{R}$.

Quadratische Funktionen

1. Fall Normalform
Der Graph einer quadratischen Funktion soll durch die drei Punkte $P_1(x_1|y_1)$, $P_2(x_2|y_2)$ und $P_3(x_3|y_3)$ gehen, wobei einer der Punkte auf der y-Achse liegt.
In diesem Fall verwendet man die Normalform $y = ax^2 + bx + c$, $x \in \mathbb{R}$, zur Aufstellung der Funktionsgleichung, wobei a, b, c noch unbekannt sind.
Um die Gleichung des Graphen zu bestimmen, d.h. a, b, c zu berechnen, setzt man die Koordinaten der drei Punkte in die gegebene Gleichung ein. Das entstehende Gleichungssystem aus drei Gleichungen und drei Unbekannten wird dann gelöst. Dazu kann man aus einer der Gleichungen den Wert von c bestimmen. Diesen Wert setzt man dann in die beiden anderen Gleichungen ein und löst das entstehende Gleichungssystem aus zwei Gleichungen mit zwei Unbekannten.

2. Fall Scheitelform
Der Graph einer quadratischen Funktion soll den Scheitel $S(d|e)$ haben und durch den Punkt $P_1(x_1|y_1)$ gehen.
In diesem Fall verwendet man die Scheitelpunktform $y = a \cdot (x - d)^2 + e$, $x \in \mathbb{R}$, wobei a, d, e noch unbekannt sind.
Man setzt die Koordinaten des Scheitelpunkts in die Gleichung ein und erhält eine Gleichung mit der einzigen Unbekannten a.
In diese Gleichung setzt man die Koordinaten des Punktes P_1 ein und bestimmt daraus a.

Beispiele

1. Fall
Der Graph soll durch die Punkte $P_1(0|4)$, $P_2(2|2)$ und $P_3(-1|8)$ gehen.
Wie heißt die Gleichung des Graphen?

Die Normalform ist $y = ax^2 + bx + c$, $x \in \mathbb{R}$.

Einsetzen der Koordinaten der drei Punkte ergibt das Gleichungssystem:
(1) $4 = a \cdot 0^2 + b \cdot 0 + c$
(2) $2 = a \cdot 2^2 + b \cdot 2 + c$
(3) $8 = a \cdot (-1)^2 + b \cdot (-1) + c$
Aus (1) folgt $c = 4$.
Einsetzen in (2) und (3) ergibt:
(2') $2 = 4a + 2b + 4$
(3') $8 = a - b + 4$
Daraus erhält man $a = 1$ und $b = -3$.
Der Graph hat die Gleichung
$y = x^2 - 3x + 4$, $x \in \mathbb{R}$.

2. Fall
Der Graph soll den Scheitel $S(-2|1)$ haben und durch den Punkt $P_1(4|19)$ gehen.
Wie heißt die Gleichung des Graphen?

Die Scheitelpunktform ist
$y = a \cdot (x - d)^2 + e$, $x \in \mathbb{R}$.
Einsetzen der Koordinaten des Scheitelpunkts ergibt:
$y = a \cdot (x - (-2))^2 + 1 = a \cdot (x + 2)^2 + 1$
Einsetzen der Koordinaten von P_1 ergibt:
$19 = a \cdot (4 + 2)^2 + 1$
Daraus ergibt sich $a = \frac{1}{2}$.
Der Graph hat die Gleichung
$y = \frac{1}{2} \cdot (x + 2)^2 + 1$.

Zwei falsche Gleichungen

Beim Abschreiben aus dem Schulbuch macht Pia einen Fehler beim konstanten Summanden einer quadratischen Gleichung und erhält die Lösungen 2 und 8. Moritz schreibt bei derselben Gleichung den Faktor bei x falsch ab und erhält die Lösungen −1 und −9. Welches sind die Lösungen der korrekten Gleichung?

Bist du sicher?

1 Forme die Funktionsgleichung in die Normalform um.
a) $f(x) = (x - 1)^2$
b) $f(x) = \left(x + \frac{1}{2}\right)^2$
c) $f(x) = (3x - 2)^2$
d) $f(x) = (0{,}2x + 5)^2$
e) $f(x) = \frac{1}{4}(x - 1)^2 + \frac{3}{4}$
f) $f(x) = \frac{2}{3}(x + 6)^2 - 12$

2 Forme mithilfe der binomischen Formeln in die Scheitelpunktform um.
a) $f(x) = x^2 - 6x + 9$
b) $f(x) = x^2 + x + \frac{1}{4}$
c) $f(x) = 4x^2 - 16x + 16$
d) $f(x) = (2x + 5)^2$

3 Forme in die Scheitelform um.
a) $f(x) = x^2 + 3x$
b) $f(x) = x^2 - 9x$
c) $f(x) = x^2 - 6x + 1$
d) $f(x) = x^2 + 4x + 9$

4 Löse die quadratischen Gleichungen.
a) $x^2 - \frac{4}{9} = 0$
b) $x^2 - 9x = 0$
c) $x^2 - 3x - 10 = 0$
d) $x^2 - \frac{1}{6}x - \frac{1}{3} = 0$
e) $x^2 + 3{,}5x - 2 = 0$
f) $20x^2 - 7x - 3 = 0$
g) $24x^2 + x - 3 = 0$
h) $x^2 + \sqrt{2}x - 4 = 0$

5 Gib jeweils eine quadratische Gleichung an.
a) Die Lösungen sind $x_1 = -\frac{1}{2}$; $x_2 = 3$.
b) Die einzige Lösung ist $x_1 = -4$.
c) Die Gleichung hat keine Lösung.

6 Bestimme die Gleichung der Parabel durch die Punkte $A(0|3)$, $B(1|4)$ und $C(-2|13)$.

Lösungen

1 a) $x^2 - 2x + 1$ b) $x^2 + x + \frac{1}{4}$ c) $9x^2 - 12x + 4$ d) $0{,}04x^2 + 2x + 25$ e) $\frac{1}{4}x^2 - \frac{1}{2}x + 1$ f) $\frac{2}{3}x^2 + 8x + 12$ **2** a) $f(x) = (x - 3)^2$ b) $f(x) = \left(x + \frac{1}{2}\right)^2$ c) $f(x) = 4 \cdot (x - 2)^2$ d) $f(x) = 4 \cdot \left(x + \frac{5}{2}\right)^2$ **3** a) $f(x) = \left(x + \frac{3}{2}\right)^2 - \frac{9}{4}$ b) $f(x) = \left(x - \frac{9}{2}\right)^2 - \frac{81}{4}$ c) $f(x) = (x - 3)^2 - 8$ d) $f(x) = (x + 2)^2 + 5$ **4** a) $\left\{\frac{2}{3}; -\frac{2}{3}\right\}$ b) $\{0; 9\}$ c) $\{-2; 5\}$ d) $\left\{-\frac{1}{2}; \frac{2}{3}\right\}$ e) $\left\{\frac{1}{2}; -4\right\}$ f) $\left\{-\frac{1}{4}; \frac{3}{5}\right\}$ g) $\left\{-\frac{3}{8}; \frac{1}{3}\right\}$ h) $\left\{\sqrt{2}; -2\sqrt{2}\right\}$ **5** Es gibt jeweils unendlich viele Lösungen, z.B. a) $\left(x + \frac{1}{2}\right)(x - 3) = x^2 - \frac{5}{2}x - \frac{3}{2} = 0$ b) $(x + 4)^2 = x^2 + 8x + 16 = 0$ c) $x^2 + 1 = 0$ **6** $f(x) = 2x^2 - x + 3$

Klassenarbeit 1.1

Anfangszeit: ______________ + 45 Minuten → Abgabe: ______________

1 (1 + 1 + 1 VP)
Schreibe die Terme als Summen.
a) $(2 + x)^2$
b) $\left(\frac{1}{2}x - 3\right)^2$
c) $(0{,}7x + 1)^2$

2 (2 + 2 + 2 + 2 VP)
Löse die quadratischen Gleichungen. Schreibe jeweils den vollständigen Lösungsweg auf.
a) $x^2 + 2x - 15 = 0$ b) $6x^2 - x - 1 = 0$
c) $\frac{9}{2}x = 1 + 2x^2$ d) $8x = 4x^2$

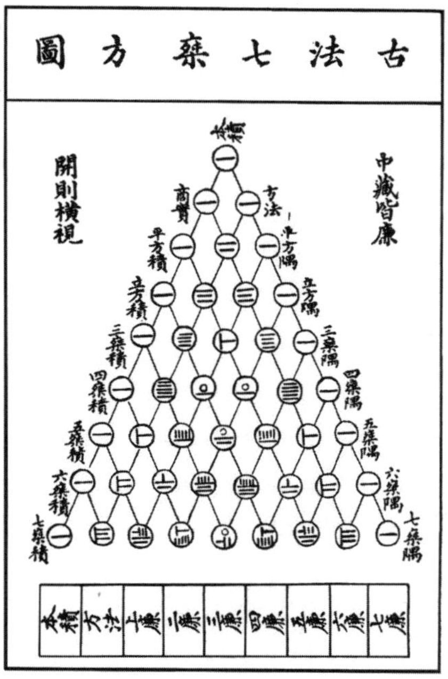

3 (1 + 1,5 + 1,5 VP)
Bestimme die Funktionsgleichungen der linearen Funktionen f, deren Graphen die angegebenen Eigenschaften haben.
a) Der Graph von f geht durch $O(0|0)$ und $P(-2|1)$.
b) Der Graph von f geht durch $P(-3|-4)$ und $Q(2|0)$.
c) Der Graph von f geht durch $P(1|1)$ und hat die Steigung -2.

4 (2 + 2 VP)
Bestimme die Funktionsgleichungen der quadratischen Funktionen f, deren Graphen die angegebenen Eigenschaften haben.
a) Der Graph von f mit $f(x) = x^2 + bx + c$ geht durch $P(1|-2)$ und $Q(-3|-2)$.
b) Der Graph von f hat den Scheitel $S(3|1)$ und geht durch $R(5|7)$.

5 (1 + 2 + 2 VP)
Die Summe $1 + 2 + 3 + \ldots + (n - 1) + n$ der n ersten natürlichen Zahlen lässt sich mithilfe der Formel $s(n) = \frac{1}{2} \cdot n \cdot (n + 1)$ berechnen.
a) Bestimme diese Summe für $n = 100$.
b) Für welche natürliche Zahl n erhält man die Summe 2 013 021?
c) Für welche natürliche Zahl wird die Summe erstmals größer als 10^9?

Lerntipps

zu Aufgabe 1
Beachte: $(a + b)^2$ bedeutet $(a + b) \cdot (a + b)$.
Das Distributivgesetz bzw. die Binomische Formel zeigt: $(a + b)^2 = a^2 + 2ab + b^2$.
Vermeide den häufig vorkommenden Fehler, den Summanden 2ab zu vergessen.
zu Aufgabe 2
Bringe die Gleichungen grundsätzlich immer zuerst auf die Form $ax^2 + bx + c = 0$ und dann auf die Form $x^2 + px + q = 0$, ehe du p und q identifizierst und die Lösungsformel anwendest. Beachte dabei, dass p und q auch negative Zahlen sein können.
zu Aufgabe 3
Die Funktionsgleichung einer linearen Funktion f lässt sich in der Form $f(x) = m \cdot x + n$ schreiben.
Dabei bedeutet m die Steigung des Graphen (der Geraden) und n ist der y-Achsenabschnitt.

Klassenarbeit 1.2

Anfangszeit: ____________ + 45 Minuten → Abgabe: ____________

1 (4 VP)
Die Graphen zu den folgenden Funktionsgleichungen sind Parabeln. Manche dieser Parabeln haben den Scheitelpunkt S(−4 | 1).
Kreuze „wahr" an, wenn dies zutrifft. Anderenfalls kreuze „falsch" an.

	wahr	falsch
1. $f(x) = (x - 4)^2 - 1$	☐	☐
2. $f(x) = 2 \cdot (x - 4)^2 + 1$	☐	☐
3. $f(x) = (x + 4)^2 - 1$	☐	☐
4. $f(x) = 3 \cdot (x + 4)^2 + 1$	☐	☐
5. $f(x) = (x - 1)^2 + 4$	☐	☐
6. $f(x) = (x + 1)^2 - 4$	☐	☐
7. $f(x) = -(x + 4)^2 + 1$	☐	☐
8. $f(x) = \frac{1}{2} \cdot (x + 4)^2 - 1$	☐	☐

2 (2 + 2 + 2 + 3 VP)
Löse die quadratischen Gleichungen.
Schreibe jeweils den vollständigen Lösungsweg auf.

a) $x^2 = 11x - 30$
b) $x^2 - \frac{13}{4}x - \frac{7}{8} = 0$
c) $3x^2 - 12x = 0$
d) $(x + 2) \cdot (2x - 1) = (3x + 1) \cdot \left(x - \frac{1}{2}\right)$

3 (4 + 3 VP)
Die Parabel mit der Gleichung $f(x) = \frac{1}{4}x^2 - x - 1{,}5,\ x \in \mathbb{R}$, und die Gerade mit der Gleichung $g(x) = x + 1,\ x \in \mathbb{R}$, sind gegeben.
a) Ermittle die Schnittpunkte der Parabel mit der x-Achse sowie den Parabelscheitel.
b) In welchen Punkten schneidet die Gerade die Parabel?

4 (4 VP)
Die Summe der Quadrate von drei aufeinanderfolgenden geraden Zahlen ist 2708.
Wie heißen diese Zahlen?

Lerntipps

zu Aufgabe 4
Lies den Text genau. Verwende einen Variablennamen, z. B. für die kleinste der drei geraden Zahlen.
Wie heißen dann die nächsten beiden geraden Zahlen? Wie heißen deren Quadrate?

Anfangszeit: ____________________ + 45 Minuten → Abgabe: ____________________

1 (6 VP)
Die gezeichneten Graphen G_1, G_2, G_3 und G_4 gehören zu Funktionsgleichungen von quadratischen Funktionen.
Bestimme diese Funktionsgleichungen.
Lies dazu geeignete Punkte der Graphen ab.

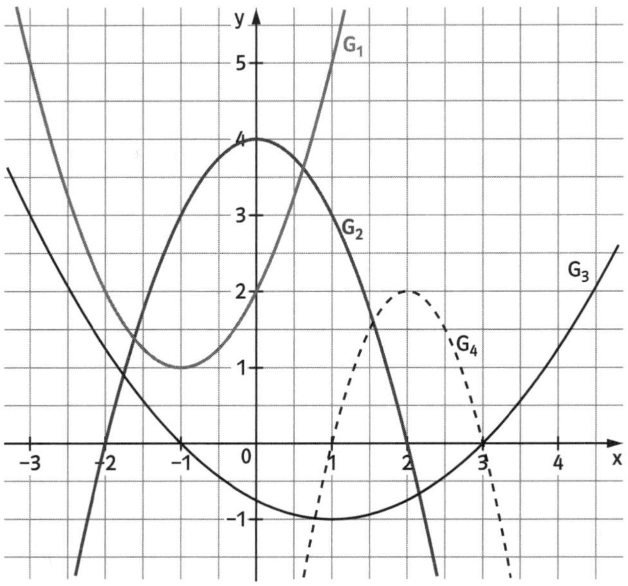

2 (4 VP)
Welche der folgenden quadratischen Gleichungen hat die beiden angegebenen Lösungen?
Kreuze „wahr" an, wenn dies zutrifft.
Anderenfalls kreuze „falsch" an.

	Gleichung	Lösungen	wahr	falsch
1.	$2x^2 - 4 = 0$	$x_1 = \sqrt{2},\ x_2 = -\sqrt{2}$		
2.	$2x^2 + 3x - 5 = 0$	$x_1 = 1,\ x_2 = \frac{1}{2}$		
3.	$3 \cdot \left(x - \frac{2}{3}\right) \cdot \left(x + \frac{1}{2}\right) = 0$	$x_1 = -\frac{2}{3},\ x_2 = -\frac{1}{2}$		
4.	$\frac{1}{4}(x - 3)^2 - 1 = 0$	$x_1 = 1,\ x_2 = 5$		

3 (5 VP)
Ergänze in den folgenden unvollständigen Aussagen jeweils „manchmal", „immer" oder „nie", so dass die Aussagen wahr sind.

	Aussage
1.	Die Gleichung $x^2 + q = 0$ hat ____________________ zwei Lösungen.
2.	Die Gleichung $x^2 + px = 0,\ p \neq 0$, hat ____________________ zwei Lösungen.
3.	Die Gleichung $x^2 + px + q = 0,\ p \neq 0,\ q \neq 0$, hat ____________________ zwei Lösungen.
4.	Die Gleichung $ax^2 + bx = 0,\ a > 0,\ b > 0$, hat ____________________ zwei Lösungen.
5.	Die Gleichung $ax^2 + c = 0,\ a > 0,\ c > 0$, hat ____________________ zwei Lösungen.

4 (3 + 3 + 2 + 1 VP)
Beim Kugelstoßen durchläuft die Kugel näherungsweise eine Parabelbahn mit der Gleichung $f(x) = ax^2 + x + c,\ x \in \mathbb{R}$. Der Abstoßpunkt A liegt 2,0 m über dem Erdboden, die Weite des Stoßes beträgt 15,0 m.

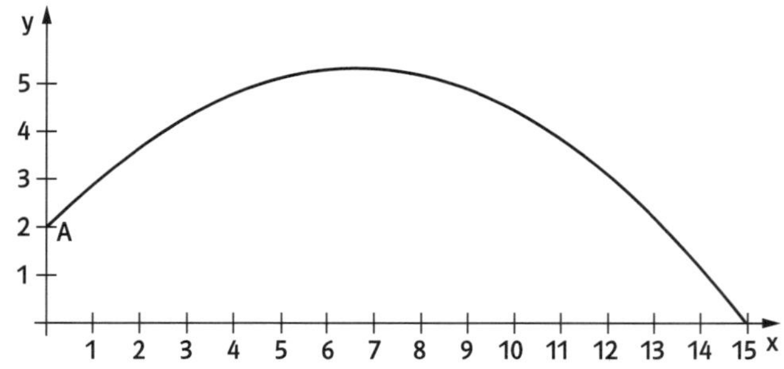

a) Bestimme die Koeffizienten a und c, die zur abgebildeten Flugbahn gehören.
b) Welche maximale Höhe über dem Erdboden hat die Kugel während ihres Fluges erreicht?
c) In welcher Entfernung vom Abstoßpunkt befindet sich die Kugel, wenn sie bei ihrer Abwärtsbewegung wieder die Höhe 2,0 m passiert?
d) Erläutere, wieso ein größerer Kugelstoßer (bei sonst gleichen Bedingungen) bessere Weiten erzielen kann.

Klassenarbeit 1.4

Anfangszeit: ____________________ + 45 Minuten → Abgabe: ____________________

1 (2 + 2 VP)
Löse die quadratischen Gleichungen.
a) $x^2 + 0{,}4x - 0{,}96 = 0$
b) $2x^2 - \sqrt{2}\,x - 2 = 0$

2 (1 + 1 + 1 VP)
Schreibe jeweils eine quadratische Gleichung auf.
a) Die Gleichung hat keine Lösung.
b) Die Gleichung hat nur die Lösung −1.
c) Die Gleichung hat die Lösungen 0 und 3.

3 (2 + 3 VP)
a) Eine Lösung der quadratischen Gleichung $x^2 + 3x + c = 0$ heißt 5.
Wie heißt die andere Lösung?
b) Die quadratische Gleichung $ax^2 + bx - 15 = 0$ hat die Lösungen 3 und −5.
Bestimme a und b.

4 (4 VP)
Ein feiner Wasserstrahl eines Brunnens spritzt ungestört 3,0 m hoch und 2,0 m weit.
In welchem (horizontal gemessenen) Abstand von der Düse muss man in 1,5 m Höhe einen Becher hinhalten, wenn man damit Wasser auffangen möchte?

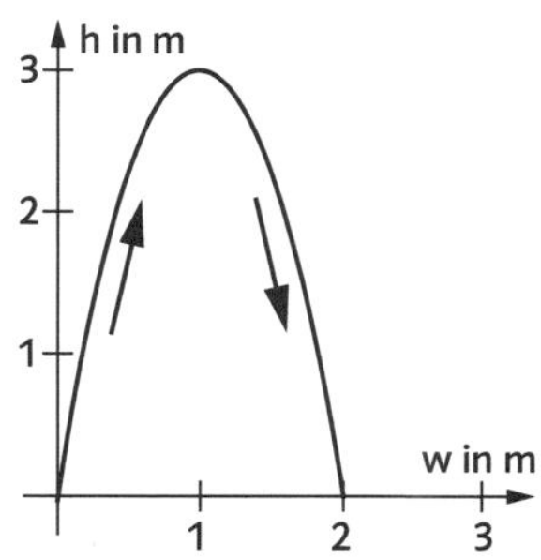

5 (3 + 3 VP)
Das abgebildete Fliesenmuster aus 36 quadratischen Fliesen erfordert 24 schwarze und 12 weiße Fliesen.
a) Wie viele schwarze Fliesen benötigt man für ein entsprechendes Muster, wenn an jeder Quadratseite n Fliesen liegen ($n \in \mathbb{N}$)?
Schreibe zwei verschiedene Terme für diese Anzahl auf und zeige, dass sie äquivalent sind.
Erläutere den jeweiligen Abzählvorgang.
b) Gibt es solche Muster, bei denen mehr weiße als schwarze Fliesen nötig sind?

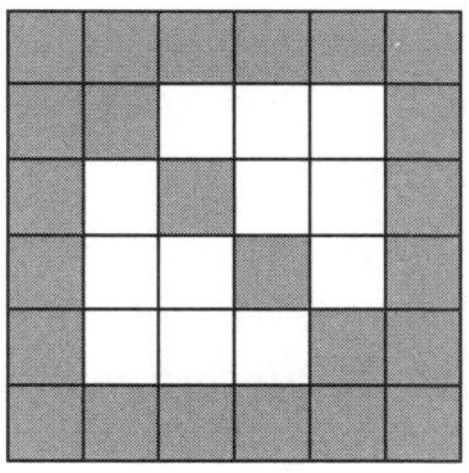

6 (2 VP)
Max Schlaumaier behauptet:
„Es gibt eine reelle Zahl t so, dass die Gleichung $x^2 + 2x - 2 + t = 0$ genau eine Lösung hat."
Nimm Stellung zu dieser Behauptung.

Lerntipps

zu Aufgabe 5
Du kannst zuerst die schwarzen Fliesen am Rand zählen und dann die innerhalb liegenden Fliesen. Du kannst aber das Muster auch zeilen- oder spaltenweise abzählen. Beachte dabei aber die Sonderrolle der ersten und letzten Zeile bzw. Spalte.

Klassenarbeit 1.1

1 (1 + 1 + 1 VP)
Du kannst immer das Distributivgesetz verwenden. Mit den binomischen Formeln, die ja nichts anderes als häufig vorkommende Spezialfälle sind, kommst du jedoch schneller ans Ziel.

a) $(2 + x)^2$
$= 2^2 + 2 \cdot 2 \cdot x + x^2$
$= 4 + 4x + x^2$

b) $\left(\frac{1}{2}x - 3\right)^2$
$= \left(\frac{1}{2}x\right)^2 - 2 \cdot \frac{1}{2}x \cdot 3 + 3^2$
$= \frac{1}{4}x^2 - 3x + 9$

c) $(0{,}7x + 1)^2$
$= (0{,}7x)^2 + 2 \cdot 0{,}7x \cdot 1 + 1^2$
$= 0{,}49x^2 + 1{,}4x + 1$

2 (2 + 2 + 2 + 2 VP)
Bringe jede quadratische Gleichung auf die Form $ax^2 + bx + c = 0$. Dividiere dann durch a, um die Gleichung in die Form $x^2 + px + q = 0$ zu bringen. Wenn du unsicher bist, schreibe wirklich auf, was p und q bedeutet, ehe du die Diskriminante der Gleichung berechnest. Beachte dabei, dass p und q auch negative Zahlen sein können! Erst nach der Bestimmung der Diskriminante $\left(\frac{p}{2}\right)^2 - q$ schreibst du die Lösungsformel auf und berechnest die Lösung(en), sofern vorhanden.
Wenn die Gleichung die besonders angenehme Form $ax^2 + bx = 0$ hat, dann solltest du an Ausklammern denken. In diesem Fall kannst du die Lösungen völlig ohne Lösungsformel bestimmen.

a) $x^2 + 2x - 15 = 0$
$D = \left(\frac{2}{2}\right)^2 - (-15)$
$D = 1 + 15$
$D = 16$
$x_{1;2} = -\frac{2}{2} \pm \sqrt{16}$
$x_1 = -1 + 4; \quad x_2 = -1 - 4$
$x_1 = 3; \quad x_2 = -5$

b) $6x^2 - x - 1 = 0$
$x^2 - \frac{1}{6}x - \frac{1}{6} = 0$
$D = \left(\frac{-\frac{1}{6}}{2}\right)^2 - \left(-\frac{1}{6}\right)$
$D = \left(\frac{1}{12}\right)^2 + \frac{1}{6}$
$D = \frac{1}{144} + \frac{24}{144}$
$D = \frac{25}{144} > 0$
$x_{1;2} = -\left(-\frac{1}{12}\right) \pm \sqrt{\frac{25}{144}}$
$x_1 = \frac{1}{12} + \frac{5}{12}; \quad x_2 = \frac{1}{12} - \frac{5}{12}$
$x_1 = \frac{1}{2}; \quad x_2 = -\frac{1}{3}$

c) $\frac{9}{2}x = 1 + 2x^2$
$-2x^2 + \frac{9}{2}x - 1 = 0$
$2x^2 - \frac{9}{2}x + 1 = 0$
$x^2 - \frac{9}{4}x + \frac{1}{2} = 0$
$D = \left(\frac{-\frac{9}{4}}{2}\right)^2 - \frac{1}{2}$
$D = \left(-\frac{9}{8}\right)^2 - \frac{1}{2}$
$D = \frac{81}{64} - \frac{32}{64}$
$D = \frac{49}{64} > 0$
$x_{1;2} = -\left(-\frac{9}{8}\right) \pm \sqrt{\frac{49}{64}}$
$x_1 = \frac{9}{8} + \frac{7}{8}; \quad x_2 = \frac{9}{8} - \frac{7}{8}$
$x_1 = 2; \quad x_2 = \frac{1}{4}$

d) $8x = 4x^2$
$-4x^2 + 8x = 0$
$4x^2 - 8x = 0$
$4x \cdot (x - 2) = 0$
$x_1 = 0; \quad x_2 = 2$

3 (1 + 1,5 + 1,5 VP)
Jede lineare Funktion hat eine Funktionsgleichung der Form $f(x) = m \cdot x + n$. Dabei bedeutet m die Steigung des Graphen und n ist der y-Achsenabschnitt. Wenn der Graph durch die Punkte $A(x_A \mid y_A)$ und $B(x_B \mid y_B)$ geht, dann lässt sich die Steigung berechnen.
Es gilt:
$m = \frac{y_B - y_A}{x_B - x_A}$

a) Steigung des Graphen
$m = \frac{y_P - y_O}{x_P - x_O}$
$m = \frac{1 - 0}{-2 - 0}$
$m = -\frac{1}{2}$
y-Achsenabschnitt
Da der Graph durch $O(0 \mid 0)$ geht, gilt für den y-Achsenabschnitt:
$n = 0$
Funktionsgleichung
$f(x) = m \cdot x + n$
$f(x) = -\frac{1}{2} \cdot x + 0$
$f(x) = -\frac{1}{2} \cdot x$

b) Steigung des Graphen
$m = \frac{y_Q - y_P}{x_Q - x_P}$
$m = \frac{0 - (-4)}{2 - (-3)}$
$m = \frac{4}{5}$
y-Achsenabschnitt
Es gilt: $f(x) = m \cdot x + n$
Dabei ist n noch unbekannt. Da aber z. B. $Q(2 \mid 0)$ auf dem Graphen von f liegt, gilt:
$y_Q = m \cdot x_Q + n$

Somit:
$0 = \frac{4}{5} \cdot 2 + n$
$n = -\frac{8}{5}$
Funktionsgleichung: $f(x) = \frac{4}{5} \cdot x - \frac{8}{5}$
Wenn du unsicher bist, mache die Probe mit dem zweiten gegebenen Punkt P(−3 | −4). Setze die x-Koordinate dieses Punktes in die Funktionsgleichung ein und rechne den Funktionswert aus. Wenn sich die y-Koordinate des Punktes P ergibt, ist deine Rechnung korrekt:
Probe:
$f(x_P) = \frac{4}{5} \cdot x_P - \frac{8}{5}$
$f(-3) = \frac{4}{5} \cdot (-3) - \frac{8}{5}$
$f(-3) = -\frac{12}{5} - \frac{8}{5}$
$f(-3) = -4$
$f(-3) = y_P$
Der Punkt P liegt also auf dem Graphen mit der berechneten Funktionsgleichung.
c) Steigung des Graphen
$m = -2$
y-Achsenabschnitt
Es gilt:
$f(x) = m \cdot x + n$
$f(x) = -2 \cdot x + n$
Da der Punkt P(1 | 1) auf dem Graphen von f liegt, gilt:
$y_P = m \cdot x_P + n$
$1 = -2 \cdot 1 + n$
$n = 3$
Funktionsgleichung
$f(x) = -2 \cdot x + 3$

4 (2 + 2 VP)
a) Da die beiden Punkte P und Q auf dem Graphen von f liegen, muss gelten:
(1) $f(x_P) = y_P$
(2) $f(x_Q) = y_Q$
Aus (1) folgt durch Einsetzen der Koordinaten:
$1^2 + b \cdot 1 + c = -2$
(1′) $b + c = -3$
Aus (2) folgt entsprechend:
$(-3)^2 + b \cdot (-3) + c = -2$
$9 - 3b + c = -2$
(2′) $-3b + c = -11$
Das Gleichungssystem aus den beiden Gleichungen (1′) und (2′) wird nach dem Additionsverfahren gelöst.
(1′) − (2′): $b - (-3b) = -3 - (-11)$
$4b = 8$
$b = 2$
In (1′): $2 + c = -3$
$c = -5$

Die Funktionsgleichung lautet demnach
$f(x) = x^2 + 2x - 5$.
b) *In dieser Teilaufgabe kann man nicht so vorgehen wie in Teilaufgabe a, denn die Funktionsgleichung der quadratischen Funktion lautet allgemein $f(x) = ax^2 + bx + c$. Da man nur zwei Punkte des Graphen kennt, ergeben sich nur zwei Gleichungen, die zur Bestimmung der drei Koeffizienten a, b und c nicht ausreichen. Man benutzt daher die zusätzliche Information, dass einer der gegebenen Punkte der Scheitelpunkt des Graphen von f ist.*
Die Funktionsgleichung in Scheitelform lautet:
$f(x) = a \cdot (x - d)^2 + e$
Dabei sind d bzw. e die x- bzw. y-Koordinate des Scheitelpunkts.
Folglich gilt mit S(3 | 1):
$f(x) = a \cdot (x - 3)^2 + 1$.
Da der Punkt R(5 | 7) auf dem Graphen von f liegt, muss gelten:
$f(x_R) = y_R$
Daher:
$a \cdot (x_R - 3)^2 + 1 = y_R$
$a \cdot (5 - 3)^2 + 1 = 7$
$a \cdot 4 + 1 = 7$
$4a = 6$
$a = \frac{3}{2}$
Die Funktionsgleichung lautet daher
$f(x) = \frac{3}{2} \cdot (x - 3)^2 + 1$.

5 (1 + 2 + 2 VP)
a) Mit $s(n) = \frac{1}{2} \cdot n \cdot (n + 1)$ folgt für $n = 100$:
$s(100) = \frac{1}{2} \cdot 100 \cdot (100 + 1)$
$s(100) = 5050$
Die Summe ist 5050.
b) Die Bedingung lautet: $s(n) = 2\,013\,021$.
$\frac{1}{2} \cdot n \cdot (n + 1) = 2\,013\,021$
$n \cdot (n + 1) = 4\,026\,042$
$n^2 + n - 4\,026\,042 = 0$
$D = \left(\frac{1}{2}\right)^2 - (-4\,026\,042)$
$D = \frac{1}{4} + 4\,026\,042$
$D = \frac{1}{4} + \frac{16\,104\,168}{4}$
$D = \frac{16\,104\,169}{4} > 0$
$n_{1;2} = -\frac{1}{2} \pm \sqrt{\frac{16\,104\,169}{4}}$
$n_1 = -\frac{1}{2} + \frac{4013}{2}$; $n_2 = -\frac{1}{2} - \frac{4013}{2}$
$n_1 = 2006$; $n_2 = -2007$
Da nach einer natürlichen Zahl n gefragt ist, muss gelten: $n \geqq 0$.
$n_2 = -2007$ ist daher keine Lösung. Die gesuchte Zahl heißt 2006.

c) Die Bedingung lautet: $s(n) > 10^9$. Daher:

$\frac{1}{2} \cdot n \cdot (n + 1) > 10^9$

$n \cdot (n + 1) > 2 \cdot 10^9$

$n \cdot (n + 1) > (44721{,}359\ldots)^2$

Für $n = 44721$ ergibt sich $s(n) = 1000006281$.

Für $n = 44720$ ergibt sich $s(n) = 999961560$.

Somit wird die Summe erstmals für $n = 44721$ größer als 10^9.

Klassenarbeit 1.2

1 (4 VP)

Die Funktionsgleichungen einer quadratischen Funktion in Scheitelpunktform lautet allgemein $f(x) = a \cdot (x - d)^2 + e$. Der Scheitelpunkt ist $S(d \mid e)$. Der Koeffizient a hat keinen Einfluss auf die Lage des Scheitelpunkts.

Da $S(-4 \mid 1)$ der Parabelscheitel sein soll, gilt $d = -4$ und $e = 1$.

Die gesuchte Funktionsgleichung muss daher lauten:

$f(x) = a \cdot (x - (-4))^2 + 1 = a \cdot (x + 4)^2 + 1$

Die 4. und 7. Funktionsgleichung gehören folglich zu Graphen mit dem Scheitelpunkt $S(-4 \mid 1)$.

Bemerkung

Zur Kontrolle sind hier die Scheitelpunkte zu den anderen Graphen angegeben:

1. $f(x) = (x - 4)^2 - 1$; $S(4 \mid -1)$
2. $f(x) = 2 \cdot (x - 4)^2 + 1$; $S(4 \mid 1)$
3. $f(x) = (x + 4)^2 - 1$; $S(-4 \mid -1)$
5. $f(x) = (x - 1)^2 + 4$; $S(1 \mid 4)$
6. $f(x) = (x + 1)^2 - 4$; $S(-1 \mid -4)$
8. $f(x) = \frac{1}{2} \cdot (x + 4)^2 - 1$; $S(-4 \mid -1)$

2 (2 + 2 + 2 + 3 VP)

a) $x^2 = 11x - 30$

$x^2 - 11x + 30 = 0$

$D = \left(-\frac{11}{2}\right)^2 - 30$

$D = \frac{121}{4} - \frac{120}{4}$

$D = \frac{1}{4} > 0$

$x_{1;2} = -\left(-\frac{11}{2}\right) \pm \sqrt{\frac{1}{4}}$

$x_1 = \frac{11}{2} + \frac{1}{2}$; $\quad x_2 = \frac{11}{2} - \frac{1}{2}$

$x_1 = 6$; $\quad x_2 = 5$

b) $x^2 - \frac{13}{4}x - \frac{7}{8} = 0$

$D = \left(\frac{-\frac{13}{4}}{2}\right)^2 - \left(-\frac{7}{8}\right)$

$D = \left(-\frac{13}{8}\right)^2 + \frac{7}{8}$

$D = \frac{169}{64} + \frac{56}{64}$

$D = \frac{225}{64} > 0$

$x_{1;2} = -\left(-\frac{13}{8}\right) \pm \sqrt{\frac{225}{64}}$

$x_1 = \frac{13}{8} + \frac{15}{8}$; $\quad x_2 = \frac{13}{8} - \frac{15}{8}$

$x_1 = \frac{7}{2}$; $\quad x_2 = -\frac{1}{4}$

c) $3x^2 - 12x = 0$

$3x \cdot (x - 4) = 0$

$x_1 = 0$; $\quad x_2 = 4$

Bemerkung

Wer hier nicht ausklammert und stattdessen durch 3 dividiert und auf die Lösungsformel zurückgreift, muss bedenken, dass jetzt $p = -4$ und $q = 0$ ist!

d) $(x + 2)\cdot(2x - 1) = (3x + 1)\cdot\left(x - \frac{1}{2}\right)$ | DG

$2x^2 - x + 4x - 2 = 3x^2 - \frac{3}{2}x + x - \frac{1}{2}$

$2x^2 + 3x - 2 = 3x^2 - \frac{1}{2}x - \frac{1}{2}$ | $-3x^2 + \frac{1}{2}x + \frac{1}{2}$

$-x^2 + \frac{7}{2}x - \frac{3}{2} = 0$ | $\cdot(-1)$

$x^2 - \frac{7}{2}x + \frac{3}{2} = 0$

$D = \left(\frac{-\frac{7}{2}}{2}\right)^2 - \frac{3}{2}$

$D = \left(-\frac{7}{4}\right)^2 - \frac{6}{4}$

$D = \frac{49}{16} - \frac{24}{16}$

$D = \frac{25}{16} > 0$

$x_{1;2} = -\left(-\frac{7}{4}\right) \pm \sqrt{\frac{25}{16}}$

$x_1 = \frac{7}{4} + \frac{5}{4}$; $x_2 = \frac{7}{4} - \frac{5}{4}$

$x_1 = 3$; $x_2 = \frac{1}{2}$

3 (4 + 3 VP)

a) Schnittpunkte der Parabel mit der x-Achse

Bedingung:

$f(x) = 0$

Folglich gilt:

$\frac{1}{4}x^2 - x - 1{,}5 = 0$ | $\cdot 4$

$x^2 - 4x - 6 = 0$

$D = \left(-\frac{4}{2}\right)^2 - (-6)$

$D = 4 + 6$

$D = 10 > 0$

$x_{1;2} = -(-2) \pm \sqrt{10}$

$x_1 = 2 + \sqrt{10}$; $x_2 = 2 - \sqrt{10}$

$x_1 \approx 5{,}16$; $x_2 \approx -1{,}16$

Die Schnittpunkte der Parabel mit der x-Achse sind $X_1(2 + \sqrt{10} \mid 0)$ und $X_2(2 - \sqrt{10} \mid 0)$.

Scheitelbestimmung durch quadratische Ergänzung

$f(x) = \frac{1}{4}x^2 - x - 1{,}5$

$f(x) = \frac{1}{4}\cdot(x^2 - 4x - 6)$

$f(x) = \frac{1}{4}\cdot(x^2 - 4x + 4 - 4 - 6)$

$f(x) = \frac{1}{4}\cdot((x - 2)^2 - 10)$

$f(x) = \frac{1}{4}\cdot(x - 2)^2 - \frac{1}{4}\cdot 10$

$f(x) = \frac{1}{4}\cdot(x - 2)^2 - \frac{5}{2}$

Die Parabel hat den Scheitel $S\left(2 \middle| -\frac{5}{2}\right)$.

Bemerkung

Wenn man weiß, dass der x-Wert des Scheitels das arithmetische Mittel der x-Werte der Schnittpunkte mit der x-Achse ist, dann kommt man hier ganz schnell zum Ziel.

Für den x-Wert x_S des Scheitels gilt:

$x_S = \frac{1}{2}\cdot(x_1 + x_2)$

$x_S = \frac{1}{2}\cdot(2 + \sqrt{10} + 2 - \sqrt{10})$

$x_S = 2$

Einsetzen dieses x-Werts in die Funktionsgleichung ergibt:

$f(2) = \frac{1}{4}\cdot 2^2 - 2 - 1{,}5$

$f(2) = -\frac{5}{2}$

Der Scheitel ist $S\left(2 \middle| -\frac{5}{2}\right)$.

b) Bestimmung des Schnittpunkts

Bedingung: $f(x) = g(x)$

Somit muss gelten:

$\frac{1}{4}x^2 - x - \frac{3}{2} = x + 1$ | $-x - 1$

$\frac{1}{4}x^2 - 2x - \frac{5}{2} = 0$ | $\cdot 4$

$x^2 - 8x - 10 = 0$

$D = \left(-\frac{8}{2}\right)^2 - (-10)$

$D = (-4)^2 + 10$

$D = 26 > 0$

$x_{1;2} = -(-4) \pm \sqrt{26}$

$x_1 = 4 + \sqrt{26}$; $x_2 = 4 - \sqrt{26}$

$x_1 \approx 9{,}10$; $x_2 \approx -1{,}10$

Einsetzen der x-Werte in die Funktionsgleichung von g ergibt:

$g(x_1) = x_1 + 1$ $g(x_2) = x_2 + 1$

$g(x_1) = 4 + \sqrt{26} + 1$ $g(x_2) = 4 - \sqrt{26} + 1$

$g(x_1) = 5 + \sqrt{26}$ $g(x_2) = 5 - \sqrt{26}$

$g(x_1) \approx 10{,}10$ $g(x_2) \approx -0{,}10$

Die Schnittpunkte sind $S_1(4 + \sqrt{26} \mid 5 + \sqrt{26})$ und $S_2(4 - \sqrt{26} \mid 5 - \sqrt{26})$.

4 (4 VP)

Die kleinste der drei geraden Zahlen heiße z, $z \in \mathbb{Z}$. Dann heißen die folgenden beiden geraden Zahlen $z + 2$ und $z + 4$.

Bedingung: $z^2 + (z + 2)^2 + (z + 4)^2 = 2708$, $z \in \mathbb{Z}$,

Somit:

$z^2 + z^2 + 4z + 4 + z^2 + 8z + 16 = 2708$

$3z^2 + 12z + 20 = 2708$

$3z^2 + 12z - 2688 = 0$

$z^2 + 4z - 896 = 0$

$D = \left(\frac{4}{2}\right)^2 - (-896)$

$D = 4 + 896$

$D = 900 > 0$

$z_{1;2} = -2 \pm \sqrt{900}$

$z_1 = -2 + 30$; $z_2 = -2 - 30$

$z_1 = 28$; $z_2 = -32$

Die drei gesuchten Zahlen heißen 28, 30 und 32 bzw. −32, −30, −28.

Klassenarbeit 1.3

1 (6 VP)

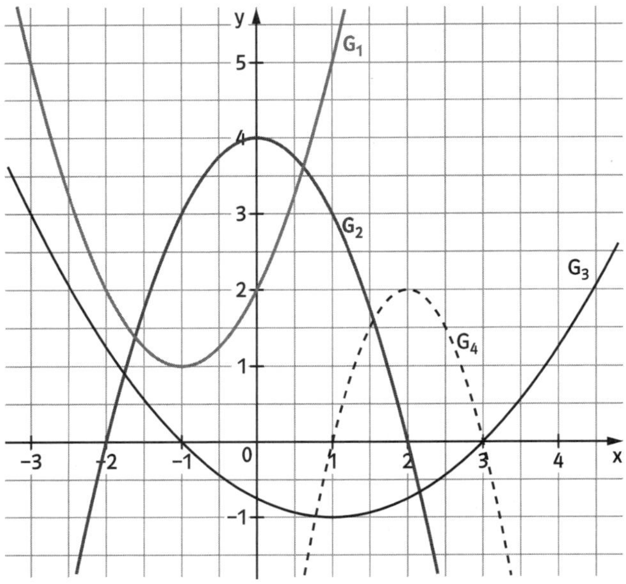

Graph G_1
Der Graph G_1 hat den Scheitel $S_1(-1|1)$. Die Scheitelpunktform der Funktionsgleichung ist demnach $f_1(x) = a\cdot(x - (-1))^2 + 1 = a\cdot(x + 1)^2 + 1$.
Der Punkt $P_1(0|2)$ liegt auf dem Graphen. Daher gilt $f_1(0) = 2$.
Folglich:

$$a\cdot(0 + 1)^2 + 1 = 2$$
$$a\cdot1 + 1 = 2$$
$$a\cdot1 = 1$$
$$a = 1$$

Die Funktionsgleichung heißt $f_1(x) = (x + 1)^2 + 1$.

Bemerkung
Durch Anwendung einer binomischen Formel kann man dafür auch $f_1(x) = x^2 + 2x + 2$ schreiben.

Graph G_2
Der Graph G_2 hat den Scheitel $S_2(0|4)$. Die Scheitelpunktsform der Funktionsgleichung ist demnach $f_2(x) = a\cdot(x - 0)^2 + 4 = a\cdot x^2 + 4$.
Der Punkt $P_2(2|0)$ liegt auf dem Graphen. Daher gilt $f_2(2) = 0$.
Folglich:

$$a\cdot2^2 + 4 = 0$$
$$4\cdot a = -4$$
$$a = -1$$

Die Funktionsgleichung heißt $f_2(x) = -x^2 + 4$.

Alternative
G_2 schneidet die x-Achse in den Punkten $X_1(2|0)$ und $X_2(-2|0)$.
Somit gilt: $f_2(x) = a\cdot(x - 2)\cdot(x + 2)$
Der Punkt $S_2(0|4)$ liegt auf G_2. Daher gilt $f_2(0) = 4$.
Folglich:

$$a\cdot(0 - 2)\cdot(0 + 2) = 4$$
$$a\cdot(-4) = 4$$
$$a = -1$$

Graph G_3
Der Graph hat den Scheitel $S_3(1|-1)$. Die Scheitelpunktform der Funktionsgleichung ist demnach $f_3(x) = a\cdot(x - 1)^2 - 1$. Der Punkt $P_3(3|0)$ liegt auf dem Graphen. Daher gilt: $f_3(3) = 0$.
Folglich:

$$a\cdot(3 - 1)^2 - 1 = 0$$
$$a\cdot2^2 = 1$$
$$4a = 1$$
$$a = \tfrac{1}{4}$$

Die Funktionsgleichung heißt $f_3(x) = \tfrac{1}{4}\cdot(x - 1)^2 - 1$.

Bemerkung
Durch Anwendung einer binomischen Formel kann man dafür auch $f_3(x) = \tfrac{1}{4}x^2 - \tfrac{1}{2}x - \tfrac{3}{4}$ schreiben.
Alternative
G_3 schneidet die x-Achse in den Punkten $X_1(3|0)$ und $X_2(-1|0)$. Somit gilt $f_3(x) = a\cdot(x - 3)\cdot(x + 1)$.
Der Punkt $S_3(1|-1)$ liegt auf G_3. Daher gilt $f_3(1) = -1$.
Folglich:

$$a\cdot(1 - 3)\cdot(1 + 1) = -1$$
$$a\cdot(-2)\cdot2 = -1$$
$$a\cdot(-4) = -1$$
$$a = \tfrac{1}{4}$$

Graph G_4
Der Graph hat den Scheitel $S_4(2|2)$. Die Scheitelpunktform der Funktionsgleichung ist demnach $f_4(x) = a\cdot(x - 2)^2 + 2$. Der Punkt $P_4(1|0)$ liegt auf dem Graphen. Daher gilt $f_4(1) = 0$.
Folglich:

$$a\cdot(1 - 2)^2 + 2 = 0$$
$$a\cdot(-1)^2 = -2$$
$$a\cdot1 = -2$$
$$a = -2$$

Die Funktionsgleichung heißt $f_4(x) = -2\cdot(x - 2)^2 + 2$.

Bemerkung
Durch Anwendung einer binomischen Formel kann man dafür auch $f_4(x) = -2x^2 + 8x - 6$ schreiben.
Alternative
G_4 schneidet die x-Achse in den Punkten $X_1(1|0)$ und $X_2(3|0)$. Somit gilt $f_4(x) = a\cdot(x - 1)\cdot(x - 3)$.
Der Punkt $S_4(2|2)$ liegt auf dem Graphen G_4. Daher gilt $f_4(2) = 2$.

Folglich:

$a\cdot(2-1)\cdot(2-3)=2$
$a\cdot 1\cdot(-1)=2$
$a\cdot(-1)=2$
$a=-2$

2 (4 VP)

	Gleichung	Lösungen	wahr	falsch
1.	$2x^2-4=0$	$x_1=\sqrt{2},\ x_2=-\sqrt{2}$	X	
2.	$2x^2+3x-5=0$	$x_1=1,\ x_2=\frac{1}{2}$		X
3.	$3\cdot\left(x-\frac{2}{3}\right)\cdot\left(x+\frac{1}{2}\right)=0$	$x_1=-\frac{2}{3},\ x_2=-\frac{1}{2}$		X
4.	$\frac{1}{4}(x-3)^2-1=0$	$x_1=1,\ x_2=5$	X	

Bemerkungen
Um zu überprüfen, ob gegebene Zahlen Lösungen einer Gleichung sind, muss man diese Zahlen anstelle der Unbekannten in die Gleichung einsetzen. Ergibt sich dabei eine wahre Aussage, so ist die eingesetzte Zahl eine Lösung der Gleichung, anderenfalls nicht.

1. Gleichung
Probe für $x_1=\sqrt{2}$
$2\cdot(\sqrt{2})^2-4=2\cdot 2-4=0$
Probe für $x_2=-\sqrt{2}$
$2\cdot(-\sqrt{2})^2-4=2\cdot 2-4=0$
Sowohl x_1 *als auch* x_2 *sind Lösungen der Gleichung.*

2. Gleichung
Probe für $x_1=1$
$2\cdot 1^2+3\cdot 1-5=2+3-5=0$
Probe für $x_2=\frac{1}{2}$
$2\cdot\left(\frac{1}{2}\right)^2+3\cdot\frac{1}{2}-5=\frac{1}{2}+\frac{3}{2}-5=-3\neq 0$
x_1 *ist Lösung,* x_2 *ist keine Lösung der Gleichung.*

3. Gleichung
Probe für $x_1=-\frac{2}{3}$
$3\cdot\left(-\frac{2}{3}-\frac{2}{3}\right)\cdot\left(-\frac{2}{3}+\frac{1}{2}\right)=3\cdot\left(-\frac{4}{3}\right)\cdot\left(-\frac{1}{6}\right)\neq 0$
x_1 *ist bereits keine Lösung der Gleichung. Die Probe für* x_2 *ist daher entbehrlich.*

4. Gleichung
Probe für $x_1=1$
$\frac{1}{4}\cdot(1-3)^2-1=\frac{1}{4}\cdot(-2)^2-1=\frac{1}{4}\cdot 4-1=0$
Probe für $x_2=5$
$\frac{1}{4}\cdot(5-3)^2-1=\frac{1}{4}\cdot 2^2-1=0$
Sowohl x_1 *als auch* x_2 *sind Lösungen der Gleichung.*

3 (5 VP)

	Aussage
1.	Die Gleichung $x^2+q=0$ hat **manchmal** zwei Lösungen.
2.	Die Gleichung $x^2+px=0,\ p\neq 0$, hat **immer** zwei Lösungen.
3.	Die Gleichung $x^2+px+q=0,\ p\neq 0,\ q\neq 0$, hat **manchmal** zwei Lösungen.
4.	Die Gleichung $ax^2+bx=0,\ a>0,\ b>0$, hat **immer** zwei Lösungen.
5.	Die Gleichung $ax^2+c=0,\ a>0,\ c>0$, hat **nie** zwei Lösungen.

Begründungen
1. Gleichung
$x^2+q=0$
$x^2=-q$
Diese Gleichung hat zwei Lösungen, wenn −q positiv, also q negativ ist. Sie hat eine Lösung, falls $q=0$ *und keine Lösung, falls* $q>0$ *gilt.*

2. Gleichung
$x^2+px=0$
$x\cdot(x+p)=0$
Diese Gleichung hat immer die Lösungen $x_1=0$ *und* $x_2=-p$*. Diese Lösungen sind verschieden, da* $p\neq 0$ *vorausgesetzt wird.*

3. Gleichung
$x^2+px+q=0$
Die Diskriminante dieser Gleichung ist $D=\left(\frac{p}{2}\right)^2-q$*. Je nach Wahl von p oder q kann die Diskriminante positiv, null oder negativ sein. Nur im Falle positiver Diskriminante hat die Gleichung zwei Lösungen.*

4. Gleichung
$ax^2+bx=0,\quad a>0,\ b>0$
$a\cdot x\cdot\left(x+\frac{b}{a}\right)=0\quad |:a,\ a\neq 0$
$x\cdot\left(x+\frac{b}{a}\right)=0$
Diese Gleichung hat immer die Lösungen $x_1=0$ *und* $x_2=-\frac{b}{a}$*. Diese Lösungen sind verschieden, da* $b\neq 0$ *vorausgesetzt wird.*

5. Gleichung
$ax^2+c=0,\quad a>0,\ c>0$
$ax^2=-c\quad |:a,\ a\neq 0$
$x^2=-\frac{c}{a}$
Da a und c positiv sind, ist $\frac{c}{a}$ *ebenfalls positiv und* $-\frac{c}{a}$ *negativ. Kein Quadrat einer reellen Zahl ist negativ. Daher hat die Gleichung keine Lösung.*

4 (3 + 3 + 2 + 1 VP)
a) Der Punkt A(0 | 2) liegt auf der Parabel mit der Gleichung $f(x)=ax^2+x+c,\ x\in\mathbb{R}$.

Somit gilt:

$$f(0) = 2$$
$$a \cdot 0^2 + 0 + c = 2$$
$$(1) \qquad c = 2$$

Der Punkt B(15 | 0) liegt ebenfalls auf dieser Parabel.
Daher gilt:

$$f(15) = 0$$
$$a \cdot 15^2 + 15 + c = 0$$
$$(2) \qquad 225a + 15 + c = 0$$

Mit (1) folgt daraus:

$$225a + 15 + 2 = 0$$
$$225a = -17$$
$$a = -\frac{17}{225}$$

Die Parabelgleichung lautet demnach
$f(x) = -\frac{17}{225}x^2 + x + 2,\ x \in \mathbb{R}$.

b) Die Maximalhöhe der Flugbahn ergibt sich durch Berechnung des Parabelscheitels. Die y-Koordinate des Scheitels ist die Maßzahl der in Metern gemessenen Maximalhöhe.
Scheitelbestimmung durch quadratische Ergänzung

$$f(x) = -\frac{17}{225}x^2 + x + 2$$
$$f(x) = -\frac{17}{225} \cdot \left(x^2 - \frac{225}{17}x - \frac{450}{17}\right)$$
$$f(x) = -\frac{17}{225} \cdot \left(x^2 - \frac{225}{17}x + \left(\frac{225}{34}\right)^2 - \left(\frac{225}{34}\right)^2 - \frac{450}{17}\right)$$
$$f(x) = -\frac{17}{225} \cdot \left(\left(x - \frac{225}{34}\right)^2 - \left(\frac{225}{34}\right)^2 - \frac{450}{17}\right)$$
$$f(x) = -\frac{17}{225} \cdot \left(x - \frac{17}{225}\right)^2 + \frac{17}{225} \cdot \frac{225^2}{34^2} + \frac{17}{225} \cdot \frac{450}{17}$$
$$f(x) = -\frac{17}{225} \cdot \left(x - \frac{17}{225}\right)^2 + \frac{225}{68} + 2$$
$$f(x) = -\frac{17}{225} \cdot \left(x - \frac{17}{225}\right)^2 + \frac{361}{68}$$

Der Scheitelpunkt ist $S\left(\frac{225}{34} \middle| \frac{361}{68}\right)$.

Die Kugel erreicht eine maximale Flughöhe von etwa 5,3 m.

Alternative
Berechnung der Scheitelform per Hand
Der x-Wert des Scheitels ist das arithmetische Mittel der Nullstellen. Die größere Nullstelle $x_2 = 15$ ist durch die Aufgabenstellung bekannt.
Bestimmung der anderen Nullstelle

$$f(x) = 0$$
$$-\frac{17}{225}x^2 + x + 2 = 0 \qquad | \cdot \left(-\frac{225}{17}\right)$$
$$x^2 - \frac{225}{17}x - \frac{450}{17} = 0$$
$$D = \left(-\frac{225}{34}\right)^2 - \left(-\frac{450}{17}\right)$$
$$D = \frac{225^2}{34^2} + \frac{450}{17}$$
$$D = \frac{225^2 + 450 \cdot 2 \cdot 34}{34 \cdot 34}$$
$$D = \frac{81225}{34^2}$$
$$D = \left(\frac{285}{34}\right)^2 > 0$$
$$x_{1;2} = -\left(-\frac{225}{34}\right) \pm \sqrt{\left(\frac{285}{34}\right)^2}$$
$$x_1 = \frac{225}{34} + \frac{285}{34}; \qquad x_2 = \frac{225}{34} - \frac{285}{34}$$
$$x_1 = 15; \qquad x_2 = -\frac{30}{17}$$

Abszisse des Scheitels

$$x_S = \frac{1}{2} \cdot (x_1 + x_2)$$
$$x_S = \frac{1}{2} \cdot \left(-\frac{30}{17} + 15\right)$$
$$x_S = \frac{1}{2} \cdot \frac{-30 + 15 \cdot 17}{17}$$
$$x_S = \frac{225}{34}$$
$$x_S \approx 6{,}6$$

Ordinate des Scheitels

$$y_S = f(x_S)$$
$$y_S \approx 5{,}3$$

Der Scheitel liegt etwa bei S(6,6 | 5,3).

c) Die Parabel ist symmetrisch bezüglich der Parallelen zur y-Achse durch den Scheitel. Da die x-Koordinate des Scheitels $x_S \approx 6{,}6$ bekannt ist, wird die Höhe 2,0 m nicht nur bei $x_3 = 0$, sondern auch bei $x_4 = 2 \cdot x_S \approx 13{,}2$ erreicht.
Die Kugel ist etwa 13,2 m vom Abstoßpunkt entfernt.

Alternative
Lösen einer quadratischen Gleichung.
Es muss gelten: f(x) = 2
Daher:

$$-\frac{17}{225}x^2 + x + 2 = 2$$
$$-\frac{17}{225}x^2 + x = 0$$
$$x\left(-\frac{17}{225}x + 1\right) = 0$$
$$x_1 = 0 \quad \text{oder} \quad -\frac{17}{225}x + 1 = 0$$
$$-\frac{17}{225}x = -1$$
$$x_2 = \frac{225}{17}$$
$$x_2 \approx 13{,}2$$

Die Kugel ist etwa 13,2 m vom Abstoßpunkt entfernt.

d) Bei einem größeren Kugelstoßer wäre der Abstoßpunkt höher als 2,0 m über dem Erdboden.
Bei sonst gleichen Bedingungen, insbesondere gleichem Abstoßwinkel und gleicher Anfangsgeschwindigkeit der Kugel, würde sich eine Bahnkurve ergeben, die aus der gegebenen Kurve durch Verschieben in Richtung der positiven y-Achse entsteht. Damit würde der rechte Schnittpunkt der Parabel auf der x-Achse weiter nach rechts wandern. Folglich wäre die Weite größer geworden.

Klassenarbeit 1.4

1 (2 + 2 VP)

a) $x^2 + 0{,}4x - 0{,}96 = 0$

$D = \left(\frac{0{,}4}{2}\right)^2 - (-0{,}96)$

$D = 0{,}04 + 0{,}96$

$D = 1 > 0$

$x_{1;2} = -0{,}2 \pm \sqrt{1}$

$x_1 = -0{,}2 + 1;\qquad x_2 = -0{,}2 - 1$

$x_1 = 0{,}8;\qquad x_2 = -1{,}2$

b) $2x^2 - \sqrt{2}x - 2 = 0 \qquad | \cdot \frac{1}{2}$

$x^2 - \frac{\sqrt{2}}{2}x - 1 = 0$

$x^2 - \frac{1}{2}\sqrt{2}x - 1 = 0$

$D = \left(-\frac{\sqrt{2}}{4}\right)^2 - (-1)$

$D = \frac{1}{8} + 1$

$D = \frac{9}{8} > 0$

$x_{1;2} = -\left(-\frac{\sqrt{2}}{4}\right) \pm \sqrt{\frac{9}{8}}$

$x_{1;2} = \frac{1}{4}\sqrt{2} \pm \frac{3}{4}\sqrt{2}$

$x_1 = \sqrt{2};\qquad x_2 = -\frac{1}{2}\sqrt{2}$

2 (1 + 1 + 1 VP)

a) Die Gleichung $x^2 = -1$ hat keine Lösung.

Bemerkung

Jede Gleichung der Form $x^2 = a$, $a < 0$, kann hier gewählt werden.

b) Die Gleichung $(x + 1)^2 = 0$ hat nur die Lösung −1.

Bemerkung

Jede Gleichung der Form $a \cdot (x + 1)^2 = 0$, $a \neq 0$, hat nur die Lösung −1.

c) Die Gleichung $x \cdot (x - 3) = 0$ hat die Lösungen 0 und 3.

Bemerkung

Jede Gleichung der Form $a \cdot x \cdot (x - 3) = 0$, $a \neq 0$, hat die Lösungen 0 und 3.

3 (2 + 3 VP)

a) Da $x_1 = 5$ eine Lösung der Gleichung $x^2 + 3x + c = 0$ ist, ergibt sich durch Einsetzen:

$5^2 + 3 \cdot 5 + c = 0$

$40 + c = 0$

$c = -40$

Die Gleichung heißt somit $x^2 + 3x - 40 = 0$.

Lösen der Gleichung:

$D = \left(\frac{3}{2}\right)^2 - (-40)$

$D = \frac{9}{4} + 40$

$D = \frac{169}{4} > 0$

$x_{1;2} = -\frac{3}{2} \pm \sqrt{\frac{169}{4}}$

$x_1 = -\frac{3}{2} + \frac{13}{2};\qquad x_2 = -\frac{3}{2} - \frac{13}{2}$

$x_1 = 5;\qquad x_2 = -8$

Alternative

Wer den Satz von Vieta zur Verfügung hat, der weiß: Wenn die quadratische Gleichung $x^2 + bx + c = 0$ die Lösungen x_1 und x_2 hat, dann gilt $b = -(x_1 + x_2)$ und $c = x_1 \cdot x_2$.

Hier ergibt sich mit $b = 3$ und $x_1 = 5$:

$3 = -(5 + x_2)$

$3 = -5 - x_2$

$x_2 = -8$

Damit lässt sich dann auch noch der hier nicht verlangte Wert für c direkt angeben.

$c = x_1 \cdot x_2$

$c = 5 \cdot (-8)$

$c = -40$

b) Die Gleichung $ax^2 + bx - 15 = 0$ hat die Lösungen $x_1 = 3$ und $x_2 = -5$. Durch Einsetzen erhält man zwei Gleichungen mit den Variablen a und b.

Einsetzen von $x_1 = 3$:

$a \cdot 3^2 + b \cdot 3 - 15 = 0$

$9a + 3b - 15 = 0 \qquad | :3$

(1) $\quad 3a + b - 5 = 0$

Einsetzen von $x_2 = -5$:

$a \cdot (-5)^2 + b \cdot (-5) - 15 = 0$

$25a - 5b - 15 = 0 \qquad | :5$

(2) $\quad 5a - b - 3 = 0$

Das lineare Gleichungssystem kann nach dem Additionsverfahren gelöst werden.

(1) + (2): $\quad 8a - 8 = 0$

$a = 1$

Mit (1): $\quad 3 \cdot 1 + b - 5 = 0$

$b = 2$

Die quadratische Gleichung $1x^2 + 2x - 15 = 0$ hat tatsächlich die Lösungen $x_1 = 3$ und $x_2 = -5$, wie man durch eine Probe bestätigt.

Alternative

Man weiß, dass die Gleichung $a \cdot (x - x_1) \cdot (x - x_2) = 0$, $a \neq 0$, die Lösungen x_1 und x_2 hat. Mit $x_1 = 3$ und $x_2 = -5$ folgt daraus:

$a \cdot (x - 3)(x + 5) = 0$

$a \cdot (x^2 + 5x - 3x - 15) = 0$

$a \cdot (x^2 + 2x - 15) = 0$

$a \cdot x^2 + 2a \cdot x - 15a = 0$

Durch Vergleich der Koeffizienten mit den Koeffizienten der gegebenen Gleichung kann man nun a und b bestimmen.

Koeffizient von x^2: $a = a$

Koeffizient von x: $2 \cdot a = b$

Konstanter Summand: $-15a = -15$

Daraus folgt sofort: $a = 1$, $b = 2$.

Eine Probe bestätigt das Ergebnis.

4 (4 VP)
Die Wasserteilchen durchlaufen eine Parabelbahn. Die Nullstellen sind $x_1 = 0$ und $x_2 = 2$. Die Parabelgleichung lautet daher $f(x) = a \cdot x \cdot (x - 2)$. Der Scheitel $S(1|3)$ ergibt sich aus der Abbildung.
Die Koordinaten des Scheitels erfüllen die Parabelgleichung. Daher gilt:

$$f(1) = 3$$
$$a \cdot 1 \cdot (1 - 2) = 3$$
$$a \cdot (-1) = 3$$
$$a = -3$$

Die Gleichung lautet demnach $f(x) = -3 \cdot x \cdot (x - 2)$, $x \in \mathbb{R}$.
Für die Maßzahl x des gesuchten Abstands muss gelten: $f(x) = 1{,}5$ und $x > 1$.
(Mit dem Becher lässt sich nur das herabfallende Wasser auffangen.)
Folglich:

$$-3 \cdot x \cdot (x - 2) = 1{,}5$$
$$-3x^2 + 6x = 1{,}5 \quad | - 1{,}5$$
$$-3x^2 + 6x - 1{,}5 = 0 \quad | :(-3)$$
$$x^2 - 2x + \tfrac{1}{2} = 0$$
$$D = \left(-\tfrac{2}{2}\right)^2 - \tfrac{1}{2}$$
$$D = 1 - \tfrac{1}{2}$$
$$D = \tfrac{1}{2} > 0$$
$$x_{1;2} = -(-1) \pm \sqrt{\tfrac{1}{2}}$$
$$x_1 = 1 + \sqrt{\tfrac{1}{2}}; \qquad x_2 = 1 - \sqrt{\tfrac{1}{2}}$$
$$x_1 = 1 + \tfrac{1}{2}\sqrt{2} > 1; \qquad x_2 = 1 - \tfrac{1}{2}\sqrt{2} < 1$$

Der Becher muss in einem Abstand von etwa 1,7 m hingehalten werden.

Alternative
Verschiebung der Kurve
Durch Verschiebung um eine Einheit nach links entsteht eine zur y-Achse symmetrische Parabel mit den Nullstellen $x_1 = -1$, $x_2 = 1$ und dem Scheitel $S(0|3)$. Sie geht durch Streckung mit dem Faktor 3 aus der Normalparabel mit der Gleichung $h(x) = -x^2 + 1$, $x \in \mathbb{R}$, hervor. Ihre Gleichung lautet
$g(x) = -3(x - 0)^2 + 3 = -3x^2 + 3$, $x \in \mathbb{R}$.
Für die Maßzahl x des gesuchten Abstands muss jetzt gelten:
$g(x) = 1{,}5$, $x > 0$.
Folglich:

$$-3x^2 + 3 = 1{,}5 \quad | - 3$$
$$-3x^2 = -1{,}5 \quad | :(-3)$$
$$x^2 = \tfrac{1}{2}$$
$$x_1 = \tfrac{1}{2}\sqrt{2} > 0; \qquad x_2 = -\tfrac{1}{2}\sqrt{2} < 0$$

Verschieben der zu g gehörenden Kurve um eine Einheit nach rechts, um wieder in die ursprüngliche Lage zu gelangen, ergibt den x-Wert $1 + \frac{1}{2}\sqrt{2}$.

5 (3 + 3 VP)
a) Für n = 1 benötigt man eine schwarze Fliese, für n = 2 benötigt man vier schwarze und keine weißen Fliesen. Die folgenden Überlegungen gelten nun für $n \geqq 3$.
1. Abzählung

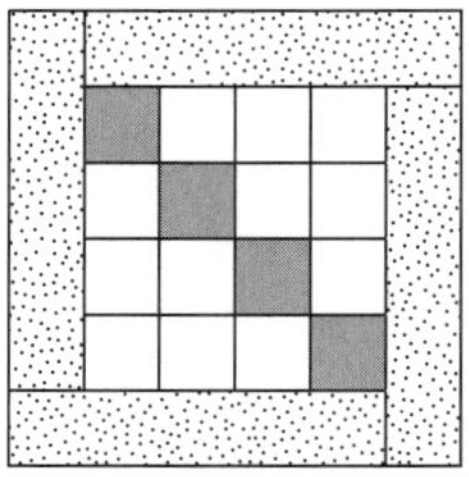

Die vier äußeren Rechtecke sind n − 1 Fliesen lang und eine Fliese breit. Dafür benötigt man $4 \cdot (n - 1)$ schwarze Fliesen.
Hinzu kommen im Innern n − 2 schwarze Fliesen in der Diagonalenrichtung.
Anzahl der schwarzen Fliesen:
$s_1(n) = 4 \cdot (n - 1) + n - 2$, $n \in \mathbb{N}$, $n \geqq 3$.
2. Abzählung

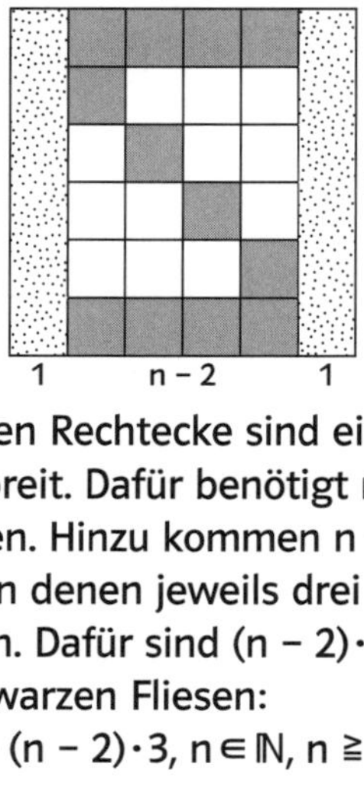

Die zwei äußeren Rechtecke sind eine Fliese lang und n Fliesen breit. Dafür benötigt man $2 \cdot 1 \cdot n$ schwarze Fliesen. Hinzu kommen n − 2 senkrechte Fliesenreihen, in denen jeweils drei schwarze Fliesen vorkommen. Dafür sind $(n - 2) \cdot 3$ Fliesen nötig.
Anzahl der schwarzen Fliesen:
$s_2(n) = 2 \cdot 1 \cdot n + (n - 2) \cdot 3$, $n \in \mathbb{N}$, $n \geqq 3$.

Äquivalenz der Terme
Es gilt:
$s_1(n) = 4(n - 1) + n - 2$
$s_1(n) = 4n - 4 + n - 2$
$s_1(n) = 5n - 6$
$s_2(n) = 2 \cdot 1 \cdot n + (n - 2) \cdot 3$
$s_2(n) = 2n + 3n - 6$
$s_2(n) = 5n - 6$
Beide Terme sind also äquivalent.
b) Die Anzahl der schwarzen Fliesen lässt sich gemäß vorheriger Teilaufgabe berechnen mit
$s(n) = 5n - 6$, $n \in \mathbb{N}$, $n \geqq 3$.
Insgesamt werden bei der quadratischen Anordnung n^2 Fliesen benötigt.

Die Anzahl der weißen Fliesen kann demnach berechnet werden durch
$w(n) = n^2 - s(n) = n^2 - (5n - 6) = n^2 - 5n + 6$.
Bedingung: $w(n) > s(n)$, $n \geqq 3$
Folglich:
$n^2 - 5n + 6 > 5n - 6 \quad | -5n + 6$
$n^2 - 10n + 12 > 0$
Der Term $n^2 - 10n + 12$ lässt sich als Funktionsterm einer Parabel interpretieren, die nach oben geöffnet ist. Die Ungleichung ist für alle natürlichen Zahlen erfüllt, für welche die Parabel oberhalb der Rechtsachse verläuft.

Man bestimmt die Nullstellen der Funktion f mit $f(x) = x^2 - 10x + 12$, $x \in \mathbb{R}$. Dies sind die Stellen, an denen die nach oben geöffnete Parabel die x-Achse schneidet.
Bedingung: $f(x) = 0$, $x \geqq 3$
Somit:
$x^2 - 10x + 12 = 0$
$D = \left(-\frac{10}{2}\right)^2 - 12$
$D = 25 - 12$
$D = 13 > 0$
$x_{1;2} = -(-5) \pm \sqrt{13}$
$x_1 = 5 + \sqrt{13}; \quad x_2 = 5 - \sqrt{13}$
$x_1 \approx 8{,}6; \quad x_2 \approx 1{,}4$ entfällt, da $x_2 < 3$
Für alle natürlichen Zahlen n, $n > 8$, liegen die zugehörigen Parabelpunkte oberhalb der x-Achse.
Bei allen Mustern mit $n > 8$ benötigt man daher mehr weiße als schwarze Fliesen.

6 (2 VP)
Eine quadratische Gleichung hat genau eine Lösung, wenn ihre Diskriminante den Wert 0 hat.
Hier gilt:
$x^2 + 2x - 2 + t = 0$
$D = \left(\frac{2}{2}\right)^2 - (-2 + t)$
$D = 1 + 2 - t$
$D = 3 - t$
Bedingung: $D = 0$
Daher: $3 - t = 0$
$t = 3$
Es gibt eine reelle Zahl, nämlich $t = 3$, für welche die gegebene quadratische Gleichung genau eine Lösung hat.
Die Behauptung ist somit zutreffend.

Pinboard – Ähnliche Figuren – Strahle

Die zentrische Streckung

Definition

Eine Abbildung heißt zentrische Streckung mit dem Streckzentrum S und dem Streckfaktor k, $k \in \mathbb{R}^+$, wenn für den Bildpunkt P′ eines Punktes P gilt:

1. P′ liegt auf der von S ausgehenden Halbgeraden durch P.
2. P′ hat von S den k-fachen Abstand wie P.

Kurzschreibweise: $P \xrightarrow{Z(S;\,k)} P'$

Beispiele

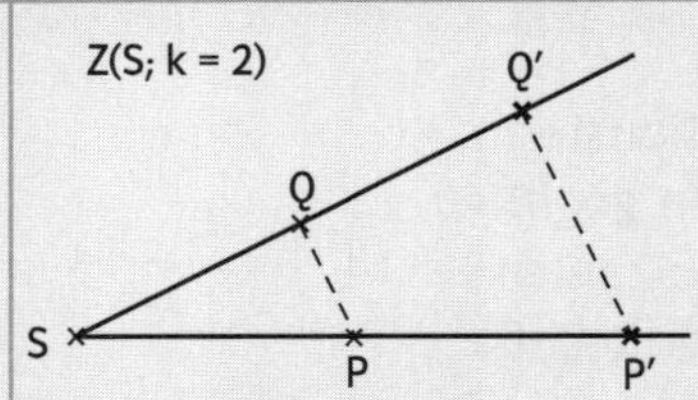

$\overline{SP'} = 2 \cdot \overline{SP}$; $\overline{SQ'} = 2 \cdot \overline{SQ}$

Folgerungen

Geradentreue: Das Bild einer Geraden ist eine Gerade.
Winkeltreue: Jeder Winkel wird auf einen Winkel gleicher Weite abgebildet.
Parallelentreue: Parallele Geraden werden auf parallele Geraden abgebildet.
Verhältnistreue: Jede Bildstrecke ist k-mal so lang wie die zugehörige Originalstrecke.

Gegenbeispiel

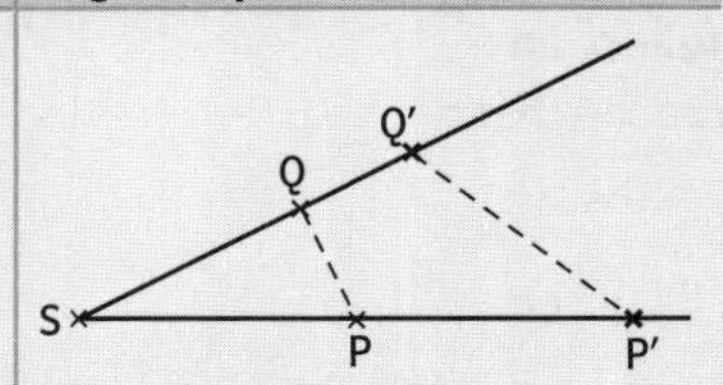

$\overline{SP'} = 2 \cdot \overline{SP}$; $\overline{SQ'} = \frac{3}{2} \cdot \overline{SQ}$

Folgerungen für Figuren

Das Bild eines Dreiecks ist ein Dreieck, das dieselben Innenwinkelweiten hat wie das Originaldreieck.
Das Bild eines jeden Parallelogramms ist ein Parallelogramm.
Das Bild eines Rechtecks ist ein Rechteck.
Das Bild eines Quadrats ist ein Quadrat.
Das Bild des Mittelpunkts einer Strecke ist der Mittelpunkt der Bildstrecke.
Der Flächeninhalt der Bildfigur ist k^2-mal so groß wie der Flächeninhalt des Originals.
Falls $k > 1$, so handelt es sich um eine Vergrößerung der Figur.
Falls $0 < k < 1$, so handelt es sich um eine Verkleinerung der Figur.

Beispiel

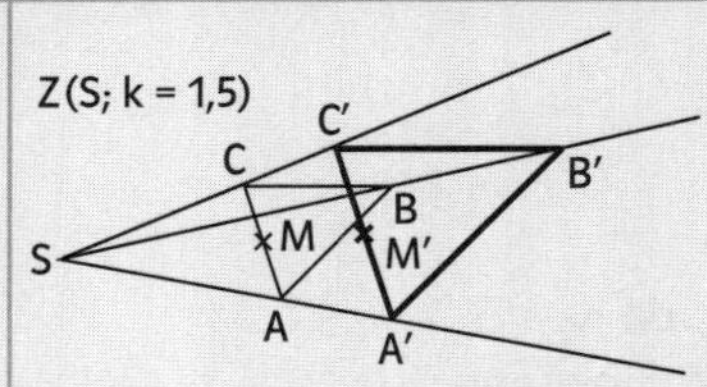

$\sphericalangle BAC = \sphericalangle B'A'C'$, $\sphericalangle CBA = \sphericalangle C'B'A'$,
$\sphericalangle ACB = \sphericalangle A'C'B'$
$(AB) \parallel (A'B')$, $(AC) \parallel (A'C')$, $(BC) \parallel (B'C')$
Wenn $\overline{AM} = \overline{MC}$, dann $\overline{A'M'} = \overline{M'C'}$.
$A_{\triangle A'B'C'} = k^2 \cdot A_{\triangle ABC}$

Ähnliche Dreiecke

Definition

Zwei Dreiecke ABC und A′B′C′ heißen ähnlich, wenn sie durch eine zentrische Streckung oder durch die Nacheinanderausführung von Kongruenzabbildungen und einer zentrischen Streckung aufeinander abgebildet werden können.
Kurzschreibweise: $\triangle ABC \sim \triangle A'B'C'$

Nachweis der Ähnlichkeit

Die Ähnlichkeit von Dreiecken kann man auf verschiedene Weisen zeigen.

1. Möglichkeit:
Alle Winkelweiten, die in einem Dreieck vorkommen, müssen im anderen Dreieck auch vorkommen.

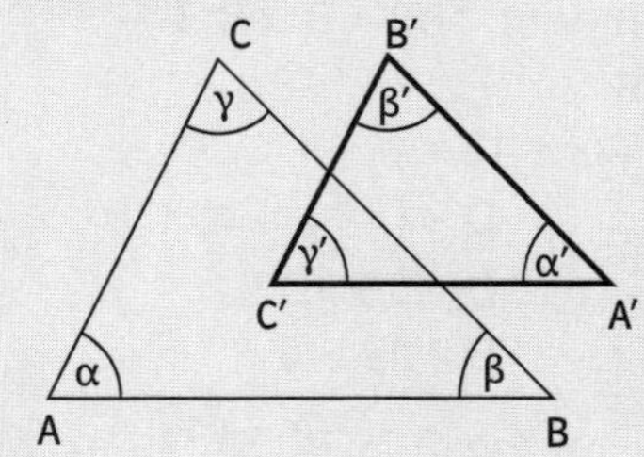

$\alpha = \gamma'$, $\beta = \alpha'$, $\gamma = \beta'$

2. Möglichkeit:
Alle Seitenverhältnisse entsprechender Seiten müssen gleich sein.

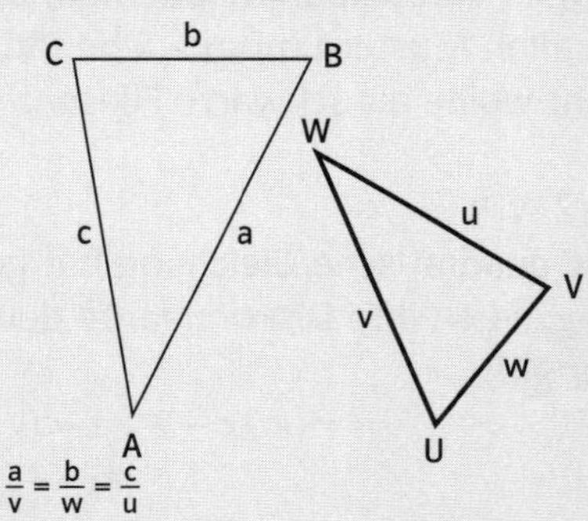

$\frac{a}{v} = \frac{b}{w} = \frac{c}{u}$

3. Möglichkeit:
Eine Winkelweite muss übereinstimmen und die Seitenverhältnisse der anliegenden Seiten müssen gleich sein.

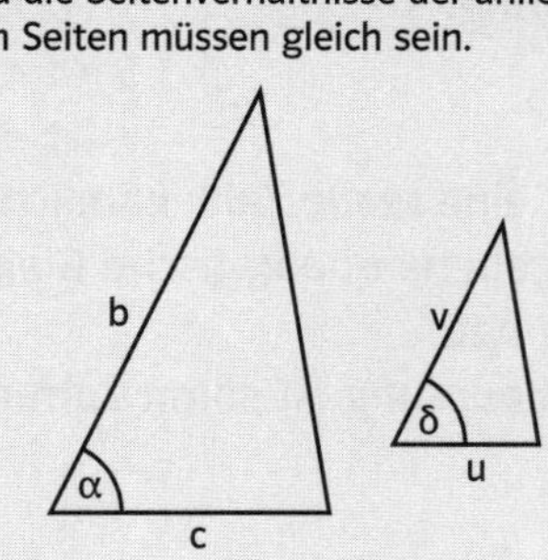

$\alpha = \delta$, $\frac{b}{c} = \frac{v}{u}$

Merk-würdig!

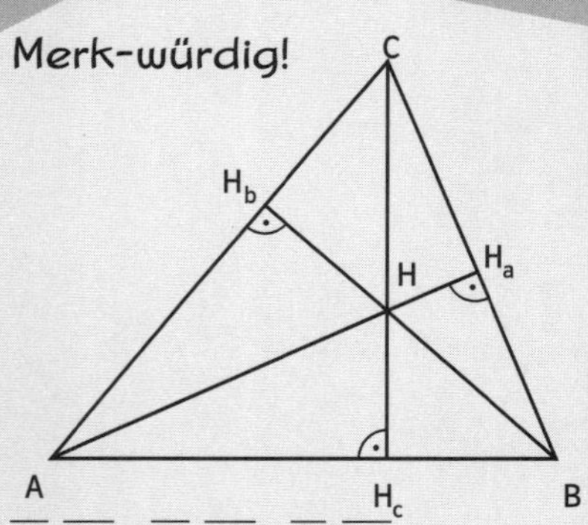

$\overline{AH} \cdot \overline{HH_a} = \overline{BH} \cdot \overline{HH_b} = \overline{CH} \cdot \overline{HH_c}$

Was wiegen die Hühner?

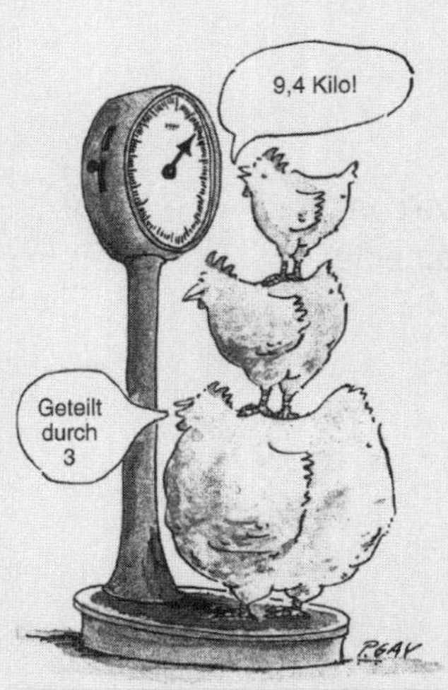

„Wissen nennen wir jenen Teil unserer Unwissenheit, den wir geordnet und katalogisiert haben."
Ambrose Bierce

ätze

Gleich viele Punkte?!

Theo: „Wie viele Punkte liegen denn auf einer Strecke der Länge 2 cm?"
Andrea: „Du erwartest doch jetzt keine andere Antwort als unendlich viele, oder?"
Theo: „Ja, schon, aber dann sind auf einer doppelt so langen Strecke zweimal unendlich viele, auf einer dreimal so langen Strecke dreimal unendlich viele usw. und das macht mir Kopfschmerzen!"
Andrea: „Nein, eben nicht. Ich kann dir zeigen, dass auf der doppelt so langen Strecke genau so viele Punkte liegen wie auf der Strecke der Länge 2 cm!"
Theo: „Da bin ich aber gespannt, wie du das machen willst!"
Andrea: „Können wir uns auf folgendes verständigen: Wenn es mir gelingt, zu jedem Punkt auf der einen Strecke genau einen Punkt auf der anderen Strecke anzugeben und umgekehrt, dann akzeptierst du, dass auf beiden Strecken gleich viele Punkte sind."
Theo: „Dagegen kann man wohl vernünftigerweise nichts einwenden."
Andrea: „Betrachte die Figur. Zuerst zeichne ich die beiden parallelen Strecken ST und S'T' mit den Längen 2 cm und 4 cm und die Geraden durch S und S' bzw. T und T', die sich in Z schneiden. Dann zeichne ich irgendeine Gerade durch Z, die beide Strecken schneidet. Zum Schnittpunkt A auf ST gibt es genau einen Schnittpunkt A' auf der anderen Strecke S'T'."
Theo: „Einverstanden! Und zu einem anderen Punkt B auf ST gibt es genau einen Punkt B' auf S'T'. Also gibt es zu jedem Punkt auf ST genau einen Punkt auf S'T'."
Andrea: „Und umgekehrt: Zu jedem Punkt C' auf der Strecke S'T' gibt es genau einen Punkt C auf der Strecke ST! Fertig!"
Theo: „Ich sehe es, aber ich glaube es nicht..."

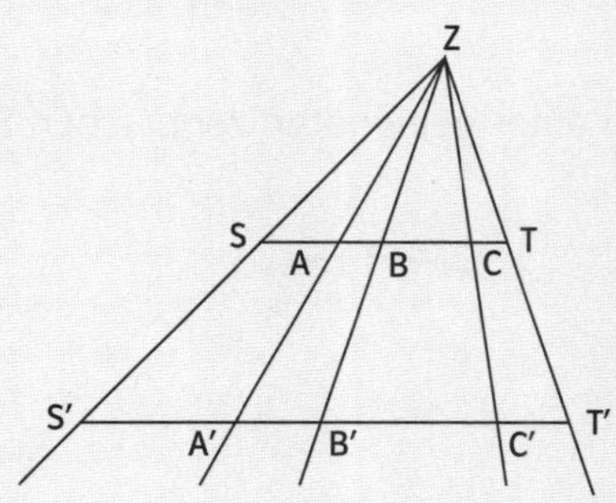

Die Strahlensätze

1. Strahlensatz

Wenn zwei Halbgeraden mit gemeinsamem Anfangspunkt von zwei parallelen Geraden geschnitten werden, dann verhalten sich die Längen der Abschnitte auf der einen Halbgeraden wie die Längen der entsprechenden Abschnitte auf der anderen Halbgeraden.

Beispiel

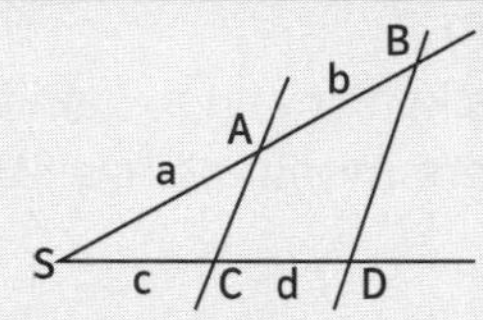

$\frac{a}{b} = \frac{c}{d}$ bzw. $\frac{a}{a+b} = \frac{c}{c+d}$

2. Strahlensatz

Wenn zwei Halbgeraden mit gemeinsamem Anfangspunkt von zwei parallelen Geraden geschnitten werden, dann verhalten sich die vom Anfangspunkt aus gemessenen Abschnitte auf jeder der Halbgeraden wie die Längen der entsprechenden Abschnitte auf den parallelen Geraden.

Beispiel

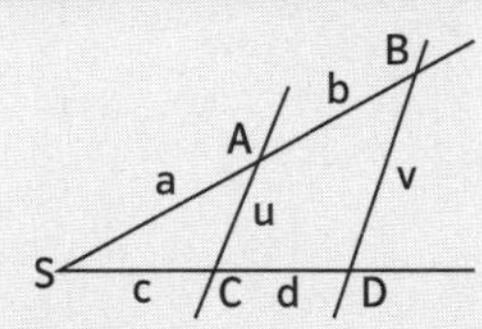

$\frac{a}{a+b} = \frac{u}{v}$ bzw. $\frac{c}{c+d} = \frac{u}{v}$

Bist du sicher?

1 Berechne die Streckenlänge x.

a)

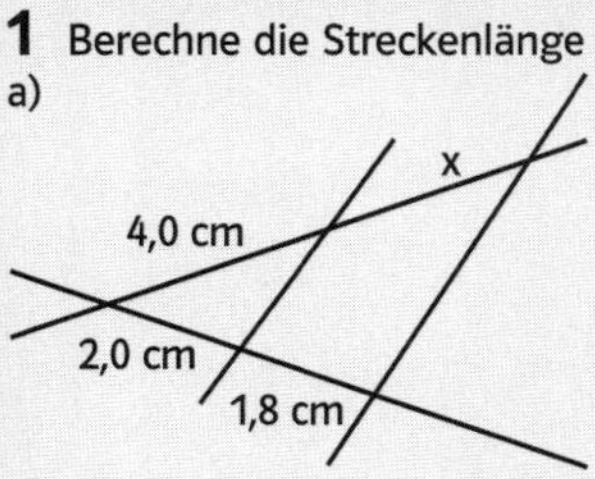

b)

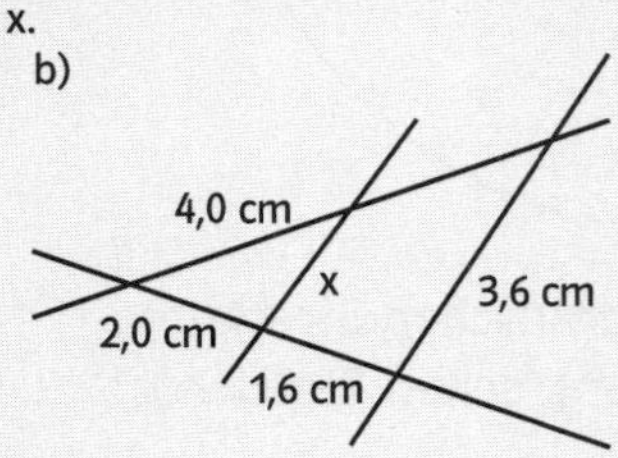

2 Berechne die Streckenlängen x und y.

a)

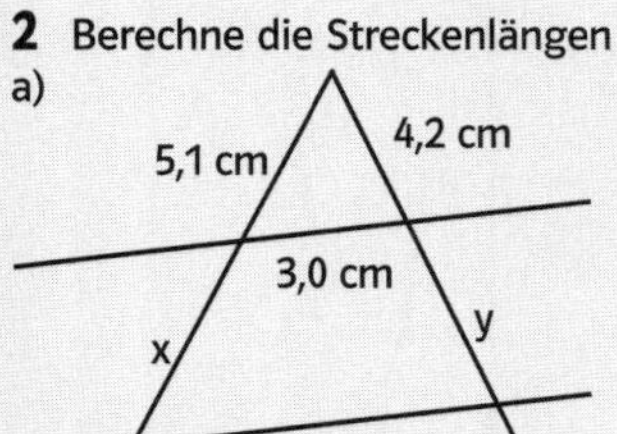

b)

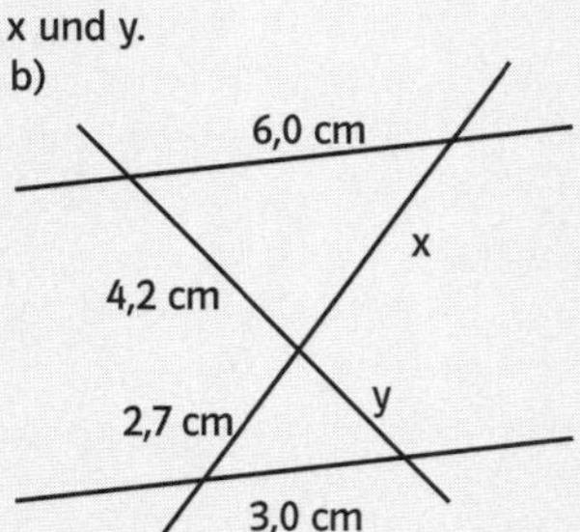

3 Welche Dreiecke in der Figur 1, welche Rechtecke in der Figur 2 sind ähnlich?

Figur 1

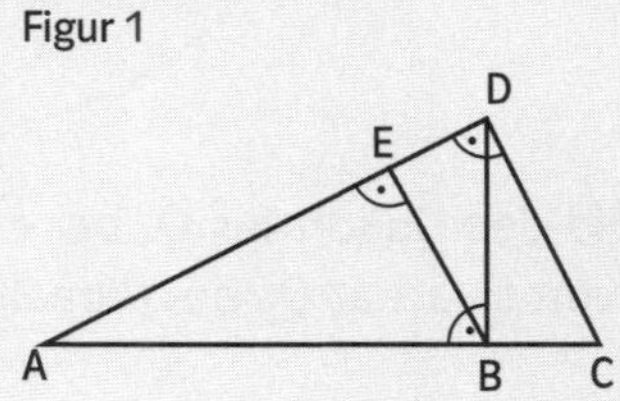

Figur 2

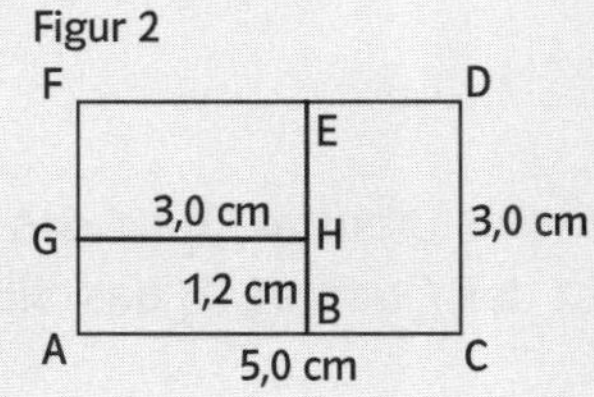

4 Welche Dreiecke sind ähnlich?

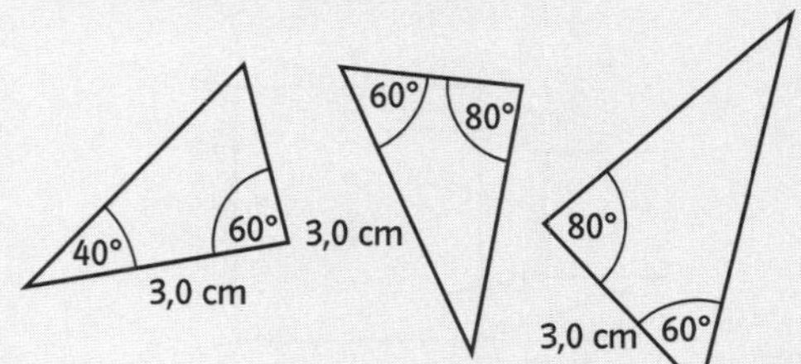

Lösungen

1 a) 3,6 cm b) 2,0 cm **2** a) x = 3,4 cm, y = 2,8 cm b) x = 5,4 cm, y = 2,1 cm **3** Die Dreiecke ABE, CDB, BDE, ABD und ACD sind ähnlich. Die Rechtecke ACDF und GHEF sind ähnlich. **4** Alle Dreiecke sind ähnlich, da sie Innenwinkel der Weiten 40°, 60° und 80° haben.

Anfangszeit: ____________ + 45 Minuten → Abgabe: ____________

1 (4 VP)
Die Geraden g und h sind parallel und es gilt:
$\overline{AE} = 6{,}0\,cm$, $\overline{AD} = 9{,}0\,cm$, $\overline{BC} = 2{,}0\,cm$, $\overline{BE} = 2{,}4\,cm$.
Berechne die Streckenlängen $\overline{AB}$ und $\overline{CD}$.

$\frac{9}{6} = 1{,}5$ $\overline{AB} =$

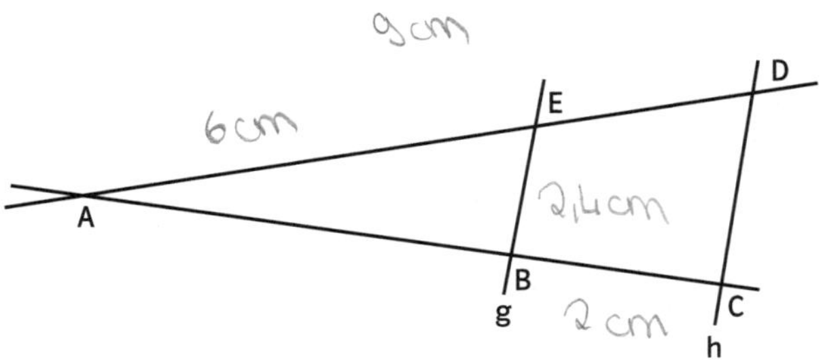

2 (3 VP)
Drei Streckenlängen a, b und c sind durch die Abbildung vorgegeben.
Konstruiere mithilfe eines Strahlensatzes eine Strecke der Länge x, für die gilt: a : b = c : x.

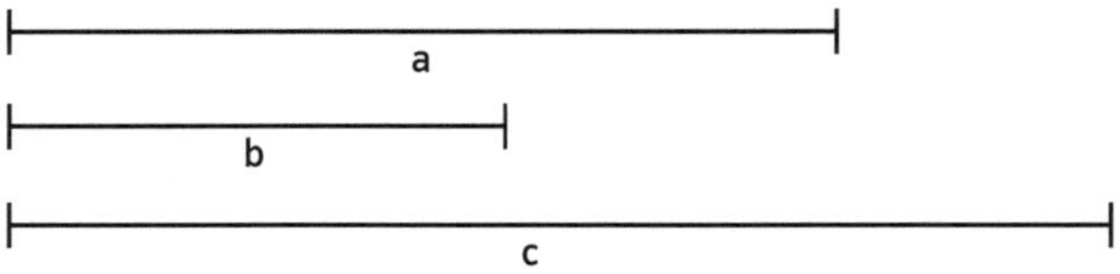

3 (2 + 2 VP)
a) Der Kreis k_2 ist das Bild des Kreises k_1 bei einer geeigneten zentrischen Streckung.
Bestimme das Streckzentrum Z.

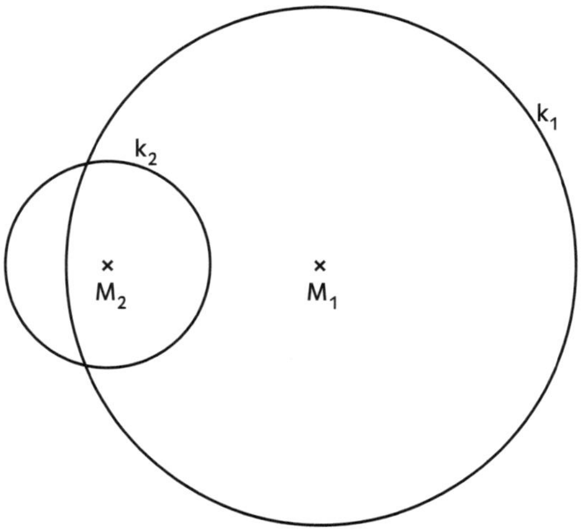

b) Das Quadrat Q_2 ist das Bild des Quadrates Q_1 bei einer zentrischen Streckung.
Ist das Quadrat Q_3 das Bild von Quadrat Q_2 bei derselben zentrischen Streckung?

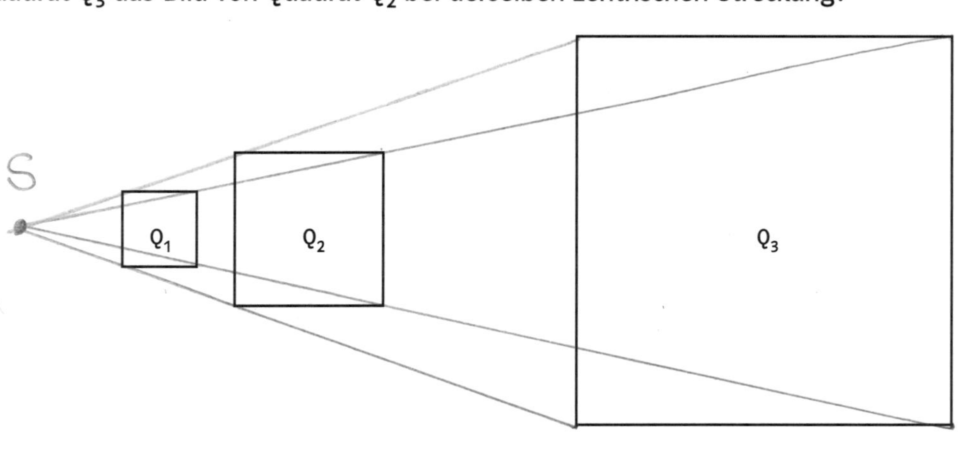

4 (1 + 1 + 1 + 1 + 1 VP)

Ergänze in folgenden Sätzen die Worte „manchmal", „immer" oder „nie", so dass wahre Aussagen entstehen.

a) Wenn zwei Dreiecke in den Weiten zweier Innenwinkel übereinstimmen,

dann sind diese Dreiecke ______________ ähnlich.

b) Wenn zwei Dreiecke ähnlich sind,

dann sind sie ___nie___ kongruent.

c) Wenn ein Dreieck spitzwinklig und ein anderes stumpfwinklig ist,

dann sind diese beiden Dreiecke ___nie___ ähnlich.

d) Wenn zwei Dreiecke ähnlich, jedoch nicht kongruent sind,

dann haben sie ___nie___ den gleichen Flächeninhalt.

e) Wenn zwei Dreiecke gleichschenklig sind,

dann sind sie ___manchmal___ ähnlich.

5 (3 + 2 + 1 VP)

Die Gerade g schneidet den Kreis um O mit dem Radius 3 Längeneinheiten in den Punkten A(3 | 0) und B(0 | 3). Die Gerade h ist parallel zur x-Achse und geht durch C(0 | 1).

a) Begründe, dass die Dreiecke OAB und CEB ähnlich sind.

b) Welche zentrische Streckung führt das Dreieck OAB in das Dreieck CEB über?

c) Sind die Dreiecke CEB und EAD ähnlich?

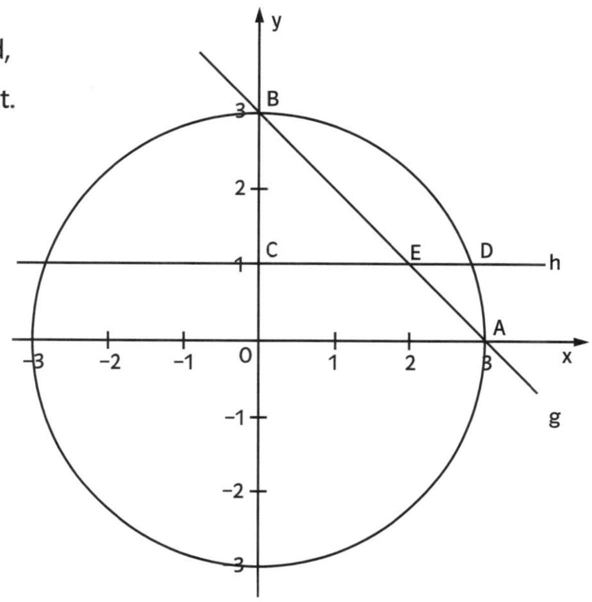

6 (2 VP)

Max Schlaumaier behauptet: „Wenn ich eine Figur A mit einer zentrischen Streckung mit Streckfaktor k auf eine Figur B abbilde, dann kann ich die Figur B mit einer zentrischen Streckung mit Streckfaktor $\frac{1}{k}$ auf die Figur A abbilden."

Was meinst du dazu?

Lerntipps

zu Aufgabe 3

a) Du brauchst zwei Punkte und die zugehörigen Bildpunkte, um das Streckzentrum zeichnerisch zu ermitteln.

b) Beachte, dass es sich um dieselbe zentrische Streckung handeln soll, also Z gleich bleibt und k auch.

zu Aufgabe 4

Manchmal hilft eine einfache Skizze zur Veranschaulichung.

zu Aufgabe 5

a) Weise nach, dass in beiden Dreiecken gleich weite Winkel vorkommen. Denke an Stufenwinkel.

b) Du musst das Streckzentrum und den Streckfaktor angeben.

c) Zeichne die Dreiecksseite AD ein. Vergleiche die Winkelweiten in beiden Dreiecken.

zu Aufgabe 6

Betrachte irgendeine Strecke XY. Wie ändert sich ihre Länge bei den beiden Abbildungen?

Wähle gegebenenfalls einen bestimmten Wert für k, etwa k = 2 und überprüfe zuerst damit die Behauptung.

Anfangszeit: ____________ + 45 Minuten → Abgabe: ____________

1 (1,5 + 1 + 1,5 VP)
Welche der Figuren gehen durch eine zentrische Streckung auseinander hervor? Zeichne gegebenenfalls das Streckzentrum Z ein und gib den Streckfaktor k an.

a)

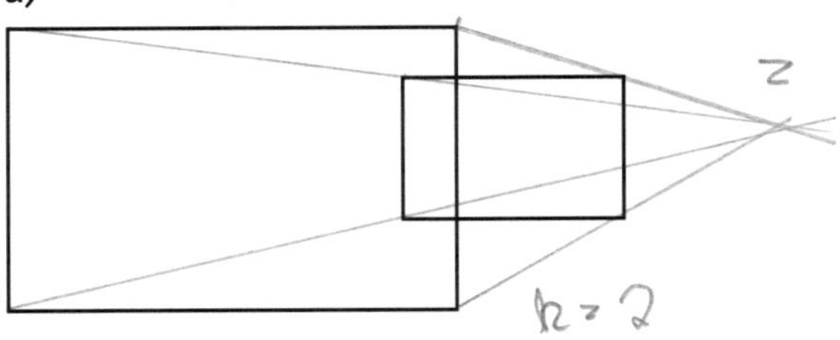

b)

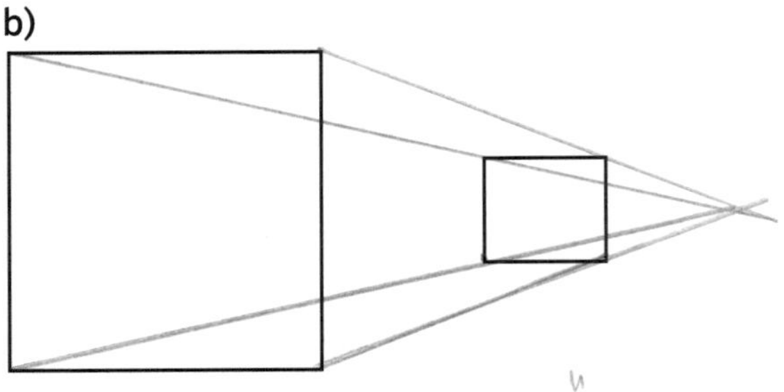

Nein, da das Seitenverhältnis nicht stimmt.

c)

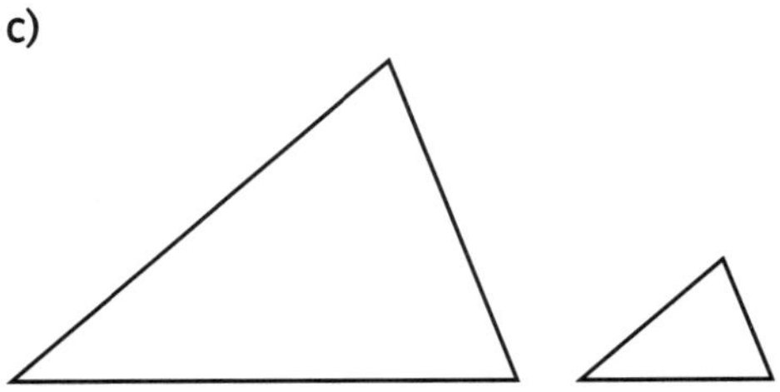

2 (3 + 1 + 1 VP)
Das Viereck ABCD wird durch eine zentrische Streckung von Z aus so abgebildet, dass A′ der Bildpunkt von A und B′ der Bildpunkt von B ist.
a) Konstruiere das Streckzentrum Z und das Viereck A′B′C′D′.
b) Welche Koordinaten hat der Bildpunkt M′ des Mittelpunkts M der Seite AB?
c) Welche Koordinaten hat der Originalpunkt P des Bildpunkts P′(3 | 2)?

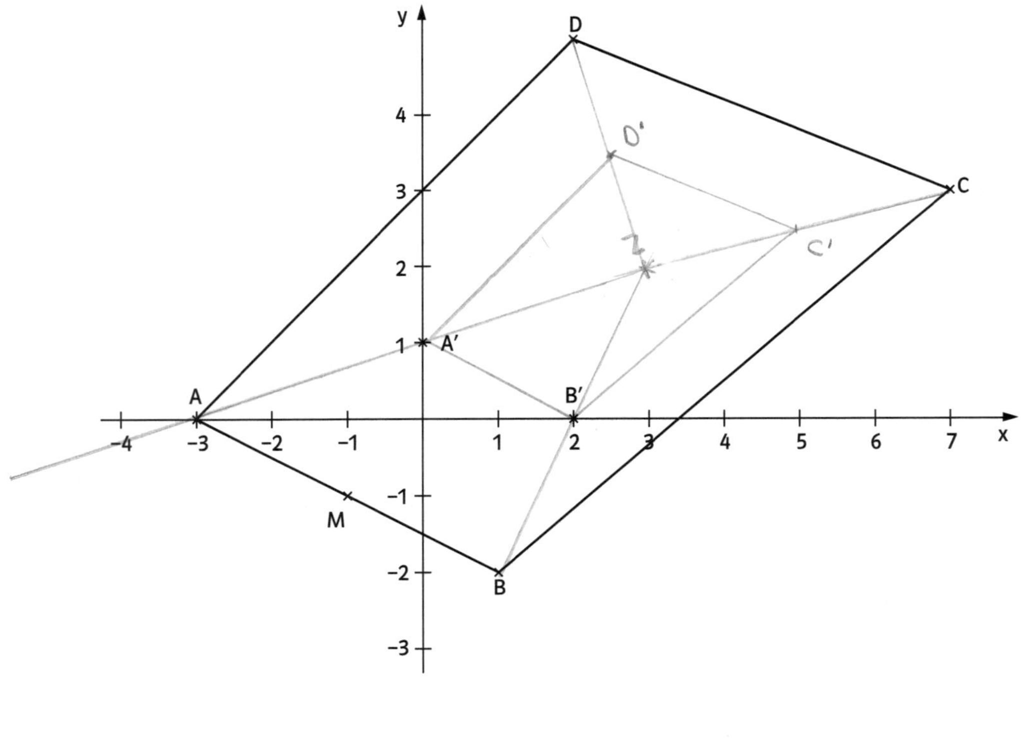

3 (4 VP)

Welche der angegebenen Beziehungen folgen aus der abgebildeten Figur? Kreuze in diesen Fällen „ja" an. Anderenfalls kreuze „nein" an.

Nr.	Beziehung	ja	nein
1.	$\frac{k}{c} = \frac{m}{i+e}$		
2.	$\frac{i}{m} = \frac{g}{f}$		
3.	$\frac{g}{h} = \frac{e}{b}$		
4.	$\frac{b}{a} = \frac{e}{i+m}$		
5.	$\frac{h}{d} = \frac{g}{f}$		
6.	$\frac{i}{h} = \frac{m}{k}$		
7.	$\frac{e}{d} = \frac{i+m}{c+k}$		
8.	$m = \frac{k \cdot e}{c}$		

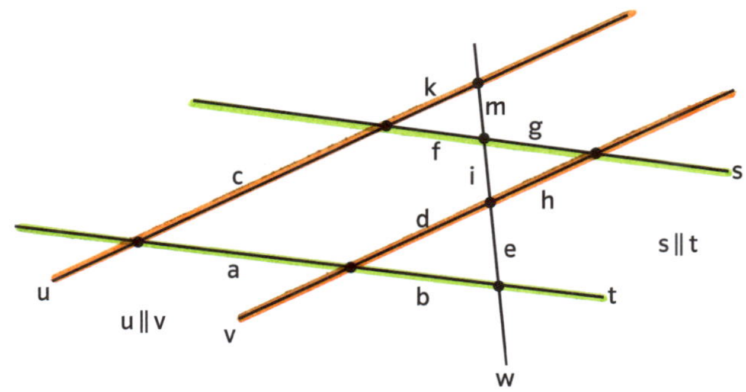

4 (3 + 3 + 1 VP)

a) Weise nach, dass die Dreiecke ADE und BCD ähnlich sind.
Inwiefern folgt daraus: $\overline{AD} \cdot \overline{DC} = \overline{BD} \cdot \overline{DE}$?

b) Wie lang ist die Strecke $\overline{AE}$?

c) Sind auch die Dreiecke ABC und ABE ähnlich? Begründe.

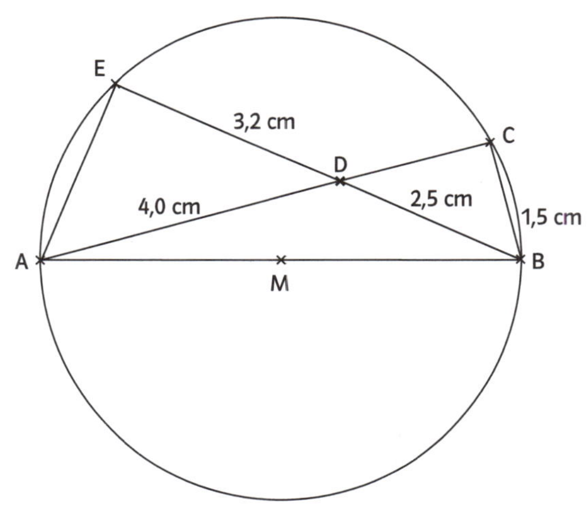

5 (4 VP)

Max Schlaumaier behauptet:
„Wenn ein Dreieck den Flächeninhalt A_1 und das Bilddreieck bei einer zentrischen Streckung mit dem Streckfaktor k, k > 0, den Flächeninhalt A_2 hat, dann gilt: $A_2 = k^2 \cdot A_1$."
Nimm Stellung zu dieser Behauptung.

Lerntipps

zu Aufgabe 2

a) Wenn du Z konstruiert hast, kannst du C' und D' mithilfe von Parallelen erhalten.

zu Aufgabe 4

a) Du weißt, dass die Winkel bei C und E die gleiche Weite 90° haben. Warum?

zu Aufgabe 5

Der Flächeninhalt eines Dreiecks mit der Grundseitenlänge g und der zugehörigen Höhe h wird mit der Formel $A = \frac{1}{2} \cdot g \cdot h$ berechnet. Wie verändern sich g und h bei der zentrischen Streckung?

Anfangszeit: ____________________ + 45 Minuten → **Abgabe:** ____________________

1 (1,5 + 1,5 + 1,5 + 1,5 VP)
Kann die jeweils rechte Figur das Bild der linken Figur bei einer geeigneten zentrischen Streckung sein?
Falls ja, so zeichne das Streckzentrum Z ein und gib den Streckfaktor k an.
Falls nein, so erläutere, warum dies nicht sein kann.

a)

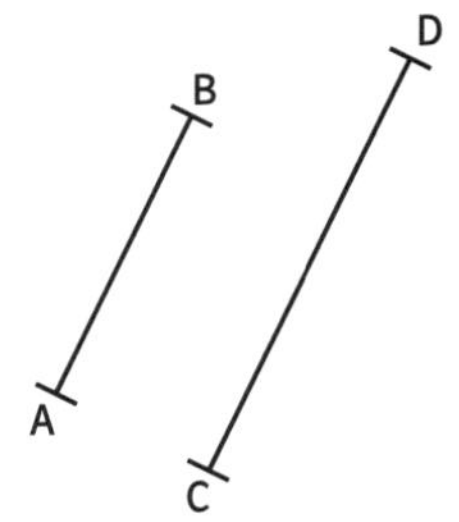

b)

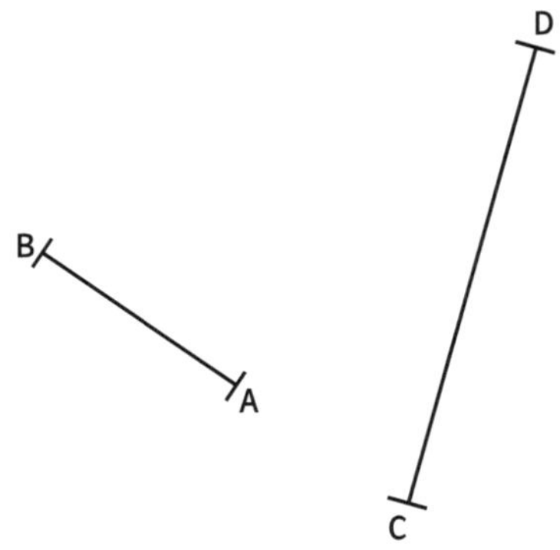

c)

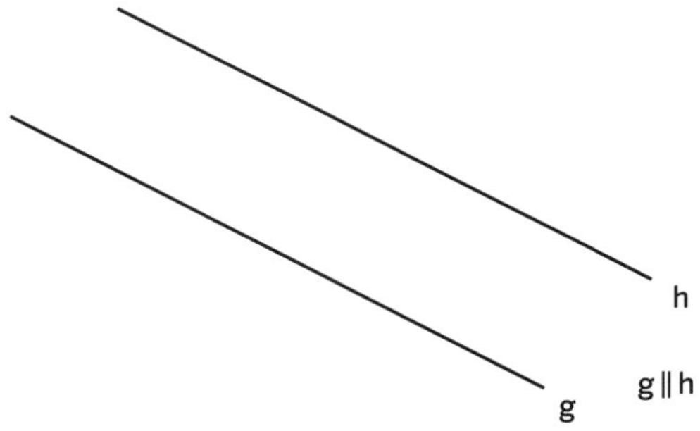

d)

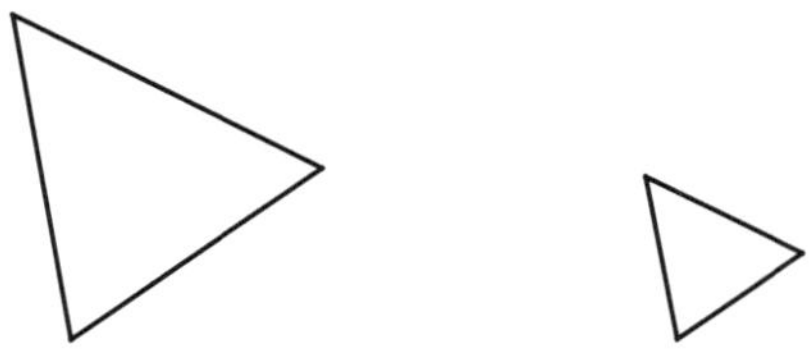

2 (2 + 2 VP)
Um einen Gegenstand ohne Linse auf einer Mattscheibe oder Photoplatte abzubilden, verwendet man seit Jahrhunderten eine sogenannte Lochkamera.

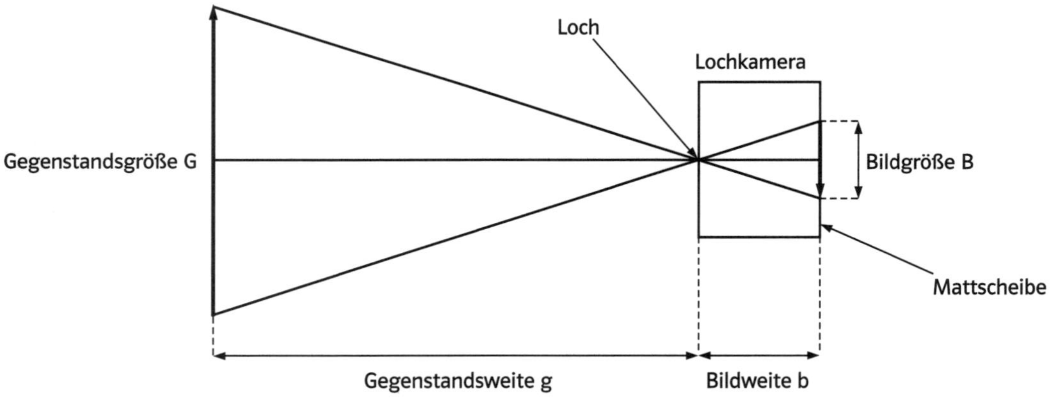

Die vom Gegenstand ausgehenden Lichtstrahlen treten durch das Loch der Kamera ein und erzeugen auf der Mattscheibe ein umgekehrtes Bild.
a) Wie groß ist ein Gegenstand, der 15,0 m vor der Kamera steht, wenn die Bildweite 20,0 cm und die Bildgröße 6,0 cm betragen?
b) Erläutere, inwiefern sich eine Lochkamera bei bekannter Gegenstandsgröße als Entfernungsmesser benutzen lässt.

3 (3 + 2 + 2 VP)

a) Begründe: Die Figur enthält ähnliche Dreiecke.

b) Bestätige damit: $\overline{BD}^2 = \overline{AB} \cdot \overline{BC}$

c) Kannst du $\overline{AD}^2$ entsprechend als Produkt von in der Figur vorkommenden Streckenlängen ausdrücken?

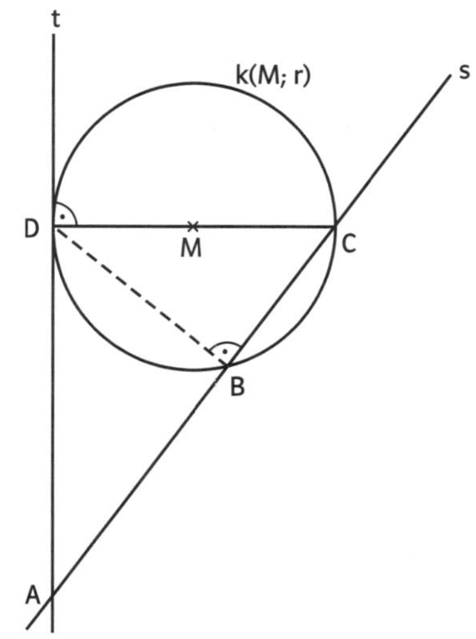

4 (3 + 4 VP)

Sehr häufig werden im Alltag Abbildungen wie die nebenstehende verwendet, um Prozentsätze durch geeignet gewählte Flächenstücke oder Körper zu verdeutlichen.

a) Weise nach, dass die Inhalte der vier weißen Flächenstücke sich sicher *nicht* wie die angegebenen Prozentsätze verhalten.

b) Wie müsste man das Dreieck durch drei Parallelen zur Grundseite zerlegen, so dass die angegebenen Prozentsätze den tatsächlichen Flächeninhalten der vier Teilfiguren entsprechen?

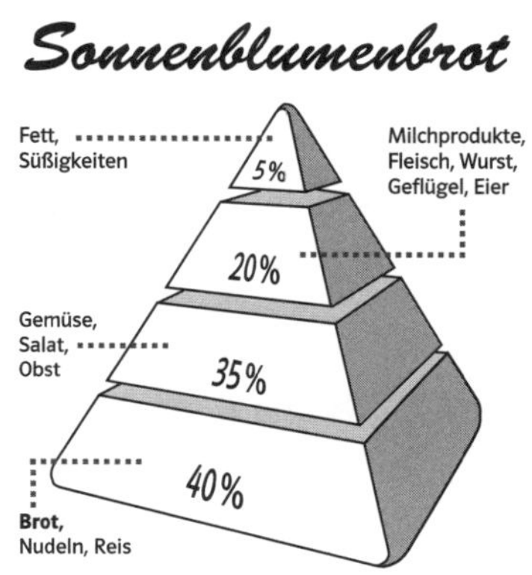

Das Korn.
Wertvolle Basis einer gesunden Ernährung.
Tagesbedarf an Grundnahrungsmitteln in Prozent des Gesamtbedarfs.

Lerntipps

Modellieren

Bei Problemen wie in Aufgabe 4 kann man folgendermaßen beginnen:

Idealisieren:

Die weißen Flächen sollen exakte geometrische Figuren sein (ein Dreieck, drei Trapeze). Erst dann kann man überhaupt geeignete Formeln anwenden.

Spezialisieren:

Die vier Flächen sollen gleiche Höhe haben. Oft ist es hilfreich, zuerst mit konkreten Maßen zu arbeiten. (Die vier Höhen sollen 1 cm sein, die Grundkante der Pyramide soll 4 cm lang sein).

Damit werden derartige Fragestellungen oft leichter handhabbar. Erst dann versuche man, falls überhaupt noch erforderlich, eine allgemeine Lösung.

Anfangszeit: ______________ + 45 Minuten → Abgabe: ______________

1 (4 VP)
Die Geraden g und h sind parallel. Es gilt:
$\overline{AB} = 4{,}0\,cm$, $\overline{BC} = 2{,}4\,cm$, $\overline{BD} = 2{,}0\,cm$, $\overline{AE} = 2{,}8\,cm$.
Berechne die Streckenlängen $\overline{CD}$ und $\overline{BE}$.

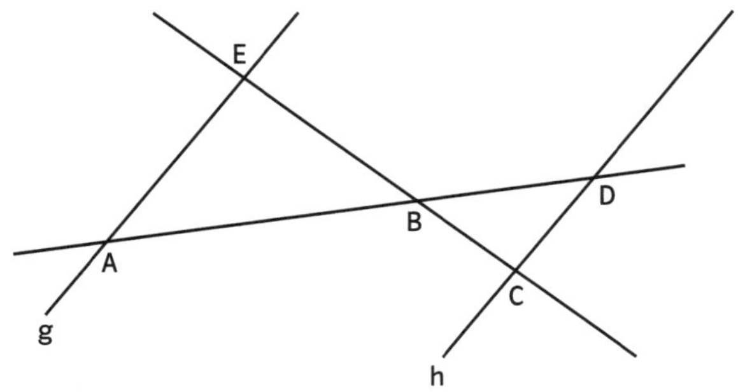

2 (4 VP)
Beweise: Wenn ein Dreieck gleichschenklig ist und der Winkel an der Spitze die Weite 36° hat, dann zerlegt die Winkelhalbierende eines Basiswinkels das Dreieck so, dass eines der Teildreiecke zum ganzen Dreieck ähnlich ist.

3 (3 + 3 VP)
a) Berechne die Streckenlängen $\overline{AF}$ und $\overline{AE}$.
b) In welchem Verhältnis teilt die Parallele zur Geraden (DE) durch C die Fläche des Dreiecks ADE?

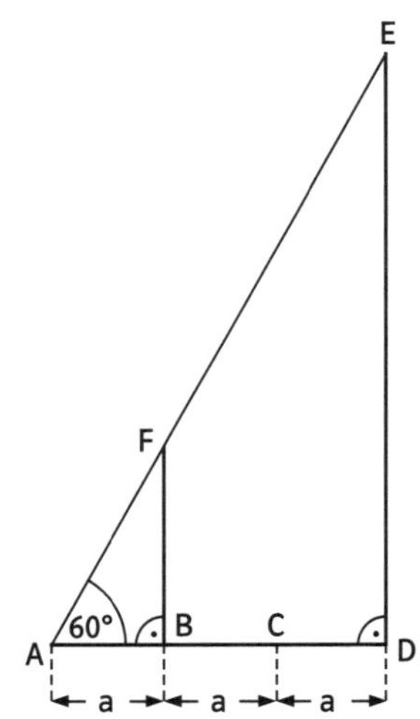

4 (2 + 3 VP)
Von den drei Punkten A, B und C weiß man:
1. $\overline{AB} = 3{,}0\,cm$, $\overline{BC} = 5{,}0\,cm$.
2. B ist der Bildpunkt von A, C ist der Bildpunkt von B bei derselben zentrischen Streckung.
a) Wie müssen die Punkte A, B und C liegen?
Gib den Streckfaktor k dieser zentrischen Streckung an.
b) Bestimme die Lage des Streckzentrums Z.

5 (5 VP)
Auf der Abbildung entsteht der Eindruck, dass die Person die Sonne „umarmt".
Wie weit musste ein Beobachter von der abgebildeten Person entfernt sein, um diesen optischen Eindruck zu haben?
Tipp: Wie lang ist etwa der Arm der Person?

Aus dem Lexikon:

Durchmesser der Sonne
$d = 1{,}4 \cdot 10^6\,km$
Abstand der Sonne von der Erde
$s = 1{,}5 \cdot 10^8\,km$

Klassenarbeit 2.1

1 (4 VP)

Bei Verwendung des 1. Strahlensatzes kannst du die Streckenlängen vom Anfangspunkt der Strahlen aus messen oder aber die einzelnen Abschnitte auf den Strahlen in Beziehung setzen.
Bei Verwendung des 2. Strahlensatzes musst du die Abschnitte auf den Strahlen immer vom Anfangspunkt der Strahlen aus angeben.

Berechnung von $\overline{AB}$

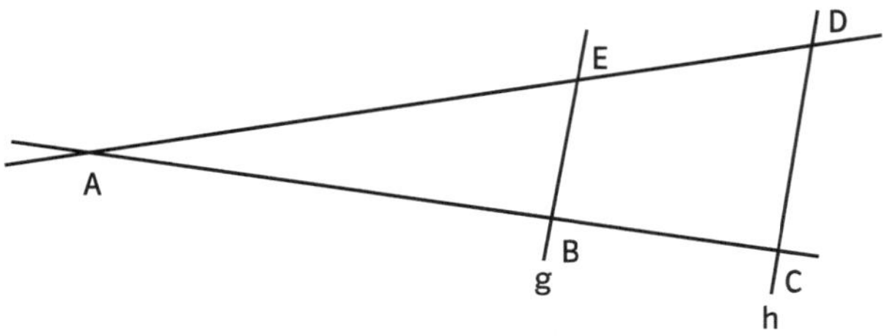

Mit dem 1. Strahlensatz von A aus gilt für die Abschnitte auf den beiden Strahlen:

$\overline{AB} : \overline{BC} = \overline{AE} : \overline{ED}$

Daraus folgt:

$$\overline{AB} : \overline{BC} = \overline{AE} : (\overline{AD} - \overline{AE})$$

$$\overline{AB} = \frac{\overline{AE}}{\overline{AD} - \overline{AE}} \cdot \overline{BC}$$

$$\overline{AB} = \frac{6{,}0\,\text{cm}}{9{,}0\,\text{cm} - 6{,}0\,\text{cm}} \cdot 2{,}0\,\text{cm}$$

$$\overline{AB} = 4{,}0\,\text{cm}$$

Alternative
Mit dem 1. Strahlensatz von A aus gilt für die von A aus gemessenen Abschnitte auf den Strahlen:

$\overline{AB} : \overline{AC} = \overline{AE} : \overline{AD}$

Daraus folgt:

$$\overline{AB} : (\overline{AB} + \overline{BC}) = \overline{AE} : \overline{AD}$$

$$\overline{AB} \cdot \overline{AD} = (\overline{AB} + \overline{BC}) \cdot \overline{AE}$$

$$\overline{AB} \cdot \overline{AD} = \overline{AB} \cdot \overline{AE} + \overline{BC} \cdot \overline{AE}$$

$$\overline{AB} \cdot \overline{AD} - \overline{AB} \cdot \overline{AE} = \overline{BC} \cdot \overline{AE}$$

$$\overline{AB} \cdot (\overline{AD} - \overline{AE}) = \overline{BC} \cdot \overline{AE}$$

$$\overline{AB} = \frac{\overline{BC} \cdot \overline{AE}}{\overline{AD} - \overline{AE}}$$

Einsetzen der Daten liefert wie oben $\overline{AB} = 4{,}0\,\text{cm}$.

Berechnung von $\overline{CD}$

Mit dem 2. Strahlensatz ergibt sich:

$\overline{AE} : \overline{AD} = \overline{BE} : \overline{CD}$

Daraus folgt:

$$\overline{AE} \cdot \overline{CD} = \overline{AD} \cdot \overline{BE}$$

$$\overline{CD} = \frac{\overline{AD} \cdot \overline{BE}}{\overline{AE}}$$

$$\overline{CD} = \frac{9{,}0\,\text{cm} \cdot 2{,}4\,\text{cm}}{6{,}0\,\text{cm}}$$

$$\overline{CD} = 3{,}6\,\text{cm}$$

2 (3 VP)

Konstruktion mit dem 1. Strahlensatz

Die Streckenlängen a und b werden nacheinander auf dem ersten Strahl, die Streckenlänge c auf dem zweiten Strahl abgetragen. Die zwischen den Parallelen p_1 und p_2 liegende Strecke auf dem zweiten Strahl hat die gesuchte Länge x.

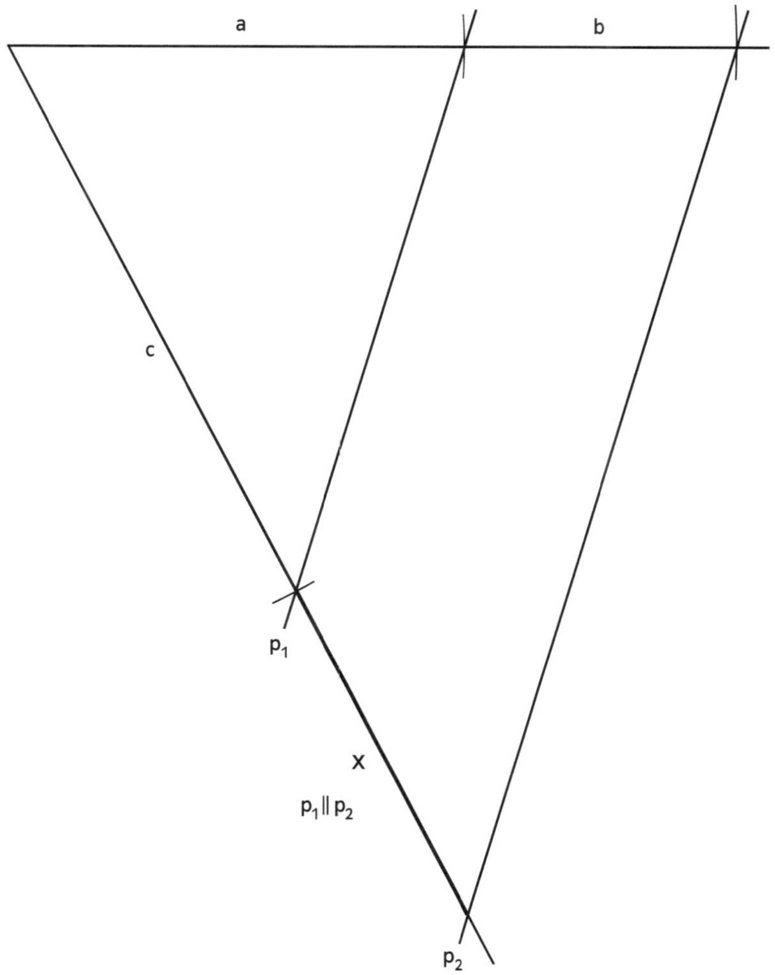

Alternativen
Konstruktion mit dem 1. Strahlensatz
Die Streckenlängen werden alle vom Anfangspunkt der beiden Strahlen abgetragen.

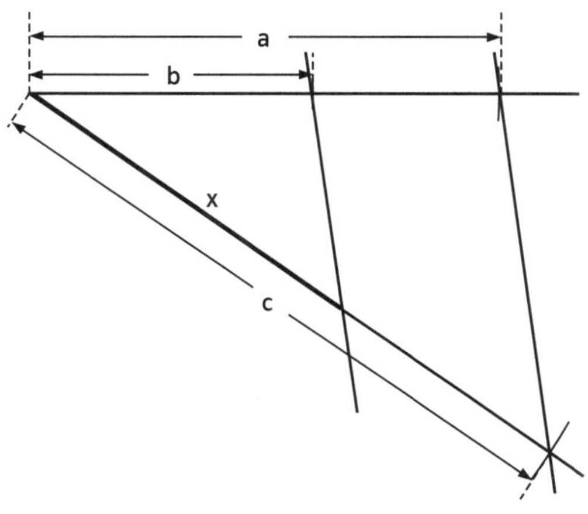

Konstruktion mit dem 2. Strahlensatz
Die Streckenlängen a und c werden auf dem ersten Strahl vom Scheitel aus abgetragen. Die Strecke der Länge b liegt auf einer der Parallelen, die gesuchte Strecke auf der anderen.

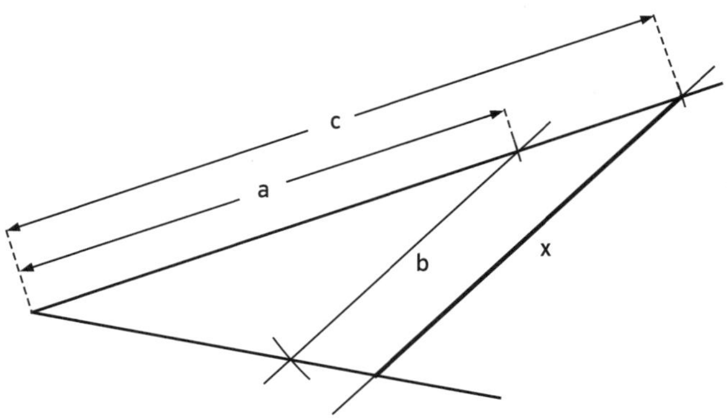

3 (2 + 2 VP)
a) Konstruktion des Streckzentrums Z

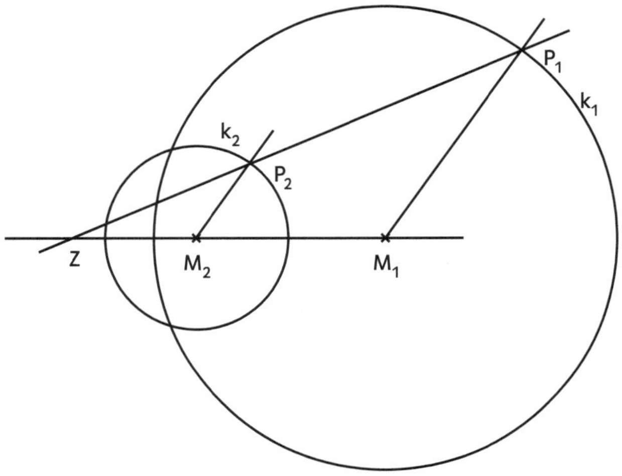

Erläuterung der Konstruktion
Das Streckzentrum Z muss auf der Geraden durch M_1 und M_2 liegen. Man zeichnet nun die Punkte P_1 auf k_1 und P_2 auf k_2 so ein, dass (M_1P_1) und (M_2P_2) parallel zueinander sind. Die Gerade durch P_1 und P_2 schneidet (M_1M_2) im gesuchten Streckzentrum Z.

b) Bestimmung des Streckzentrums Z

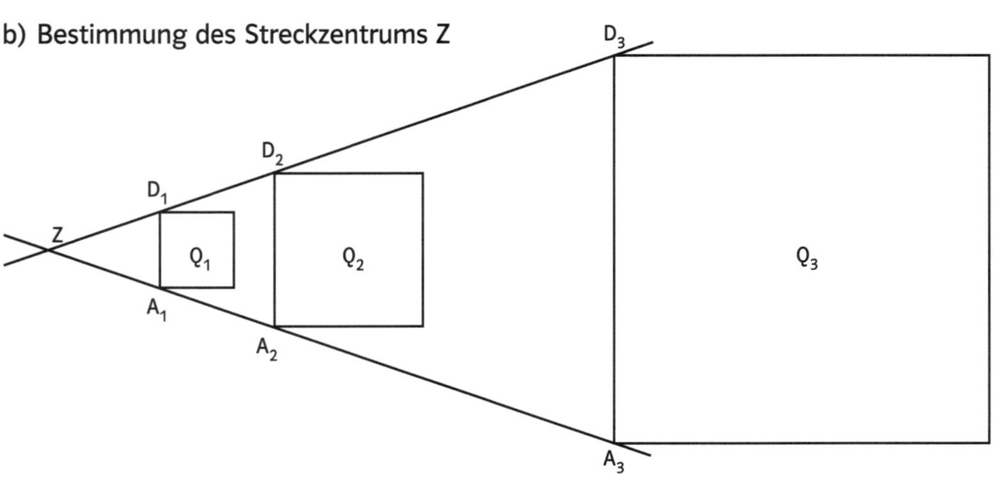

Die Gerade durch A_1 und A_2 geht auch durch A_3. Entsprechend geht die Gerade durch D_1 und D_2 auch durch D_3. Der Schnittpunkt dieser Geraden ist Z.
Die Strecken $\overline{A_1D_1}$, $\overline{A_2D_2}$ und $\overline{A_3D_3}$ sind zueinander parallel. Es gibt also eine zentrische Streckung von Z aus, die $\overline{A_1D_1}$ auf $\overline{A_2D_2}$ und $\overline{A_2D_2}$ auf $\overline{A_3D_3}$ abbildet. Der Zeichnung entnimmt man die Streckfaktoren k_1 bzw. k_2:

$$k_1 = \frac{\overline{A_2D_2}}{\overline{A_1D_1}} = \frac{2{,}0\,\text{cm}}{1{,}0\,\text{cm}} = 2$$

$$k_2 = \frac{\overline{A_3D_3}}{\overline{A_2D_2}} = \frac{5{,}0\,\text{cm}}{2{,}0\,\text{cm}} = 2{,}5$$

Da die Streckfaktoren verschieden sind, handelt es sich *nicht* um dieselbe zentrische Streckung.

4 (1 + 1 + 1 + 1 + 1 VP)
a) Wenn zwei Dreiecke in den Weiten zweier Innenwinkel übereinstimmen,
dann sind diese Dreiecke ...**immer**... ähnlich.
b) Wenn zwei Dreiecke ähnlich sind,
dann sind sie ...**manchmal**... kongruent.
c) Wenn ein Dreieck spitzwinklig und ein anderes stumpfwinklig ist,
dann sind diese beiden Dreiecke ...**nie**... ähnlich.
d) Wenn zwei Dreiecke ähnlich, jedoch nicht kongruent sind,
dann haben sie ...**nie**... den gleichen Flächeninhalt.
e) Wenn zwei Dreiecke gleichschenklig sind,
dann sind sie ...**manchmal**... ähnlich.

Begründungen
a) Wenn Dreiecke in den Weiten zweier Innenwinkel übereinstimmen, dann stimmen sie auch in der Weite des dritten Innenwinkels überein (Winkelsummensatz). Wenn zwei Dreiecke in den Weiten aller drei Winkel übereinstimmen, dann sind sie ähnlich.
b) Ähnliche Dreiecke können kongruent sein, müssen es aber nicht.

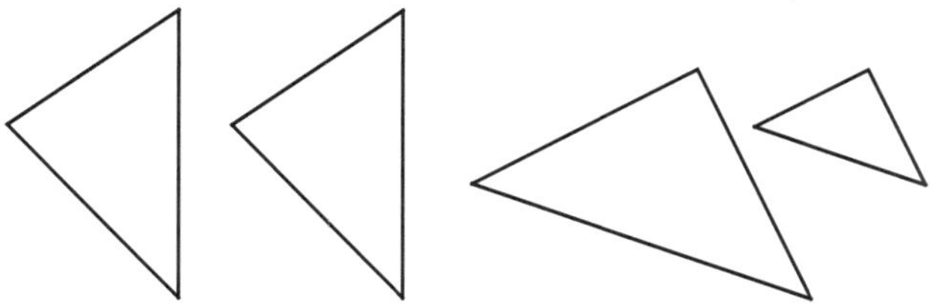

ähnlich und kongruent *ähnlich, aber nicht kongruent*

c) Wenn ein Dreieck spitzwinklig ist, dann hat es keinen stumpfen Winkel. Ein dazu ähnliches Dreieck hat gleiche Winkelweiten, kann also auch keinen stumpfen Winkel haben.
d) Wenn zwei Dreiecke ähnlich, aber nicht kongruent sind, dann geht eines aus dem anderen durch eine zentrische Streckung mit einem Streckfaktor k, $k \neq 1$, $k \neq -1$, hervor. Der Flächeninhalt des Bilddreiecks ist dann k^2-mal so groß wie der des Originals.
e) Gleichschenklige Dreiecke können ähnlich sein, müssen es aber nicht.

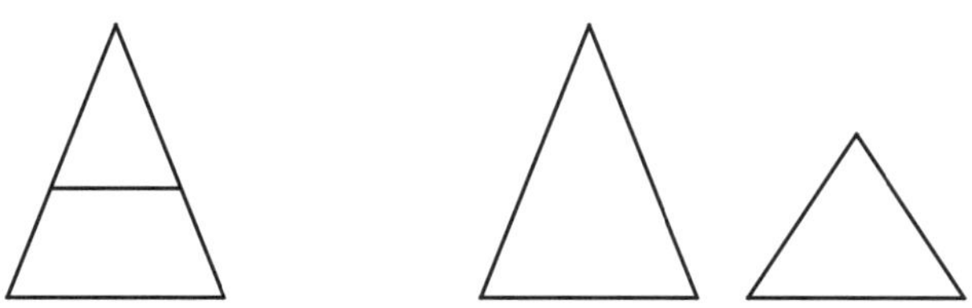

gleichschenklig und ähnlich *gleichschenklig und nicht ähnlich*

5 (3 + 2 + 1 VP)
Weise nach, dass es zu jedem Winkel im Dreieck OAB einen gleich weiten Winkel im Dreieck CEB gibt. Es reicht dabei aus, jeweils zwei Winkel als gleich groß zu erkennen. Du kennst Sätze über Stufenwinkel, Wechselwinkel, Scheitelwinkel und den Winkelsummensatz für Dreiecke.

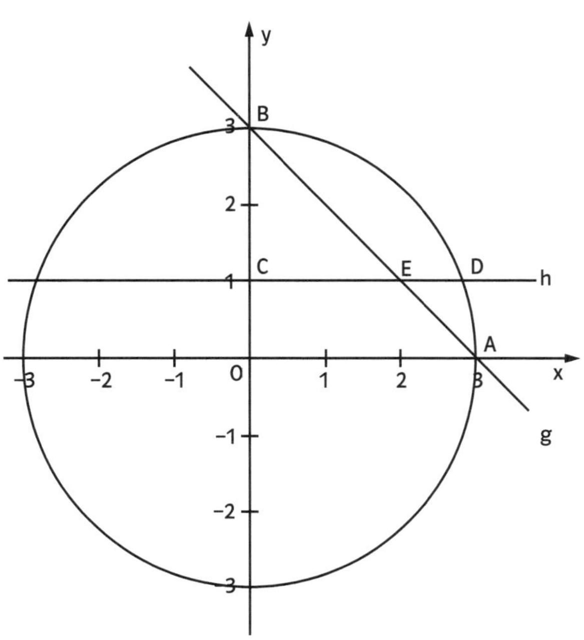

a) Die Gerade h ist parallel zur x-Achse. Daher haben die Dreiecke OAB und CEB beide rechte Winkel: $\sphericalangle AOB = \sphericalangle ECB = 90°$.
Da die Gerade h und die x-Achse von der Geraden durch A und B geschnitten werden, sind auch die Winkel $\sphericalangle BAO$ und $\sphericalangle BEC$ gleich weit (Wechselwinkel an Parallelen).
Mit dem Satz von der Winkelsumme im Dreieck folgt, dass auch die jeweils dritten Dreieckswinkel gleich weit sind: $\sphericalangle OBA = \sphericalangle CBE$.
Wenn zwei Dreiecke in den Weiten ihrer Winkel übereinstimmen, dann sind die Dreiecke ähnlich.
Folglich: $\triangle OAB \sim \triangle CEB$.

b) Da (OA) und (CE) parallel sind, gibt es eine zentrische Streckung von B aus, die BO auf BC abbildet.
Für den Streckfaktor gilt:

$$\overline{BC} = k \cdot \overline{BO}$$

$$k = \frac{\overline{BC}}{\overline{BO}}$$

$$k = \frac{2}{3}$$

Die zentrische Streckung von B aus mit dem Streckfaktor $k = \frac{2}{3}$ führt das Dreieck OAB in das Dreieck CEB über.

c) *Die beiden Dreiecke stimmen nur in der Weite eines Winkels überein.*
Wenn zwei Dreiecke ähnlich sein sollen, dann müssen sie paarweise gleich weite Winkel haben.
Zwar haben beide Dreiecke einen gleichweiten Winkel (Scheitelwinkel mit dem Scheitel E), aber da die Dreiecksseite AD nicht orthogonal zur x-Achse ist, sind (AD) und (BC) nicht parallel. Das Dreieck CEB hat daher einen rechten Winkel, das Dreieck EAD jedoch nicht.
Die Dreiecke CEB und EAD sind also nicht ähnlich.

6 (2 VP)
Die Behauptung ist wahr.
Wenn eine Figur A mit einer zentrischen Streckung mit dem Streckfaktor k, $k > 0$, abgebildet wird, so wird jede Strecke XY in der Figur k-mal so lang:
$\overline{X'Y'} = k \cdot \overline{XY}$.
Bildet man nun die Strecke X'Y' mit einer zentrischen Streckung vom selben Streckzentrum aus mit dem Streckfaktor $\frac{1}{k}$ ab, so erhält man:

$$\overline{X''Y''} = \frac{1}{k} \cdot \overline{X'Y'} = \frac{1}{k} \cdot k \cdot \overline{XY} = \overline{XY}.$$

Die Bildstrecke stimmt also mit der Originalstrecke überein. Daher fällt das gesamte Bild der Figur B wieder mit Figur A zusammen.

Klassenarbeit 2.2

1 (1,5 + 1 + 1,5 VP)

a) *Überlege, welche Punkte als Original- und Bildpunkte einander zugeordnet sind. Du weißt, dass Original- und Bildpunkte auf einer Geraden durch das Streckzentrum liegen.*
Zur Bestimmung des Streckfaktors musst du messen. Wähle eine geeignete Originalstrecke und die zugehörige Bildstrecke.

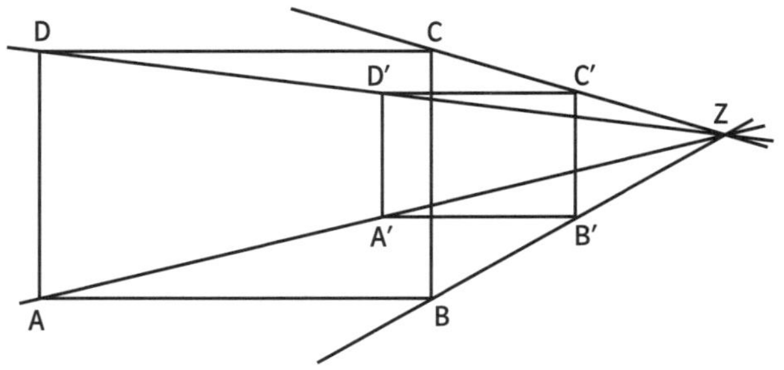

Bezeichnet man die Eckpunkte der Rechtecke mit A, B, C, D bzw. A′, B′, C′, D′ wie in der Abbildung, so schneiden sich die Geraden (AA′), (BB′), (CC′) und (DD′) in einem einzigen Punkt. Dieser Punkt Z ist das Streckzentrum.
Für den Streckfaktor gilt: $k = \frac{\overline{A'B'}}{\overline{AB}} = \frac{1}{2}$.

b) *Jede Strecke der Länge a wird auf eine Strecke der Länge k·a, k > 0, abgebildet. Jeder Winkel wird auf einen Winkel gleicher Weite abgebildet. Was bedeutet dies für das Bild eines Quadrats?*
Bei einer zentrischen Streckung wird ein Quadrat wieder auf ein Quadrat abgebildet. Daher gibt es keine zentrische Streckung, die das linke Viereck (Quadrat mit der Seitenlänge 3,0 cm) in das rechte Viereck (Rechteck mit den Seitenlängen 1,2 cm und 1,0 cm) abbildet.

c) *Du kannst entweder durch Nachmessen der Winkelweiten in beiden Dreiecken argumentieren oder aber die drei Verhältnisse der Seitenlängen der Dreiecke als gleich groß nachweisen.*

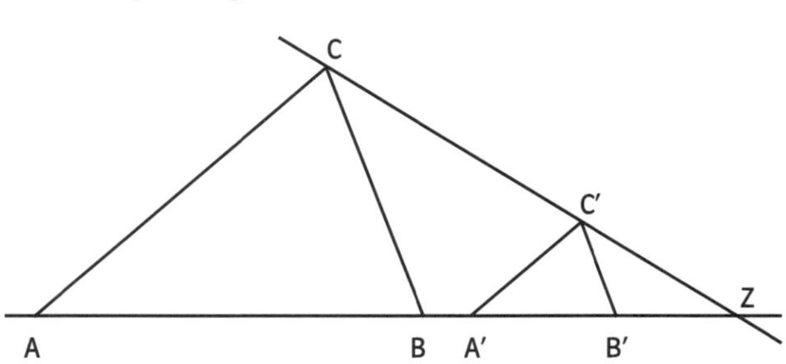

Die Dreiecke ABC und A′B′C′ sind ähnlich, da es zu jedem Winkel im Dreieck ABC einen gleich weiten Winkel im Dreieck A′B′C′ gibt. Daher gibt es eine zentrische Streckung, die das Dreieck ABC auf das Dreieck A′B′C′ abbildet.
Für den Streckfaktor gilt: $k = \frac{\overline{A'B'}}{\overline{AB}} = \frac{3}{8}$.

2 (3 + 1 + 1 VP)

a)

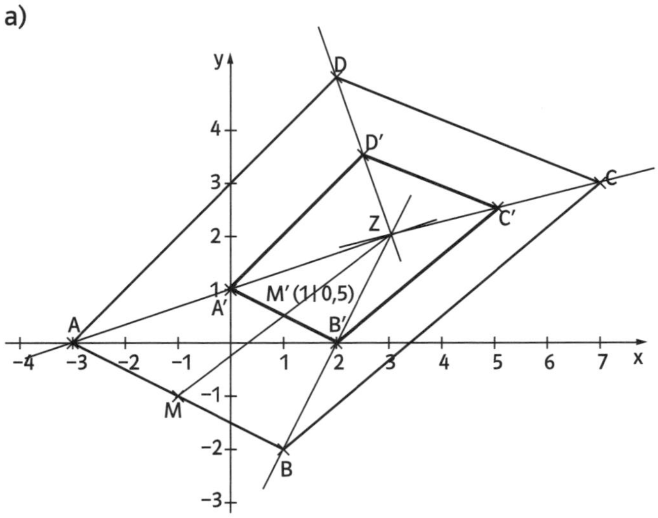

Erläuterung der Konstruktion des Vierecks A′B′C′D′
Das Streckzentrum Z muss sowohl auf der Geraden durch A und A′ als auch auf der Geraden durch B und B′ liegen. Der Punkt Z ist also der Schnittpunkt dieser beiden Geraden.
C′ liegt auf der Geraden durch Z und C und der Parallelen zu (BC) durch B′. D′ liegt auf der Geraden durch Z und D und der Parallelen zu (AD) durch A′.

b) *Der Punkt M′ liegt auf der Geraden durch Z und M und auf der Strecke A′B′.*
Die Zeichnung ergibt M′(1 | 0,5).

c) Der Bildpunkt P′(3 | 2) stimmt mit dem Streckzentrum Z überein. Das Streckzentrum ist Fixpunkt bei der zentrischen Streckung. Daher ist der zum Bildpunkt P′(3 | 2) gehörende Originalpunkt der Punkt P(3 | 2).

3 (4 VP)

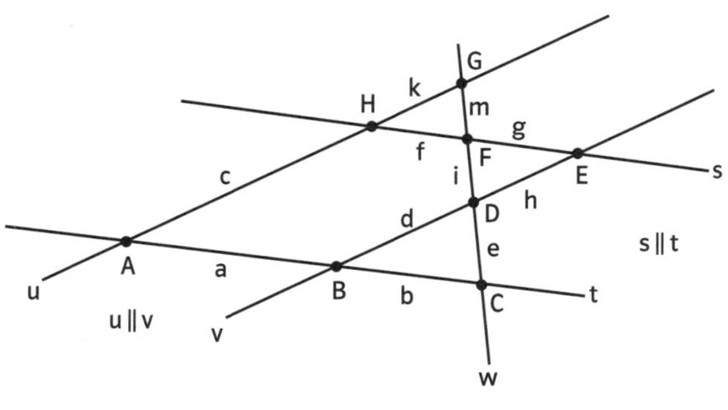

Tipp zur Vorgehensweise
Nr. 1
Betrachte bei der gegebenen Beziehung $\frac{k}{c} = \frac{m}{i+e}$ *zuerst die ersten drei Variablen k, c und m.*
Im Bild erkennst du, dass k und c auf ein und derselben Geraden liegen, m dagegen auf einer anderen, zu dieser nicht parallelen Geraden. Daher kommt – wenn überhaupt – nur der 1. Strahlensatz in Frage. Da die Strecken mit den Längen k und m den gleichen Anfangspunkt haben, ist dieser das Zentrum der Strahlensatzfigur. Durch die beiden Endpunkte dieser Strecke geht eine dritte Gerade s. Zu dieser muss nun eine Parallele gefunden werden. Diese Gerade ist t. Damit liegt der noch fehlende Abschnitt der Länge $i + e$ *fest.*
Nr. 3
Betrachte erneut wieder die drei ersten Variablen g, h und e. Da die Strecken mit den Längen h und e auf sich schneidenden Geraden liegen und die Strecke der Länge g auf keiner dieser Geraden, muss sie auf einer der Parallelen, hier s, liegen. Damit liegt die andere Parallele t fest. Auf t liegt zwar die Strecke der Länge b. Wenn man den 2. Strahlensatz anwenden möchte, müssen jedoch die vom Zentrum ausgehenden Strecken auf derselben Geraden liegen. Dies trifft für h und e nicht zu. Es kann also nur $\frac{g}{h} = \frac{d}{b}$ *oder* $\frac{g}{i} = \frac{e}{b}$ *gelten.*
Entsprechend kann man die anderen Fälle durchdenken.

Nr.	ja	nein	*Begründungen*
1.	X		*1. Strahlensatz von G aus*
2.	X		*1. Strahlensatz von F aus*
3.		X	*2. Strahlensatz von D aus ergibt:* $\frac{g}{h} = \frac{d}{b}$
4.	X		*1. Strahlensatz von C aus*
5.		X	*Da (HB) nicht parallel ist zu (FD), liegt keine Strahlensatzfigur vor.*
6.	X		*2. Strahlensatz von F aus*
7.		X	*Der zweite Strahlensatz von C aus ergibt* $\frac{e}{d} = \frac{e+i+m}{c+k}$.
8.		X	*Umformung ergibt* $\frac{k}{c} = \frac{m}{e}$. *Der erste Strahlensatz von G aus ergibt jedoch* $\frac{k}{c} = \frac{m}{i+e}$.

4 (3 + 3 + 1 VP)
a) Die Dreiecke ADE und BCD sind ähnlich, denn es gilt:

1. $\sphericalangle EDA = \sphericalangle BDC$ (Scheitelwinkel)
2. $\sphericalangle AED = \sphericalangle DCB = 90°$ (Satz von Thales)
3. $\sphericalangle DAE = \sphericalangle CBD$ (Winkelsummensatz für Dreiecke)

Wegen der Ähnlichkeit der Dreiecke stimmen die Längenverhältnisse überein.
Somit: $\overline{AD}:\overline{DE} = \overline{BD}:\overline{DC}$
Folglich: $\overline{AD}\cdot\overline{DC} = \overline{BD}\cdot\overline{DE}$

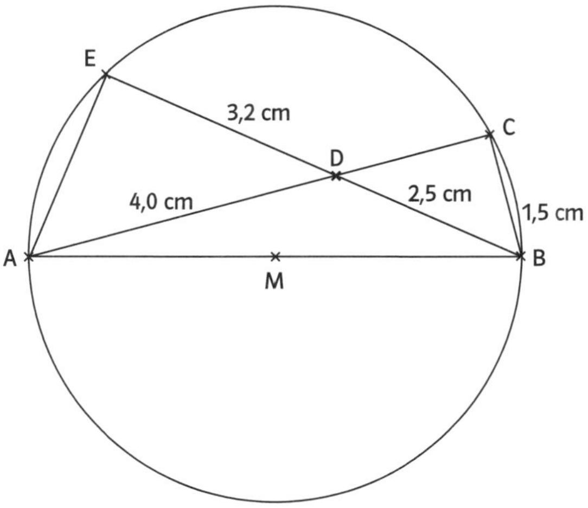

b) Wegen der Ähnlichkeit der Dreiecke ADE und BCD gilt:
$\overline{AE}:\overline{AD} = \overline{BC}:\overline{BD}$
Folglich:
$\overline{AE} = \frac{\overline{BC}}{\overline{BD}}\cdot\overline{AD}$
$\overline{AE} = \frac{1{,}5\,\text{cm}}{2{,}5\,\text{cm}}\cdot 4{,}0\,\text{cm}$
$\overline{AE} = 2{,}4\,\text{cm}$

c) Die Dreiecke ABC und ABE sind nicht ähnlich, da sie nur in der Weite eines einzigen Winkels, des rechten Winkels bei C bzw. E übereinstimmen.

5 (4 VP)
Bei einer zentrischen Streckung mit dem Streckfaktor k, $k > 0$, wird jede Originalstrecke der Länge a auf eine Bildstrecke der Länge $k\cdot a$ abgebildet.
Den Flächeninhalt A_1 eines Dreiecks berechnet man mit $A_1 = \frac{1}{2}\cdot g_1\cdot h_1$, wobei g_1 die Länge einer Seite und h_1 die Länge der zu dieser Seite gehörenden Höhe ist.
Für den Flächeninhalt A_2 des Bilddreiecks ergibt sich daher:
$A_2 = \frac{1}{2}\cdot g_2\cdot h_2$
$A_2 = \frac{1}{2}\cdot(k\cdot g_1)\cdot(k\cdot h_1)$
$A_2 = k^2\cdot\frac{1}{2}\cdot g_1\cdot h_1$
$A_2 = k^2\cdot A_1$

Die Behauptung ist also zutreffend.

Klassenarbeit 2.3

1 (1,5 + 1,5 + 1,5 + 1,5 VP)

a) 1. Lösung
Die Geraden (AC) und (BD) schneiden sich im Streckzentrum Z.

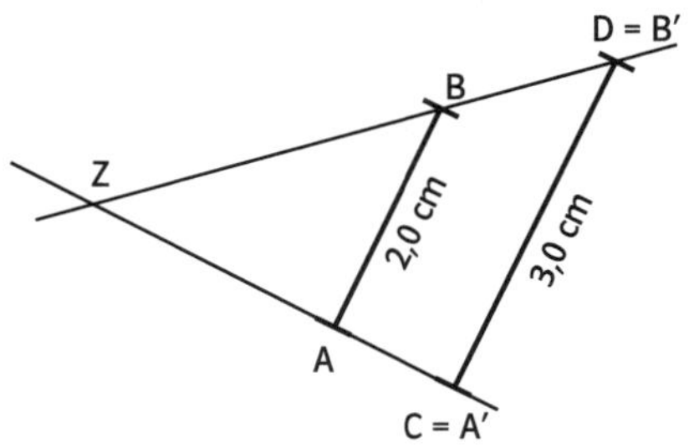

Die beiden Strecken AB und CD sind parallel. Es gilt: $\frac{\overline{CD}}{\overline{AB}} = \frac{3\,\text{cm}}{2\,\text{cm}} = \frac{3}{2}$. Der Streckfaktor ist daher $k = \frac{3}{2}$.

2. Lösung
Die Geraden (AD) und (BC) schneiden sich im Streckzentrum Z.

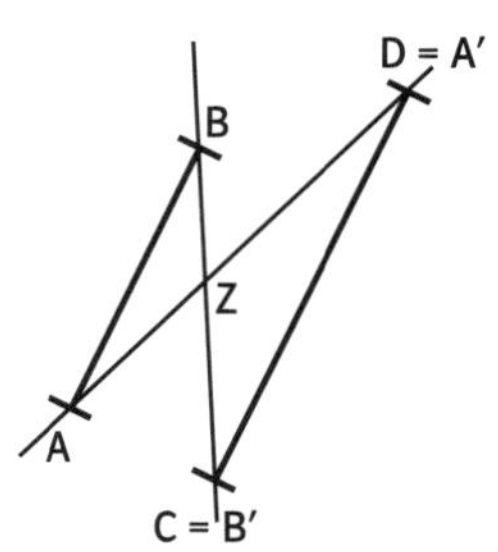

Der Streckfaktor ist $k = -\frac{3}{2}$.

b) Bei einer zentrischen Streckung wird eine Strecke auf eine zu ihr parallele Strecke abgebildet. Die rechte Figur ist daher nicht das Bild der linken Figur bei einer zentrischen Streckung.
In der Abbildung ist (CD) nicht parallel zu (AB).

c) 1. Lösung
Die Punkte A, B auf g und A′, B′ auf h werden beliebig gewählt. Die Geraden (AA′) und (BB′) schneiden sich im Streckzentrum Z.

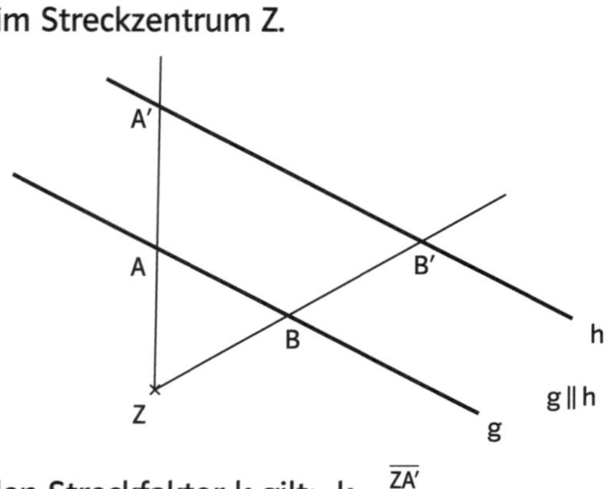

Für den Streckfaktor k gilt: $k = \frac{\overline{ZA'}}{\overline{ZA}}$
In der Abbildung ist $k = 2$.

2. Lösung

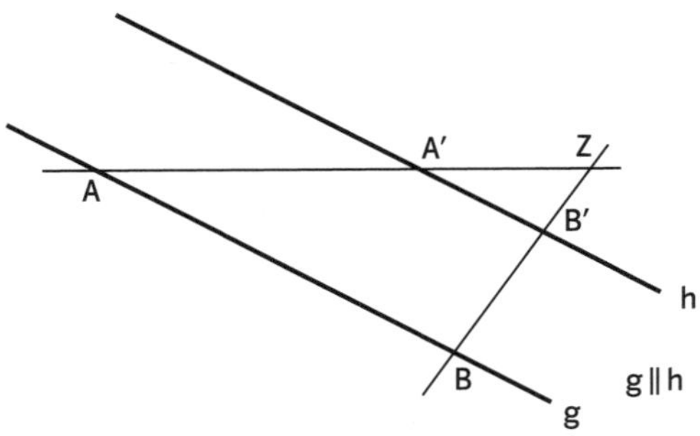

Es gilt: $k = \frac{\overline{ZA'}}{\overline{ZA}}$
In der Abbildung ist $k = \frac{1}{3}$.

3. Lösung

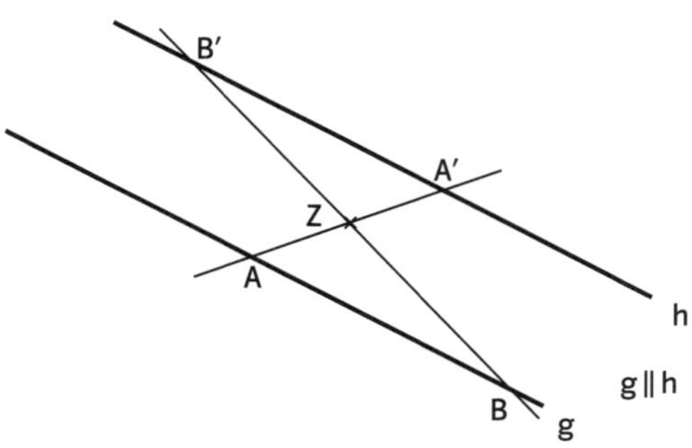

In der Abbildung liegt Z auf der Mittelparallelen von g und h. Daher gilt $\overline{ZA'} = \overline{ZA}$. Der Streckfaktor ist $k = -1$.

Bemerkung
Jeder Punkt der Zeichenebene kann als Streckzentrum gewählt werden, sofern er nicht auf g oder h gelegt wird.
Wählt man Z „links" von g, so ist der Streckfaktor positiv und größer als 1.
Wählt man Z „rechts" von h, so ist der Streckfaktor positiv und kleiner als 1.
Wählt man Z im Inneren des von g und h gebildeten Streifens, so ist der Streckfaktor negativ.

d) In der Abbildung schneiden sich die Verbindungsgeraden einander zugeordneter Punkte in einem einzigen Punkt Z. Man erkennt:
(A′B′) ∥ (AB), (B′C′) ∥ (BC), (A′C′) ∥ (AC).
Da alle Bildstrecken halb so lang sind wie die entsprechenden Originalstrecken, gilt $k = \frac{1}{2}$.

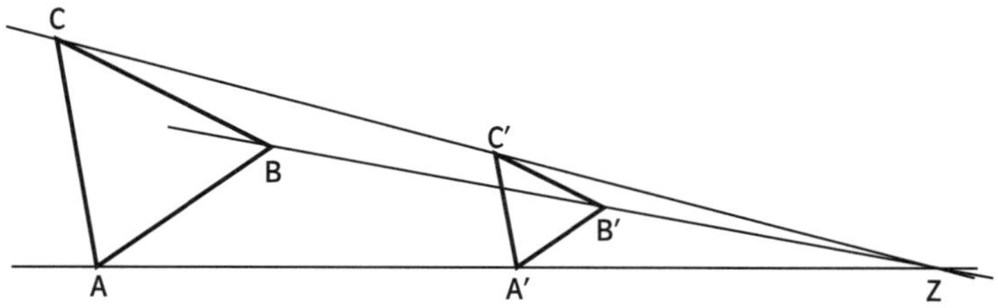

2 (2 + 2 VP)

a) Gegenstandsgröße

Der zweite Strahlensatz vom Loch der Kamera aus ergibt: $G:g = B:b$.

Daraus folgt:

$G = \frac{B}{b} \cdot g$

$G = \frac{6\,cm}{20\,cm} \cdot 15\,m$

$G = 4{,}5\,m$

b) Verwendung als Entfernungsmesser

Wegen $G:g = B:b$ erhält man:

$g:G = b:B$

$g = \frac{b}{B} \cdot G$

Da nach Voraussetzung die Gegenstandsgröße G bekannt ist und sich die Bildgröße B und die Bildweite b an der Kamera abmessen lassen, ist die Gegenstandsweite g mit dieser Beziehung berechenbar und damit die Entfernung des Gegenstands bekannt.

3 (3 + 2 + 2 VP)

a) Wenn in zwei Dreiecken die Weiten der Innenwinkel paarweise gleich groß sind, dann sind diese Dreiecke ähnlich.

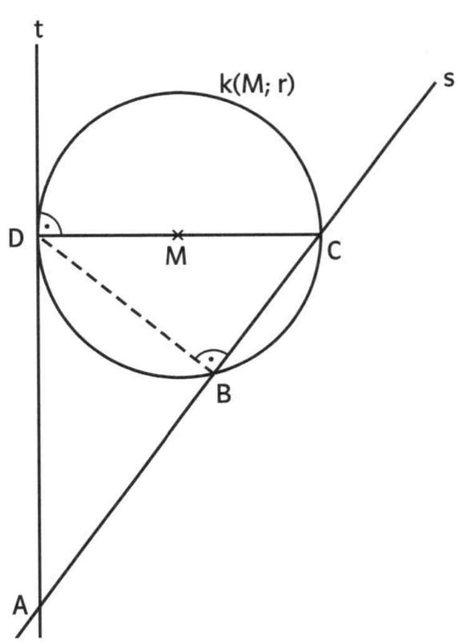

In der Abbildung gilt:

1. $\sphericalangle BAD = \sphericalangle CAD$ (gemeinsamer Winkel)
2. $\sphericalangle DBA = \sphericalangle ADC = 90°$ (nach Voraussetzung)
3. $\sphericalangle ADB = \sphericalangle DCB$ (Winkelsummensatz für Dreiecke)

Daher sind die Dreiecke ABD und ACD ähnlich.

Entsprechend gilt:

1. $\sphericalangle DCB = \sphericalangle DCA$ (gemeinsamer Winkel)
2. $\sphericalangle CBD = \sphericalangle ADC = 90°$ (nach Voraussetzung)
3. $\sphericalangle BDC = \sphericalangle CAD$ (Winkelsummensatz für Dreiecke)

Folglich sind auch die Dreiecke ABD und CDB ähnlich.

b) Nach Teilaufgabe a) gilt:

$\triangle ABD \sim \triangle CDB$

Somit folgt für das Verhältnis der Katheten in beiden Dreiecken:

$\overline{BD}:\overline{AB} = \overline{BC}:\overline{BD}$

Daraus folgt:

$\overline{BD}^2 = \overline{AB} \cdot \overline{BC}$. Dies war zu zeigen.

Bemerkung

Dies ist nichts anderes als der Höhensatz im rechtwinkligen Dreieck ACD.

c) Nach Teilaufgabe a) gilt:

$\triangle ABD \sim \triangle ACD$

Somit folgt für das Verhältnis der jeweils längeren Kathete zur Hypotenuse:

$\overline{AB}:\overline{AD} = \overline{AD}:\overline{AC}$

Daraus folgt:

$\overline{AD}^2 = \overline{AB} \cdot \overline{AC}$

Bemerkung

Dies ist der Kathetensatz im rechtwinkligen Dreieck ACD.

4 (3 + 4 VP)

Die vier weißen Flächenstücke entstehen durch Zerlegung eines gleichschenkligen Dreiecks mithilfe von Streifen gleicher Breite h.

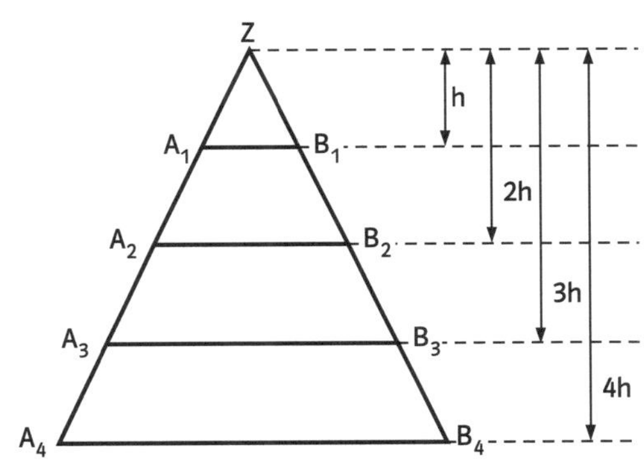

Eine zentrische Streckung von Z aus mit dem Streckfaktor $k = 2$ bildet das Dreieck A_1B_1Z auf das Dreieck A_2B_2Z ab. Entsprechend bildet eine zentrische Streckung von Z aus mit den Streckfaktoren $k = 3$ bzw. $k = 4$ das Dreieck A_1B_1Z auf die Dreiecke A_3B_3Z bzw. A_4B_4Z ab.

Wenn eine Figur vom Flächeninhalt A mit einer zentrischen Streckung mit dem Streckfaktor k, $k > 0$, abgebildet wird, dann hat die Bildfigur den Flächeninhalt $A' = k^2 \cdot A$.

Somit gilt für die Flächeninhalte der Dreiecke:

$A_{\triangle A_2B_2Z} = 2^2 \cdot A_{\triangle A_1B_1Z} = 4 \cdot A_{\triangle A_1B_1Z}$

$A_{\triangle A_3B_3Z} = 3^2 \cdot A_{\triangle A_1B_1Z} = 9 \cdot A_{\triangle A_1B_1Z}$

$A_{\triangle A_4B_4Z} = 4^2 \cdot A_{\triangle A_1B_1Z} = 16 \cdot A_{\triangle A_1B_1Z}$

Für die Flächeninhalte der drei Trapeze ergibt sich:

$A_{\square A_2B_2B_1A_1} = A_{\Delta A_2B_2Z} - A_{\Delta A_1B_1Z} = 3 \cdot A_{\Delta A_1B_1Z}$

$A_{\square A_3B_3B_2A_2} = A_{\Delta A_3B_3Z} - A_{\Delta A_2B_2Z} = 5 \cdot A_{\Delta A_1B_1Z}$

$A_{\square A_4B_4B_3A_3} = A_{\Delta A_4B_4Z} - A_{\Delta A_3B_3Z} = 7 \cdot A_{\Delta A_1B_1Z}$

Wenn der Flächeninhalt des Dreiecks A_1B_1Z dem Prozentsatz 5 % des Gesamtbedarfs entspricht, dann müsste das obere Trapez dem dreifachen Prozentsatz, also 15 % entsprechen, das mittlere Trapez dem fünffachen Prozentsatz, also 25 % und das untere Trapez dem siebenfachen Prozentsatz, also 35 % entsprechen. Dies stimmt mit den Angaben in der Abbildung nicht überein.
Die Inhalte der vier weißen Flächenstücke verhalten sich also *nicht* wie die in der Abbildung angegebenen Prozentsätze.

Alternative
Mithilfe einer Parkettierung kann das gleichschenklige Dreieck in kongruente Dreiecke zerlegt werden.

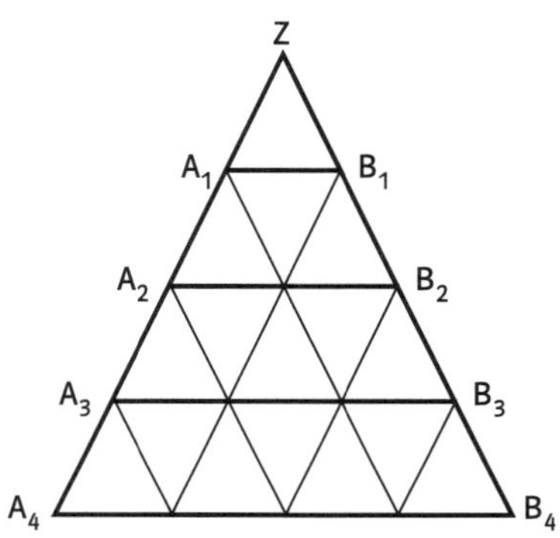

Auf diese Weise erkennt man, dass das obere Trapez den dreifachen, das mittlere den fünffachen und das untere den siebenfachen Flächeninhalt des oberen Dreiecks hat. Daraus folgen die in der obigen Lösung genannten Prozentsätze.

b) Nun sollen die vier Flächenstücke 5 %, 20 %, 35 % und 40 % der Gesamtfläche ausmachen.

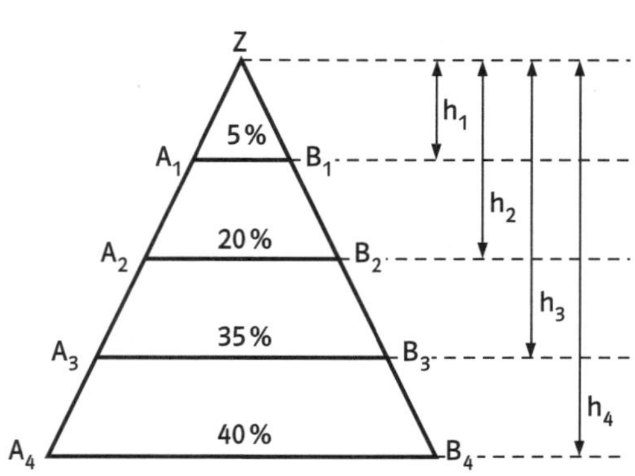

Dann muss gelten:

$A_{\Delta A_1B_1Z} = \frac{5}{100} \cdot A_{\Delta A_4B_4Z}$

Dreieck A_1B_1Z geht durch eine zentrische Streckung von Z aus mit dem Streckfaktor k_1, $k_1 > 0$, aus dem Dreieck A_4B_4Z hervor.
Daher:

$k_1^2 = \frac{5}{100}$, $\quad k_1 > 0$

$k_1 = \frac{1}{10}\sqrt{5}$ $\quad (\approx 0{,}224)$

Entsprechend ergibt sich:

$A_{\Delta A_2B_2Z} = \frac{25}{100} \cdot A_{\Delta A_4B_4Z}$

Folglich:

$k_2^2 = \frac{25}{100}$, $\quad k_2 > 0$

$k_2 = \frac{1}{2}$ $\quad (= 0{,}500)$

Ferner:

$A_{\Delta A_3B_3Z} = \frac{60}{100} \cdot A_{\Delta A_4B_4Z}$

$k_3^2 = \frac{60}{100}$, $\quad k_3 > 0$

$k_3 = \frac{1}{10}\sqrt{60}$

$k_3 = \frac{1}{5}\sqrt{15}$ $\quad (\approx 0{,}775)$

Für die Höhen h_1, h_2 und h_3 der Dreiecke ergibt sich daher eine Abhängigkeit von der Höhe $h = h_4$ des gegebenen Dreiecks A_4B_4Z:

$h_1 = \frac{1}{10}\sqrt{5} \cdot h$

$h_2 = \frac{1}{2} \cdot h$

$h_3 = \frac{1}{5}\sqrt{15} \cdot h$

Damit sind die drei Parallelen der Lage nach bestimmt.

Alternative
Man kann auch von Dreieck A_1B_1Z ausgehen und dieses zentrisch strecken.
Auf Grund der angegebenen Prozentsätze gilt für die Flächeninhalte:
$A_{\Delta A_2B_2Z} = 5 \cdot A_{\Delta A_1B_1Z}$
Daraus ergibt sich der Streckfaktor $k_2 = \sqrt{5}$ und daher $h_2 = \sqrt{5} \cdot h_1$.
Entsprechend folgt: $A_{\Delta A_3B_3Z} = 12 \cdot A_{\Delta A_1B_1Z}$
Der Streckfaktor ist daher $k_3 = \sqrt{12} = 2\sqrt{3}$ und folglich $h_3 = 2\sqrt{3} \cdot h_1$.
Schließlich: $A_{\Delta A_4B_4Z} = 20 \cdot A_{\Delta A_1B_1Z}$
Der Streckfaktor ist also $k_4 = \sqrt{20} = 2\sqrt{5}$ und daher $h_4 = 2\sqrt{5} \cdot h_1$.

Bemerkung
Die Abbildung legt sogar nahe, die angegebenen Prozentsätze auf die vier Teilkörper der Pyramide zu beziehen. Wie müsste man diese Pyramide durch Ebenen parallel zur Grundfläche zerlegen, damit die Volumina der Teilkörper sich nach den Prozentsätzen verhalten?

Klassenarbeit 2.4

1 (4 VP)
Berechnung von $\overline{CD}$

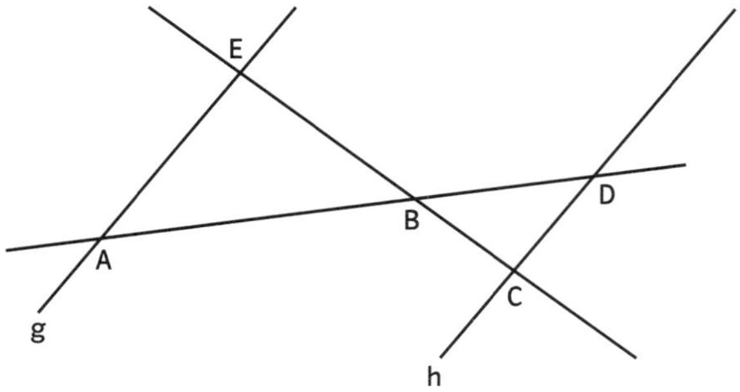

Mit dem 2. Strahlensatz von B aus gilt:
$\overline{CD} : \overline{AE} = \overline{BD} : \overline{AB}$
Daher:
$\overline{CD} = \frac{\overline{BD}}{\overline{AB}} \cdot \overline{AE}$
$\overline{CD} = \frac{2{,}0\,\text{cm}}{4{,}0\,\text{cm}} \cdot 2{,}8\,\text{cm}$
$\overline{CD} = 1{,}4\,\text{cm}$

Berechnung von $\overline{BE}$
Mit dem 1. Strahlensatz von B aus gilt:
$\overline{BE} : \overline{BC} = \overline{AB} : \overline{BD}$
Daher:
$\overline{BE} = \frac{\overline{AB}}{\overline{BD}} \cdot \overline{BC}$
$\overline{BE} = \frac{4{,}0\,\text{cm}}{2{,}0\,\text{cm}} \cdot 2{,}4\,\text{cm}$
$\overline{BE} = 4{,}8\,\text{cm}$

2 (4 VP)
Voraussetzung
Dreieck ABC mit
1. $\overline{AC} = \overline{BC}$, daher $\alpha = \beta$
2. $\gamma = 36°$
3. $\sphericalangle BAW_\alpha = \sphericalangle W_\alpha AC = \frac{\alpha}{2}$

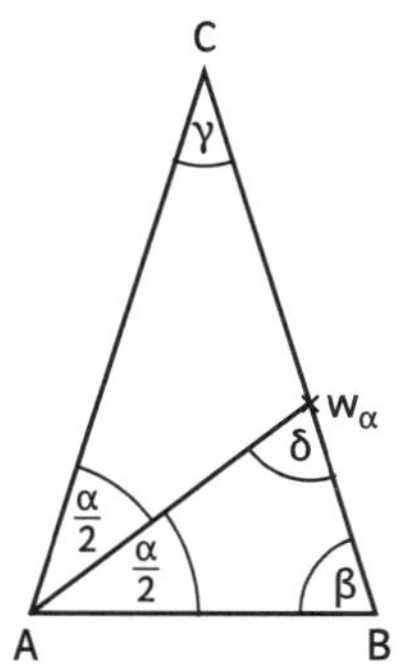

Behauptung
Das Dreieck $BW_\alpha A$ ist ähnlich zum Dreieck ABC.
Beweis
Es reicht zu zeigen, dass im Dreieck $BW_\alpha A$ dieselben Innenwinkelweiten vorkommen wie im Dreieck ABC.
Im Dreieck ABC gilt:

$\alpha + \beta + \gamma = 180°$ (Winkelsummensatz)
$\beta + \beta + 36° = 180°$ (Vor. 1; Vor. 2)
$2\beta = 144°$
$\beta = 72°$
$\alpha = 72°$

Die Innenwinkel des Dreiecks ABC haben somit die Weiten 36°, 72° und 72°.

Im Dreieck $BW_\alpha A$ gilt:

$\beta + \delta + \frac{\alpha}{2} = 180°$ (Winkelsummensatz; Vor. 3)
$72° + \delta + 36° = 180°$
$\delta = 72°$

Die Innenwinkel des Dreiecks $BW_\alpha A$ haben somit ebenfalls die Weiten 36°, 72° und 72°.
Die Dreiecke ABC und $BW_\alpha A$ sind folglich ähnlich.
q.e.d.

3 (3 + 3 VP)
a) Berechnung von $\overline{AF}$

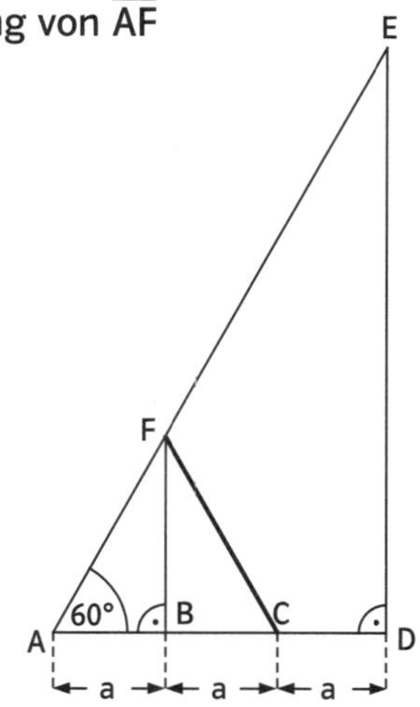

Das Dreieck ABF kann wegen seiner Winkelweiten als Teildreieck des gleichseitigen Dreiecks ACF aufgefasst werden. Im Dreieck ACF ist die Strecke BF sowohl Höhe als auch Seitenhalbierende.
Wegen $\overline{AC} = 2a$ folgt: $\overline{AF} = 2a$.
Berechnung von $\overline{AE}$
Da (BF) und (DE) parallel zueinander sind, gilt mit dem 1. Strahlensatz von A aus:
$\overline{AE} : \overline{AF} = \overline{AD} : \overline{AB}$
Daher:
$\overline{AE} = \frac{\overline{AD}}{\overline{AB}} \cdot \overline{AF}$
$\overline{AE} = \frac{3a}{a} \cdot 2a$
$\overline{AE} = 6a$

Alternative
Bei der Berechnung von $\overline{AE}$ kann, analog zur Berechnung von $\overline{AF}$, über das Teildreieck ADE eines gleichseitigen Dreiecks mit der halben Seitenlänge $\overline{AD} = 3a$ argumentiert werden.

b) Flächenverhältnis
Die Parallele zu (DE) durch C schneidet AF in G.
Wegen $\overline{AC} : \overline{AD} = 2a : 3a = \frac{2}{3}$, kann das Dreieck ACG als Bild des Dreiecks ADE bei zentrischer Streckung von A aus mit dem Streckfaktor $k = \frac{2}{3}$ aufgefasst werden.

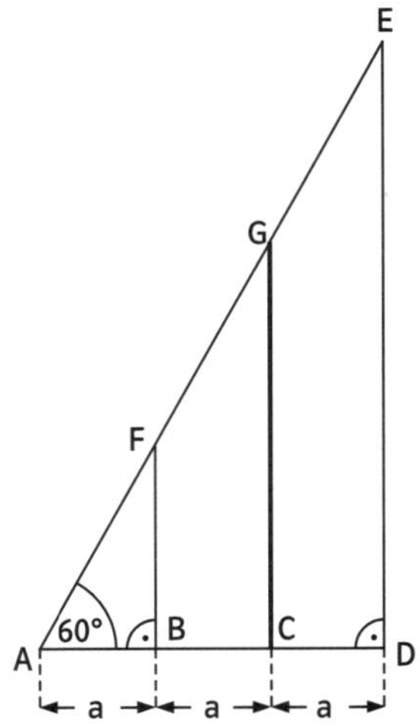

Daher gilt:

$$A_{\triangle ACG} = k^2 \cdot A_{\triangle ADE}$$
$$\frac{A_{\triangle ACG}}{A_{\triangle ADE}} = k^2$$
$$\frac{A_{\triangle ACG}}{A_{\triangle ADE}} = \left(\frac{2}{3}\right)^2$$
$$\frac{A_{\triangle ACG}}{A_{\triangle ADE}} = \frac{4}{9}$$

Die Gerade (CG) teilt die Fläche des Dreiecks ADE im Verhältnis 4:5.

Alternative

Der Flächeninhalt A eines Dreiecks kann aus einer Grundseite der Länge g und der Länge h der zugehörigen Höhe mit $A = \frac{1}{2} \cdot g \cdot h$ berechnet werden.

Wenn man bereits weiß, dass die Höhe eines gleichseitigen Dreiecks mit der Seitenlänge g mit $h = \frac{1}{2} \cdot \sqrt{3} \cdot g$ berechnet wird, dann erhält man:

$$A_{\triangle ADE} = \frac{1}{2} \cdot \overline{AD} \cdot \overline{DE}$$
$$A_{\triangle ADE} = \frac{1}{2} \cdot 3a \cdot 3a \cdot \sqrt{3}$$
$$A_{\triangle ADE} = \frac{9}{2}\sqrt{3} \cdot a$$

$$A_{\triangle ACG} = \frac{1}{2} \cdot \overline{AC} \cdot \overline{CG}$$
$$A_{\triangle ACG} = \frac{1}{2} \cdot 2a \cdot 2a \cdot \sqrt{3}$$
$$A_{\triangle ACG} = 2\sqrt{3} \cdot a$$

$$A_{\square CDEG} = A_{\triangle ADE} - A_{\triangle ACG}$$
$$A_{\square CDEG} = \frac{9}{2}\sqrt{3} \cdot a - 2\sqrt{3} \cdot a$$
$$A_{\square CDEG} = \frac{5}{2}\sqrt{3} \cdot a$$

Folglich:

$$A_{\triangle ACG} : A_{\square CDEG} = (2\sqrt{3} \cdot a) : \left(\frac{5}{2}\sqrt{3} \cdot a\right)$$
$$A_{\triangle ACG} : A_{\square CDEG} = \frac{4}{5}$$

4 (2 + 3 VP)

a) Lage der drei Punkte

Da bei derselben zentrischen Streckung A auf B und B auf C abgebildet wird, müssen die Punkte A, B und C auf derselben Geraden durch das Streckzentrum Z liegen.

Skizze

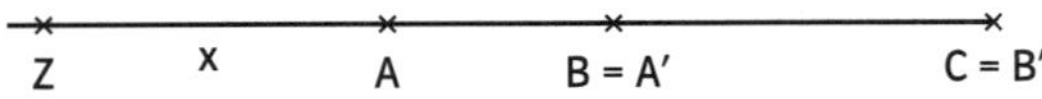

Berechnung des Streckfaktors k

Bei einer zentrischen Streckung mit dem Streckfaktor k, k > 0, wird jede Strecke auf eine Strecke der k-fachen Länge abgebildet.

Da nach der 2. Voraussetzung die Strecke AB auf die Strecke BC abgebildet wird, erhält man:

$$\overline{BC} = k \cdot \overline{AB}$$
$$k = \frac{\overline{BC}}{\overline{AB}}$$
$$k = \frac{5\,\text{cm}}{3\,\text{cm}}$$
$$k = \frac{5}{3}$$

b) Lage des Streckzentrums Z

Der Punkt A habe von Z den Abstand x.

Dann gilt:

$$\overline{ZA'} = k \cdot \overline{ZA}$$
$$\overline{ZA'} = \frac{5}{3} \cdot \overline{ZA}$$
$$\overline{ZA} + \overline{AA'} = \frac{5}{3} \cdot \overline{ZA}$$
$$\overline{ZA} + \overline{AB} = \frac{5}{3} \cdot \overline{ZA}$$
$$x + 3\,\text{cm} = \frac{5}{3} \cdot x$$
$$3\,\text{cm} = \frac{2}{3} \cdot x$$
$$x = 4{,}5\,\text{cm}$$

Das Streckzentrum Z liegt auf der Geraden durch A und B, hat von A den Abstand 4,5 cm und von B den Abstand 7,5 cm.

5 (5 VP)

Modellierung der Situation

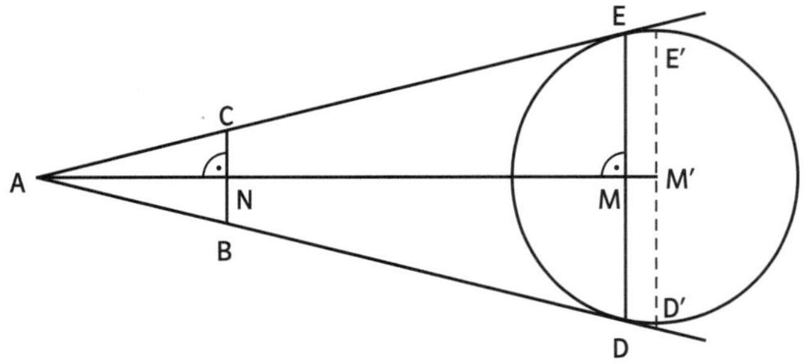

Die (nicht maßstabsgetreue) Skizze zeigt die Situation aus der Richtung vom rechten Bildrand aus und senkrecht zu diesem.

A Auge des Beobachters
B, C Handflächen des Beobachters
$\overline{BC}$ Im Bild sichtbarer Durchmesser der Sonne
$\overline{ED}$ Scheinbarer Sonnendurchmesser
$\overline{E'D'}$ Wahrer Sonnendurchmesser

Wegen des großen Abstands der Sonne von der Erde wird zwischen dem scheinbaren und dem wahren Sonnendurchmesser nicht unterschieden. Entsprechendes gilt für den scheinbaren und den wahren Sonnenabstand:

$\overline{ED} \approx \overline{E'D'}$, $\overline{ED} = d = 1{,}4 \cdot 10^6\,\text{km}$

$\overline{AM} \approx \overline{AM'}$, $\overline{AM} = s = 1{,}5 \cdot 10^8\,\text{km}$

Der linke ausgestreckte Arm der Person hat von der Schulter bis zu den Fingerspitzen im Bild eine Länge von etwa 5 cm, was bei einem Erwachsenen etwa 70 cm entspricht. Dies muss man schätzen. Daher hat eine Strecke der Länge 1 cm im Bild die Originalgröße von etwa 14 cm.

Die Sonne hat im Bild den Durchmesser 3,5 cm. Folglich beträgt der Abstand der beiden Handflächen in Wirklichkeit etwa 3,5 · 14 cm.

Somit: $\overline{BC} = 0{,}5\,\text{m}$.

Berechnung des Abstands $\overline{AN}$

Mit dem 2. Strahlensatz von A aus erhält man:

$$\overline{AN} : \overline{AM} = \overline{CN} : \overline{EM}$$

$$\overline{AN} = \frac{\overline{CN}}{\overline{EM}} \cdot \overline{AM}$$

$$\overline{AN} = \frac{\frac{1}{2}\overline{BC}}{\frac{1}{2}\overline{ED}} \cdot \overline{AM}$$

$$\overline{AN} = \frac{\frac{1}{2} \cdot 0{,}5\,\text{m}}{\frac{1}{2} \cdot 1{,}4 \cdot 10^6\,\text{km}} \cdot 1{,}5 \cdot 10^8\,\text{km}$$

$$\overline{AN} = \frac{0{,}5\,\text{m}}{1{,}4} \cdot 1{,}5 \cdot 10^2$$

$$\overline{AN} = 53{,}5\ldots\,\text{m}$$

Die Person musste vom Beobachter gut 50 m entfernt sein, um den abgebildeten optischen Eindruck zu haben.

Bemerkung
Wenn du für die Armlänge einen anderen plausiblen als den genannten Wert verwendet hast, ist deine Lösung ebenfalls korrekt. Die Größenordnung des Ergebnisses wird sich dadurch nicht ändern.

Pinboard – Formeln in Figuren und Kö

Der Satz des Pythagoras

Definitionen

Die längste Seite eines rechtwinkligen Dreiecks heißt Hypotenuse, jede der anderen beiden Seiten heißt Kathete.
Die Höhe auf die Hypotenuse eines rechtwinkligen Dreiecks teilt die Hypotenuse in zwei Abschnitte. Diese Abschnitte heißen Hypotenusenabschnitte.

Beispiel

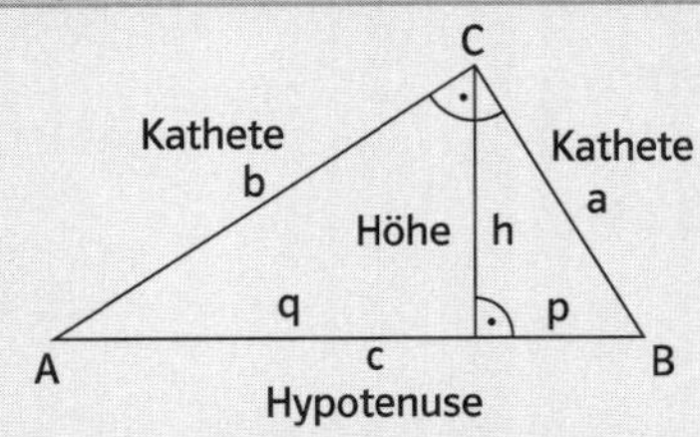

Satz des Pythagoras

Wenn ein Dreieck rechtwinklig ist, dann hat das Quadrat über der Hypotenuse denselben Flächeninhalt wie die beiden Quadrate über den Katheten zusammen.

Folgerung

Wenn in einem rechtwinkligen Dreieck zwei der drei Seitenlängen bekannt sind, dann kann mit Hilfe des Satzes des Pythagoras die dritte Seitenlänge berechnet werden.

Mit den Bezeichnungen der nebenstehenden Abbildung gilt:
$\overline{AC}^2 + \overline{BC}^2 = \overline{AB}^2$ bzw. $a^2 + b^2 = c^2$.

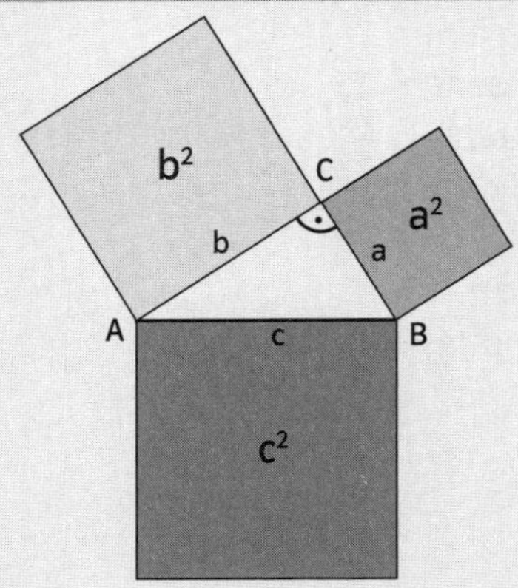

Der Höhensatz

Wenn ein Dreieck rechtwinklig ist, dann hat das Quadrat über der Höhe auf die Hypotenuse denselben Flächeninhalt wie das Rechteck mit den beiden Hypotenusenabschnitten als Seiten.
Mit den Bezeichnungen der nebenstehenden Abbildung gilt:
$\overline{CH}^2 = \overline{AH} \cdot \overline{HB}$ bzw. $h^2 = p \cdot q$.

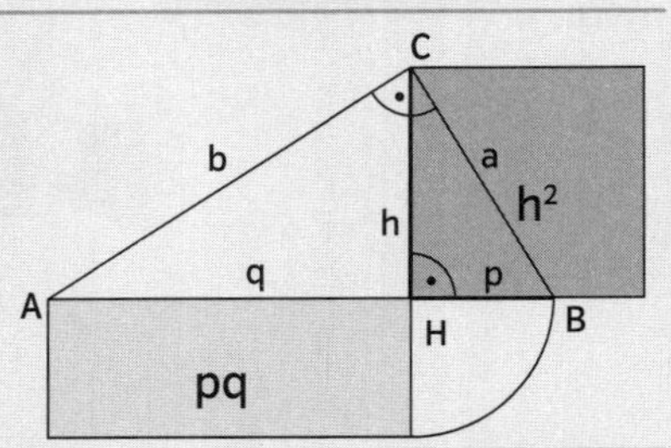

Der Kathetensatz

Wenn ein Dreieck rechtwinklig ist, dann hat das Quadrat über einer Kathete denselben Flächeninhalt wie das Rechteck mit der Hypotenuse und dem unter dieser Kathete liegenden Hypotenusenabschnitt als Seiten.
Mit den Bezeichnungen der nebenstehenden Abbildung gilt:
$\overline{BC}^2 = \overline{AB} \cdot \overline{HB}$ bzw. $a^2 = c \cdot p$.

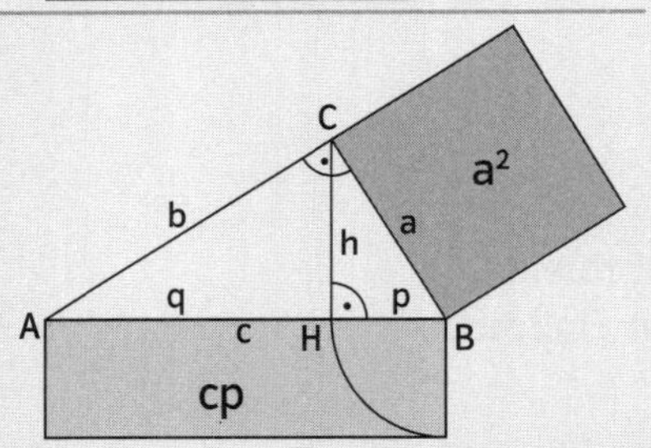

Der Kehrsatz des Satzes des Pythagoras

Definition	Beispiel
Wenn bei einem Dreieck die Quadrate über zwei Seiten zusammen denselben Flächeninhalt haben wie das Quadrat über der dritten Seite, dann ist das Dreieck rechtwinklig und der rechte Winkel liegt dieser dritten Seite gegenüber.	Ist das Dreieck ABC mit a = 12 cm, b = 13 cm, c = 5 cm rechtwinklig? Es gilt: $a^2 + c^2 = b^2$, daher ist das Dreieck rechtwinklig. Der rechte Winkel liegt der Seite AC mit der Länge b gegenüber.

Pi=3,1415926535897932384626433832795028841971693993751058
2097494459230781640628620899862803482534211706798214808
6513282306647093844609550582231725359408128481117450284 1
02719385211055...

Nützliche Formeln!

$d = a\sqrt{2}$, $d = a\sqrt{3}$, $d = \sqrt{a^2 + b^2}$
$h = \frac{a}{2}\sqrt{3}$, $A = \frac{a^2}{4}\sqrt{3}$

Pythagoras

Wieviel Pythagoras der Samische Philosophus Schulen gehabt? – Als Pythagoras wegen der Zahl seiner Schüler gefragt wurde, antwortete er: Der halbe theil meiner Schüler studieren die Mathesin der vierdt theil die Physicum, der sibende theil lernt stillschweigen, und über diß hab ich noch 3 gar kleiner Knaben, ist die Frag wie viel der Personen gewest.

Aus Daniel Schwenters Erquickstunden (1636)

Exercise

Find x.

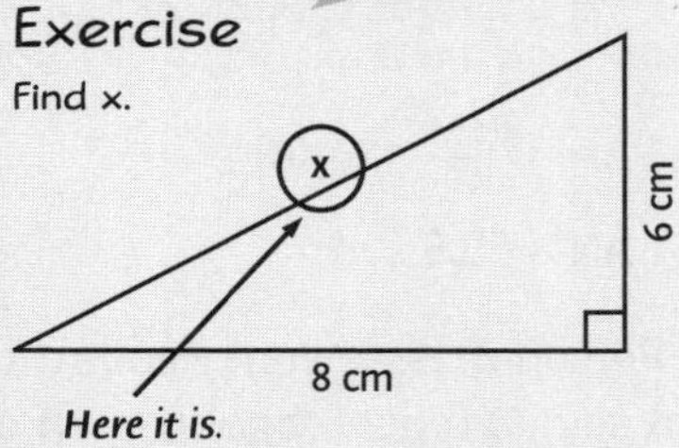

Der geborene Mathematiker

…ern

Körper

Das Prisma

Lehrsatz
Wenn ein Prisma eine Grundfläche vom Flächeninhalt G und die Höhe h hat, dann berechnet man sein Volumen V mit $V = G \cdot h$.

Beispiele

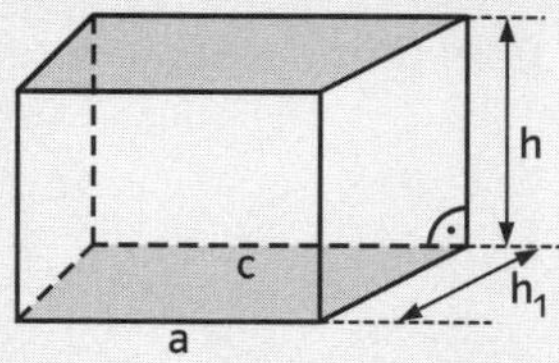

Der senkrechte Kreiszylinder

Lehrsätze
Wenn ein Zylinder den Grundkreisradius r und die Höhe h hat, dann berechnet man sein Volumen V mit $V = \pi \cdot r^2 \cdot h$.
Der Inhalt M der Mantelfläche des Zylinders wird mit $M = 2 \cdot \pi \cdot r \cdot h$ berechnet.
Der Oberflächeninhalt des Zylinders wird mit $O = 2 \cdot \pi \cdot r^2 + 2 \cdot \pi \cdot r \cdot h$ oder $O = 2 \cdot \pi \cdot r \cdot (r + h)$ berechnet.

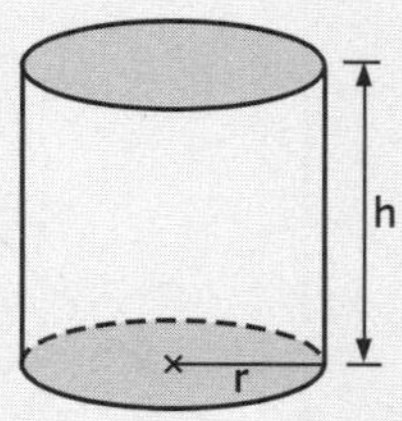

Der senkrechte Kreiskegel

Lehrsatz
Wenn ein senkrechter Kreiskegel den Grundkreisradius r und die Höhe h hat, dann berechnet man sein Volumen V mit $V = \frac{1}{3} \cdot \pi \cdot r^2 \cdot h$, den Inhalt M seiner Mantelfläche mit $M = \pi \cdot r \cdot s$, wobei s die Länge der Mantellinie ist, und seinen Oberflächeninhalt mit $O = \pi \cdot r^2 + \pi \cdot r \cdot s = \pi \cdot r \cdot (r + s)$.

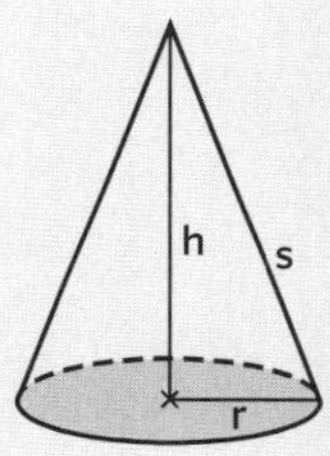

Die senkrechte Pyramide

Lehrsatz
Wenn eine Pyramide eine Grundfläche vom Flächeninhalt G und die Höhe h hat, dann berechnet man ihr Volumen V mit $V = \frac{1}{3} \cdot G \cdot h$.

Folgerungen
Wenn die Pyramidengrundfläche ein Quadrat mit der Seitenlänge a ist, dann ergibt sich $V = \frac{1}{3} \cdot a^2 \cdot h$.
Der Mantel der Pyramide besteht dann aus vier kongruenten gleichschenkligen Dreiecken mit der Grundseitenlänge a und der Höhe h_1, die sich mit dem Satz von Pythagoras berechnen lässt:
$h_1^2 = h^2 + \left(\frac{a}{2}\right)^2$.
Für den Inhalt der Mantelfläche ergibt sich damit:
$M = 2 \cdot a \cdot h_1 = 2 \cdot a \cdot \sqrt{\left(\frac{a}{2}\right)^2 + h^2}$.

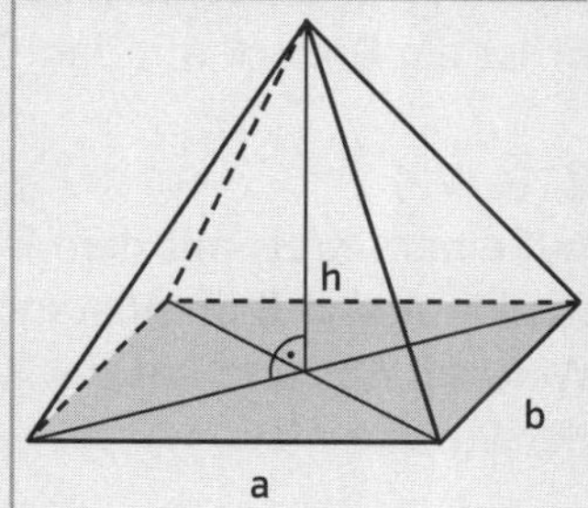

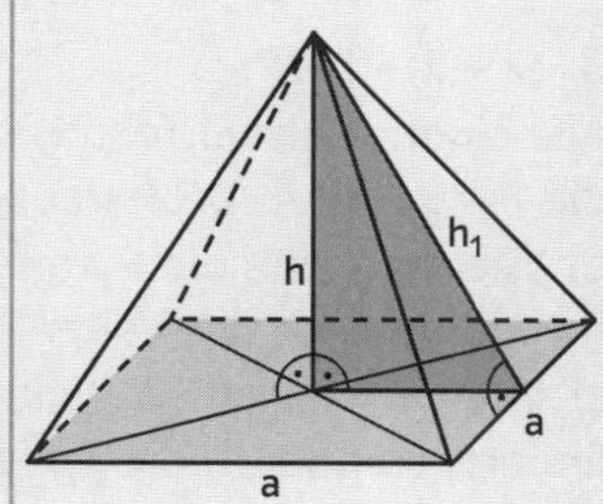

Die Kugel

Lehrsatz
Wenn eine Kugel den Radius r hat, dann berechnet man ihr Volumen V mit $V = \frac{4}{3} \cdot \pi \cdot r^3$ und den Inhalt O ihrer Oberfläche mit $O = 4 \cdot \pi \cdot r^2$.

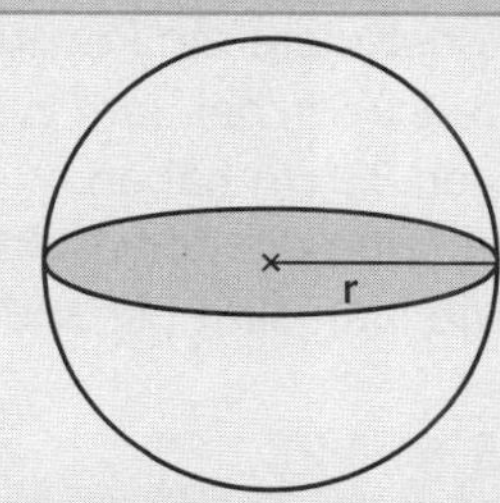

Bist du sicher?

1 Berechne die Streckenlänge x.

a)
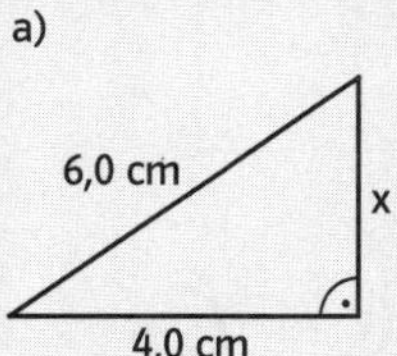

b)
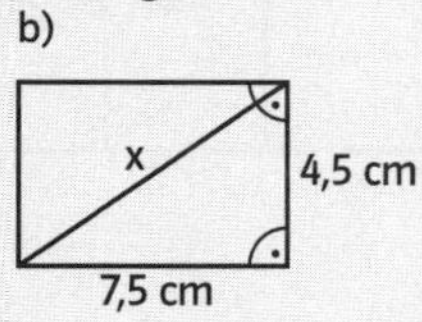

c)
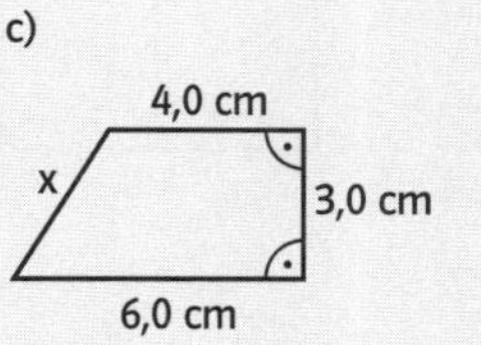

d)
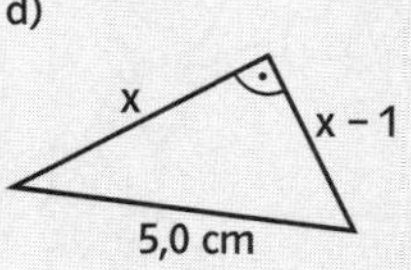

e)
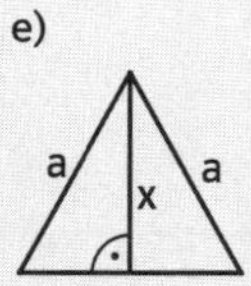

f)
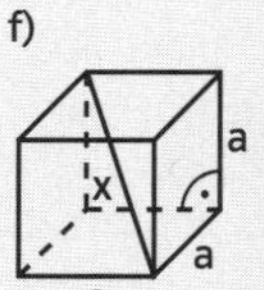

2 Eine Pyramide mit rechteckiger Grundfläche (Seitenlängen 40,0 cm bzw. 30,0 cm) hat zur Pyramidenspitze führende Kanten mit der Länge 60 cm.
a) Wie groß ist das Volumen der Pyramide?
b) Wie groß ist die Mantelfläche?

3 Wie lang ist die Strecke AB?

a)
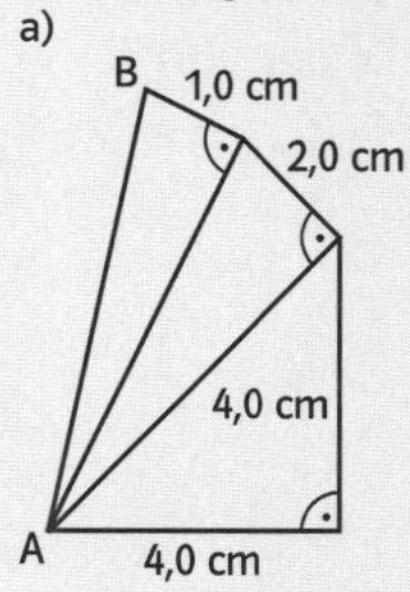

b)
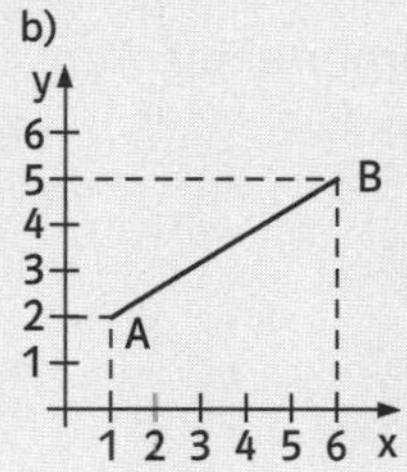

c)
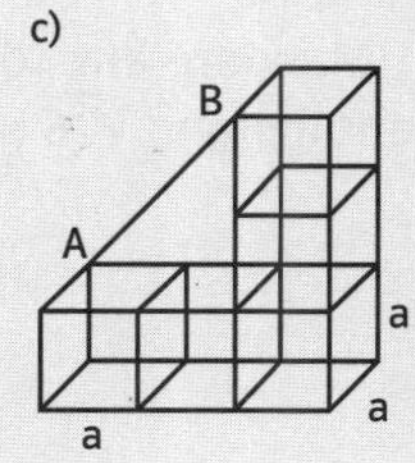

4 Welche dieser Dreiecke ABC mit den Seitenlängen a, b und c sind rechtwinklig?
a) a = 5,0 cm, b = 12,0 cm, c = 13,0 cm
b) a = 2,0 cm, b = $\sqrt{13}$ cm, c = 3,0 cm
c) a = $\sqrt{3}$ cm, b = $\sqrt{2}$ cm, c = 1,0 cm
d) a = 1,6 cm, b = 2,5 cm, c = 3,1 cm

Lösungen

1 a) $2\sqrt{5}$ cm ≈ 4,5 cm b) $\sqrt{76{,}5}$ cm ≈ 8,7 cm c) $\sqrt{13}$ cm ≈ 3,6 cm d) 4,0 cm e) $\frac{a}{2}\sqrt{3}$ f) $a\sqrt{3}$ **2** a) Diagonalenlänge der Grundfläche: d = 50,0 cm; Pyramidenhöhe: $h = \sqrt{2975}$ cm; Volumen der Pyramide: $V = \frac{1}{3} \cdot 40\,\text{cm} \cdot 30\,\text{cm} \cdot \sqrt{2975}\,\text{cm} \approx 21{,}8\,\text{dm}^3$. b) Höhe der Seitenflächen: $h_1 = \sqrt{3200}$ cm, $h_2 = \sqrt{3375}$ cm; Mantelfläche: $M \approx 40\,\text{dm}^2$. **3** a) $\sqrt{37}$ cm ≈ 6,1 cm b) $\sqrt{34}$ cm ≈ 5,8 cm c) 3 a **4** a) rechtwinklig, denn $5^2 + 12^2 = 13^2$ b) rechtwinklig, denn $2^2 + 3^2 = (\sqrt{13})^2$ c) rechtwinklig, denn $1^2 + (\sqrt{2})^2 = (\sqrt{3})^2$ d) nicht rechtwinklig, denn $1{,}6^2 + 3{,}1^2 = 3{,}5^2$

Anfangszeit: ____________ + 45 Minuten → Abgabe: ____________

1 (2 + 2 VP)
a) In einem rechtwinkligen Dreieck ist die Hypotenuse 6,5 cm, eine Kathete 3,5 cm lang.
Wie lang ist die andere Kathete?
b) Ist ein Dreieck mit den Seitenlängen a = 22,2 cm, b = 12,0 cm und c = 18,7 cm rechtwinklig?

2 (4 VP)
Auf einem Kreis mit dem Radius 4,0 cm sind zwei Punkte A und B im Abstand 6,0 cm markiert. Welchen Abstand hat der Kreismittelpunkt M von der Strecke AB?

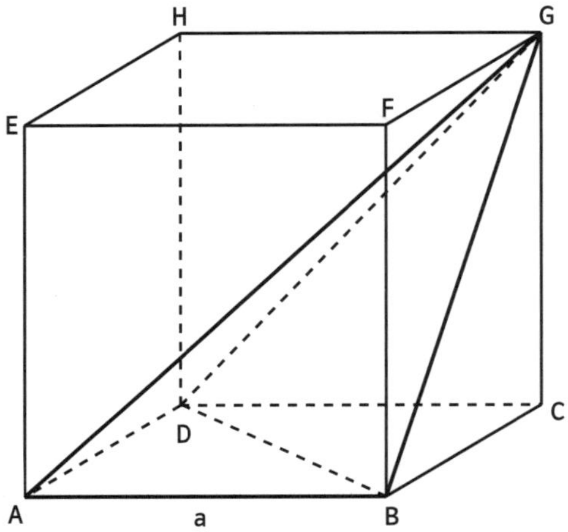

3 (2 + 2 + 1 VP)
Aus einem Holzwürfel mit der Kantenlänge a wird die Pyramide ABDG herausgesägt.
a) Wie lang sind die Pyramidenkanten AG und BG?
b) Wie groß ist das Volumen der Pyramide ABDG?
c) Wie würde sich das Volumen dieser Pyramide ändern, wenn sich die Spitze nicht in G, sondern im Mittelpunkt M der Kante GH befinden würde?

4 (3 + 2 VP)
a) Konstruiere ein Rechteck mit der Diagonalenlänge 6,0 cm, bei dem zwei parallele Seiten die Längen 3,0 cm haben.
Beschreibe die Konstruktion.
b) Wie lang sind die anderen Rechtecksseiten?

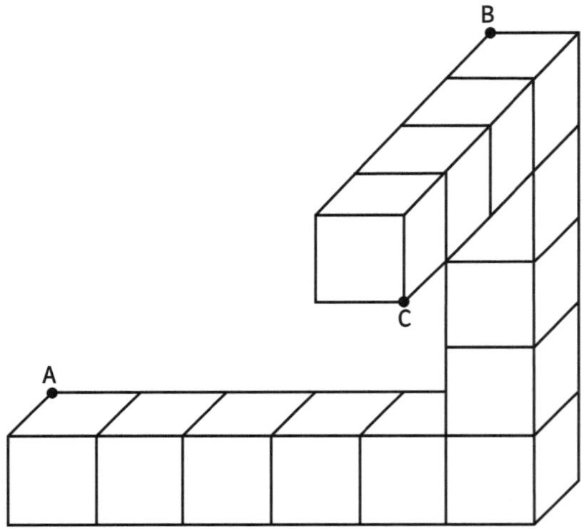

5 (5 + 1 VP)
Ein Körper ist aus gleichgroßen Würfeln der Kantenlänge a zusammengebaut.
a) Welchen Abstand haben die Punkte B und C vom Punkt A?
b) Markiere am Körper einen Punkt D, der von A den Abstand $\sqrt{26} \cdot a$ hat.

Lerntipps

zu Aufgabe 1
Unterscheide den Satz des Pythagoras und die Umkehrung dieses Satzes.
zu Aufgabe 2
Der Kreismittelpunkt liegt auf der Symmetrieachse zur Strecke AB.
zu Aufgabe 3
Wie ändert sich die Pyramidenhöhe beim Bewegen der Spitze?
zu Aufgabe 4
Beginne die Konstruktion mit der Diagonalen AC. Von B aus erscheint AC unter einem rechten Winkel.
zu Aufgabe 5
Beachte: $26 = 5^2 + 1^2$

Anfangszeit: ______________ + 45 Minuten → Abgabe: ______________

1 (3 VP)
Der Quader wird wie in der Abbildung durch einen Schnitt zerlegt.
Berechne den Inhalt der getönten Schnittfläche.

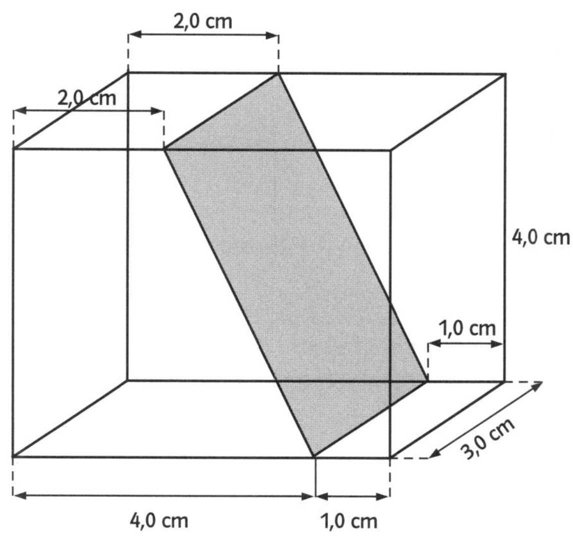

2 (4 + 2 VP)
a) Berechne den Umfang des Dreiecks ABC.
b) Untersuche, ob das Dreieck rechtwinklig ist.

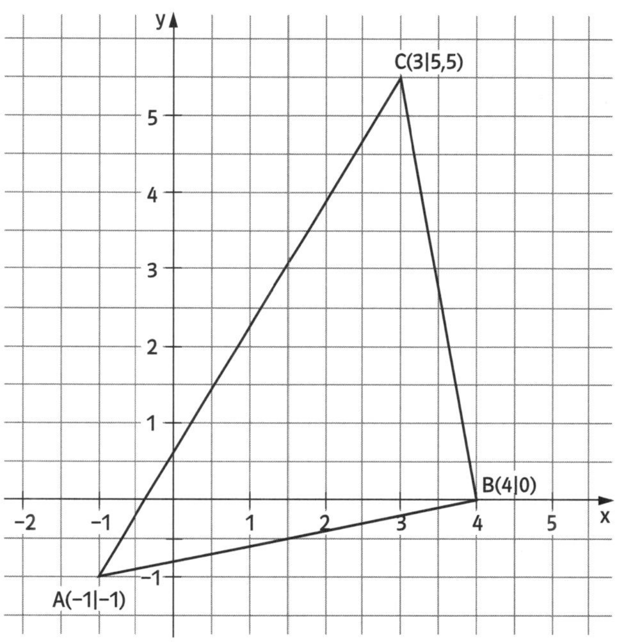

3 (2 + 3 + 2 VP)
Der zylinderförmige Brunnentrog hat eine Wandstärke von 10 cm, der Boden ist 12 cm dick.
a) Wie viel Liter Wasser fasst der Trog?
b) Was wiegt der Trog, wenn das verwendete Material eine mittlere Dichte von $2{,}5\ \frac{kg}{dm^3}$ hat?
c) Der Trog soll innen vollständig angemalt werden. Wie groß ist die anzumalende Fläche?

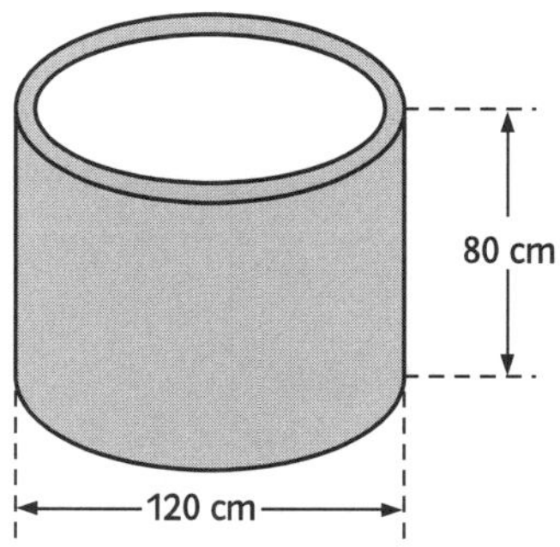

4 (1 + 4 + 3 VP)
Eine senkrechte Pyramide hat als Grundfläche ein Rechteck mit den Seitenlängen a = 6,0 cm und b = 4,0 cm. Die Pyramidenhöhe ist h = 8,0 cm.
a) Berechne das Volumen der Pyramide.
b) Wie lang sind die zur Spitze der Pyramide führenden Kanten?
c) Wie groß ist die Mantelfläche der Pyramide?

Anfangszeit: ____________ + 45 Minuten → Abgabe: ____________

1 (1 + 1 + 1 + 1 VP)
Löse die Formeln nach der Variablen a auf.

a) $A = \pi \cdot (a + b) \cdot b$

b) $V = \frac{1}{3} \cdot a^2 \cdot b$

c) $A = 2 \cdot (ab + bc + ac)$

d) $A = a^2\sqrt{3} + a^2$

2 (5 VP)
Welche der folgenden Aussagen über Körper sind wahr (w), welche falsch (f)? Kreuze an.

Aussage	w	f
1. Wenn man die Höhe eines Prismas halbiert, dann nimmt das Volumen auf die Hälfte ab.		
2. Das Netz eines senkrechten Prismas besteht immer ausschließlich aus Rechtecken.		
3. Wenn man den Flächeninhalt der Mantelfläche eines senkrechten Kreiszylinders verdoppelt, so entsteht immer ein Zylinder mit doppeltem Volumen.		
4. Wenn man bei einer senkrechten quadratischen Pyramide alle Streckenlängen verdoppelt, nimmt das Volumen um das Siebenfache zu.		
5. Das Verhältnis von Oberflächeninhalt zu Rauminhalt einer jeden Kugel ist konstant.		

3 (2 + 4 VP)
a) Sind die Dreiecke BCF und ABE rechtwinklig?
b) Berechne die Streckenlängen x und y.

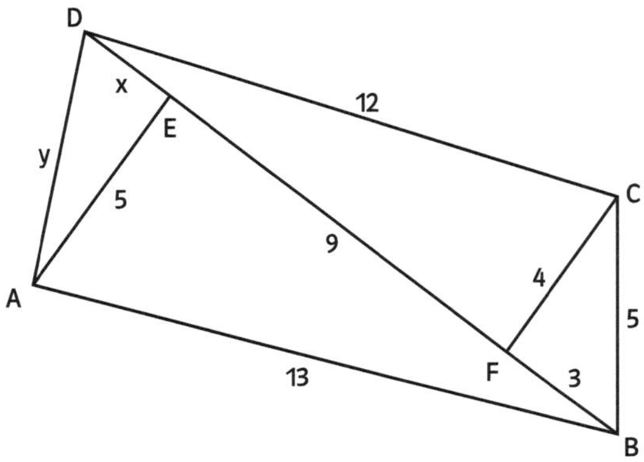

4 (2 + 3 VP)
Die Punkte A(0 | 0), B(u | v) und C(0 | v), u, v ∈ ℝ⁺, legen das Dreieck ABC fest.
a) Die Fläche des Dreiecks ABC rotiert um die y-Achse.
Wie groß ist das Volumen des dabei entstehenden Drehkörpers?
Wie verändert sich dieses Volumen, wenn man die Koordinaten der Punkte A, B und C verdoppelt?
b) Nun rotiert die Fläche des Dreiecks ABC um die x-Achse.
Beschreibe den dabei entstehenden Körper und berechne sein Volumen.

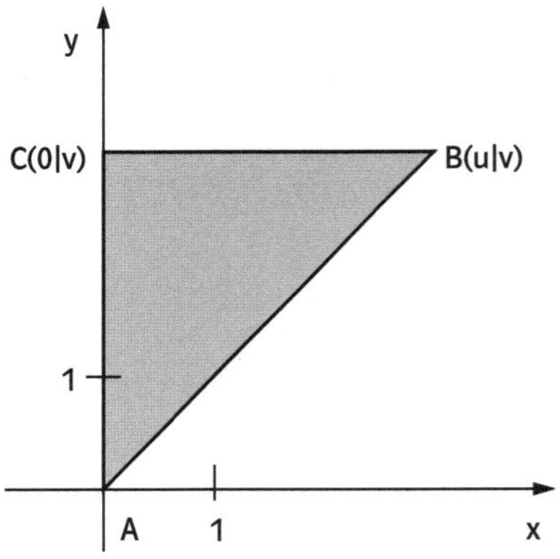

5 (4 VP)
Max Schlaumaier behauptet:
„Wenn einem Viertelkreis mit dem Radius R wie in der Abbildung ein Kreis einbeschrieben wird, dann hat dieser einbeschriebene Kreis den Radius $r = R \cdot (\sqrt{2} - 1)$."
Nimm Stellung!

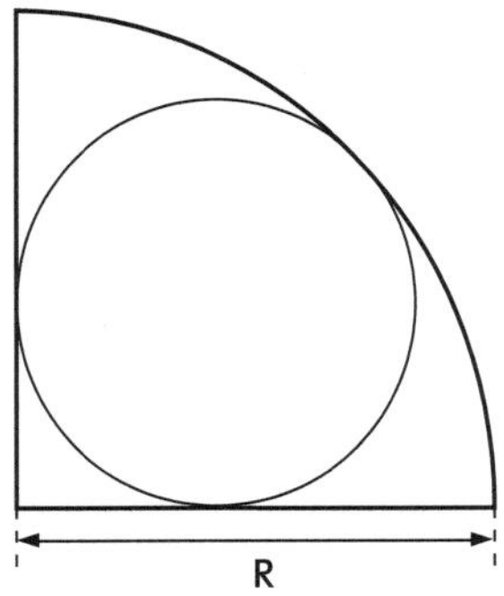

Anfangszeit: ______________ + 45 Minuten → Abgabe: ______________

1 (2 + 2 VP)

Eine Straßenlaterne hängt in der Mitte eines zwischen zwei Hauswänden gespannten Seils. Die Aufhängepunkte sind auf gleicher Höhe und 8,00 m voneinander entfernt.

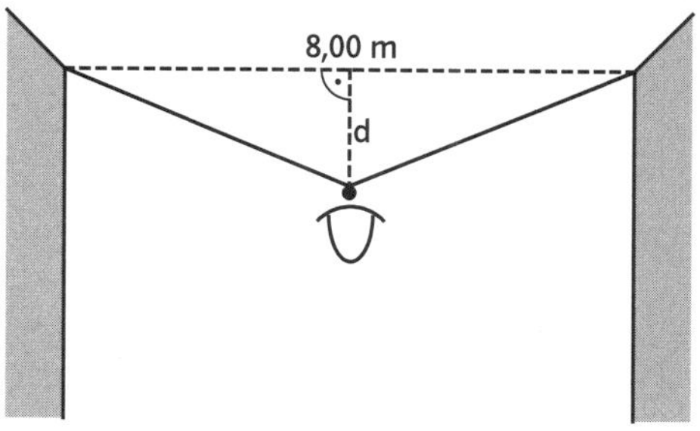

a) Wie groß ist der Durchhang d bei einer Seillänge von 9,00 m?
b) Wie lang darf das Seil höchstens sein, wenn der Durchhang maximal 0,50 m betragen soll?

2 (3 + 2 VP)

In der Nähe des Bahnhofs in Ludwigsburg befindet sich eine reizvolle Brunnenanlage aus drei großen Steinkugeln von verschiedenem Material. Im „Nordpol" der Kugeln tritt Wasser aus, das in allen Richtungen gleichmäßig abfließt.

a) Die größte Kugel hat einen Durchmesser von etwa 2,0 m. Sie ist aus einem einzigen Granitwürfel herausgearbeitet worden.
Wie viel Prozent des Materials mussten mindestens von diesem Würfel entfernt werden?
b) Das Wasser tropft ab einer Höhe von 0,5 m über dem Boden von der Kugel ab.
Wie viel Prozent der Kugeloberfläche sind ständig mit Wasser bedeckt?

Aus der Formelsammlung

Kugelausschnitt (Kugelsektor)

$M = \pi r \varrho$ Kegelmantel

$O = \pi r(2h + \sqrt{h(2r - h)})$

$V = \frac{2}{3}\pi r^2 h$

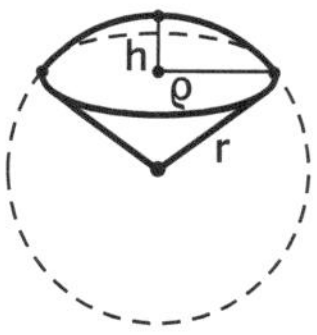

Kugelabschnitt (Kugelsegment)

$M = 2\pi r h$ Kugelkappe

$O = \pi h(4r - h)$

$V = \frac{\pi h^2}{3}(3r - h)$

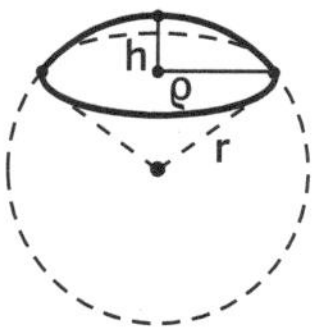

3 (3 + 3 VP)
Die Abbildung zeigt, wie sich mithilfe des Thaleskreises die Tangenten von einem Punkt P aus an einen Kreis k(M; r) konstruieren lassen.
Für die folgenden Rechnungen gilt:
$r = 6{,}0\,\text{cm}$, $\overline{PM} = 10{,}0\,\text{cm}$.
a) Wie lang sind die Tangentenabschnitte PB_1 bzw. PB_2?
b) Wie groß ist der Abstand der Berührpunkte B_1 und B_2?

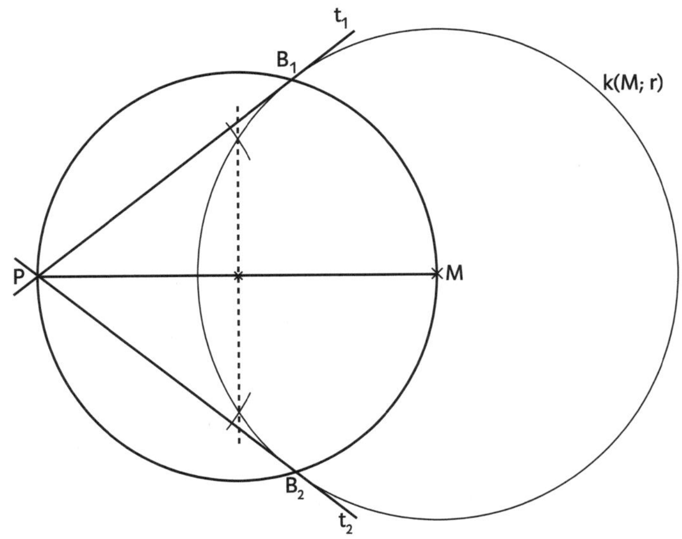

4 (5 + 4 VP)
a) Die Abbildung 1 zeigt den Querschnitt des Innenraums eines Behälters, der aus zwei Zylindern zusammengesetzt ist. In jeder Minute strömen $100\,\text{cm}^3$ Wasser in den anfangs leeren Behälter.
Zeichne ein Schaubild, das die Füllhöhe h in Abhängigkeit von der Füllzeit t beschreibt.
Lies ab, nach welcher Zeit der Behälter zu 80 % seiner Höhe gefüllt ist.
b) Die Abbildung 2 zeigt für zwei andere Behälter, wie sich die Füllhöhe bei gleichmäßigem Zufluss mit der Füllzeit verändert.
Skizziere je einen möglichen Behälterquerschnitt für Behälter A und Behälter B und begründe kurz deine Wahl.

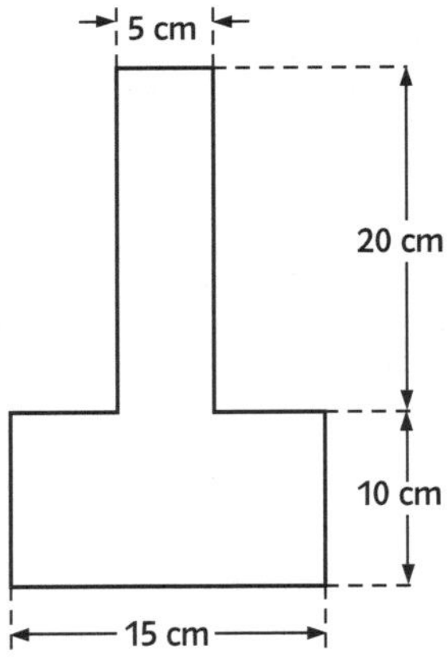

Abbildung 1

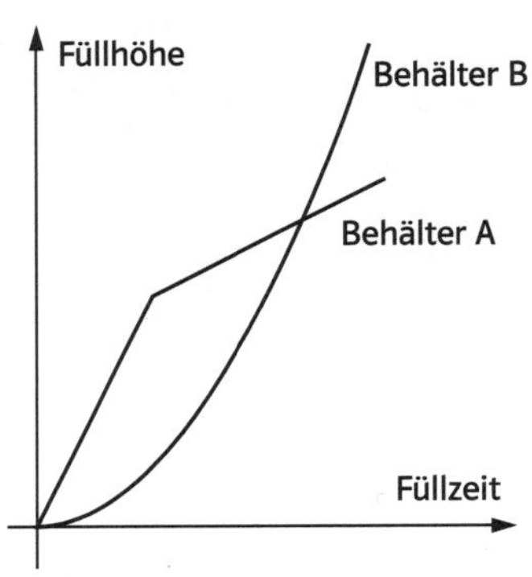

Abbildung 2

Lerntipps

Überblick behalten!
Bei allen Aufgaben, in denen viele Punktenamen, Streckenlängen, Dreiecke usw. vorkommen, ist es ratsam festzulegen, in welcher Teilfigur man argumentiert. Es hilft einem selbst und einem Leser, wenn man z. B. notiert: Im rechtwinkligen Dreieck ABC gilt mit dem Satz des Pythagoras $\overline{AB}^2 = \overline{AC}^2 + \overline{BC}^2$.
Man versuche auch, wo immer möglich, zuerst allgemeine Beziehungen aufzuschreiben, die entsprechenden Gleichungen nach der gesuchten Größe aufzulösen und erst zum Schluss die Daten der Aufgabenstellung einzusetzen. Dies erspart oft auch viel Schreib- und Tipparbeit. Darüber hinaus vermeidet man, dass man mit Näherungswerten von Zwischenergebnissen weiterrechnen muss.

Klassenarbeit 3.1

1 (2 + 2 VP)

a) Länge der zweiten Kathete

Skizze

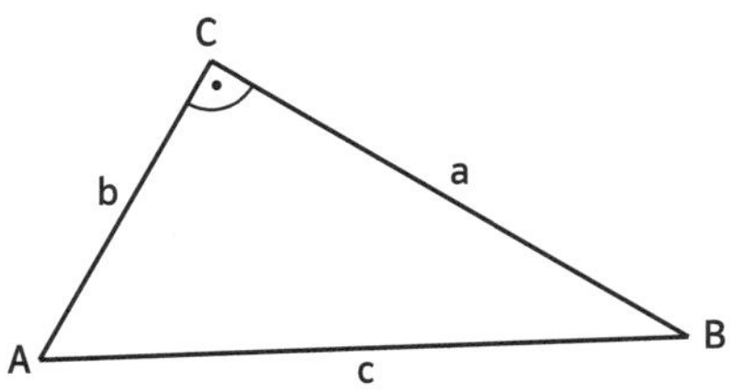

Mit dem Satz des Pythagoras gilt:

$a^2 + b^2 = c^2$

$a^2 = c^2 - b^2$

$a = \sqrt{c^2 - b^2}$

Mit c = 6,5 cm und b = 3,5 cm folgt daraus:

$a = \sqrt{(6{,}5\,\text{cm})^2 - (3{,}5\,\text{cm})^2}$

$a = \sqrt{30}\,\text{cm}$

Die andere Kathete ist etwa 5,5 cm lang.

b) Überprüfung der Rechtwinkligkeit

Mit der Umkehrung des Satzes des Pythagoras lässt sich überprüfen, ob ein Dreieck rechtwinklig ist oder nicht. Das Quadrat über der längsten Seite muss denselben Flächeninhalt haben wie die Summe der Quadrate über den anderen beiden Seiten. Beachte, dass hier die längste Seite die Länge a hat und nicht, wie oft üblich, die Länge c.

Quadrat der längsten Seite:

$a^2 = (22{,}2\,\text{cm})^2$

$a^2 = 492{,}84\,\text{cm}^2$

Summe der Quadrate der anderen beiden Seiten:

$b^2 + c^2 = (12\,\text{cm})^2 + (18{,}7\,\text{cm})^2$

$b^2 + c^2 = 144\,\text{cm}^2 + 349{,}69\,\text{cm}^2$

$b^2 + c^2 = 493{,}69\,\text{cm}^2$

Folglich gilt:

$a^2 \neq b^2 + c^2$

Das Dreieck ist demnach nicht rechtwinklig.

2 (4 VP)

Planfigur

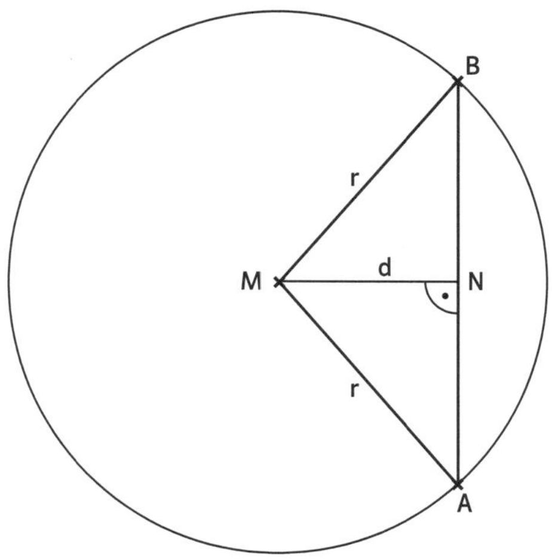

Vorüberlegung

Das Dreieck MAB ist gleichschenklig, da $\overline{MA} = \overline{MB}$.
Der Abstand d des Punktes M von der Strecke AB ist gleich der Länge der Höhe MN zur Grundseite AB.
Im gleichschenkligen Dreieck liegt die Höhe zur Grundseite des Dreiecks auf der Mittelsenkrechten zur Grundseite. Daher gilt: $\overline{NA} = \overline{NB} = \frac{1}{2}\overline{AB}$.

Berechnung des Abstands

Mit dem Satz des Pythagoras im Dreieck ANM gilt:

$\overline{AN}^2 + \overline{NM}^2 = \overline{AM}^2$

$(\frac{1}{2} \cdot \overline{AB})^2 + d^2 = r^2$

$d^2 = r^2 - \frac{1}{4}\overline{AB}^2$

$d = \sqrt{(4\,\text{cm})^2 - \frac{1}{4}(6\,\text{cm})^2}$

$d = \sqrt{16\,\text{cm}^2 - 9\,\text{cm}^2}$

$d = \sqrt{7}\,\text{cm}$

Der Kreismittelpunkt M hat von der Strecke AB etwa den Abstand 2,6 cm.

3 (2 + 2 + 1 VP)

a) *Suche rechtwinklige Dreiecke, in denen du zwei Seitenlängen kennst und die dritte Seitenlänge berechnet werden soll. Dann kannst du den Satz von Pythagoras anwenden.*

Länge der Pyramidenkante BG

Die Strecke BG ist eine Diagonale im Quadrat BCGF, das die Seitenlänge a hat.

Daher gilt: $\overline{BG} = a \cdot \sqrt{2}$

Länge der Pyramidenkante AG

Die Strecke AG ist eine Raumdiagonale des Würfels mit der Kantenlänge a.

Daher gilt: $\overline{AG} = a \cdot \sqrt{3}$

Bemerkung
Diese beiden Werte kann man auswendig wissen.
Eine Begründung ergibt sich mit dem Satz von Pythagoras.
Im rechtwinkligen Dreieck BCG gilt:

$\overline{BG}^2 = \overline{BC}^2 + \overline{CG}^2$
$\overline{BG}^2 = a^2 + a^2$
$\overline{BG}^2 = 2a^2$
$\overline{BG} = a \cdot \sqrt{2}$

Im rechtwinkligen Dreieck ABG gilt:

$\overline{AG}^2 = \overline{AB}^2 + \overline{BG}^2$
$\overline{AG}^2 = a^2 + (a \cdot \sqrt{2})^2$
$\overline{AG}^2 = 3a^2$
$\overline{AG} = a \cdot \sqrt{3}$

b) Pyramidenvolumen
Eine Pyramide mit dem Grundflächeninhalt G und der Höhe h hat das Volumen $V = \frac{1}{3} \cdot G \cdot h$.
Die Grundfläche ist hier ein halbes Quadrat mit der Seitenlänge a. Die Höhe ist die Länge der Strecke CG, also a.

$V = \frac{1}{3} \cdot \frac{1}{2}a^2 \cdot a$
$V = \frac{1}{6}a^3$

c) Veränderung des Volumens
Wenn die Pyramidenspitze nicht in G sondern im Mittelpunkt M der Kante GH liegt, so ist ihr Abstand zur Grundfläche ABCD und damit die Pyramidenhöhe unverändert geblieben.
An der Grundfläche ändert sich nichts, wenn die Pyramidenspitze bewegt wird.
Da sich weder die Höhe noch die Größe der Grundfläche verändern, bleibt das Pyramidenvolumen unverändert.

4 (3 + 2 VP)
a) Planfigur

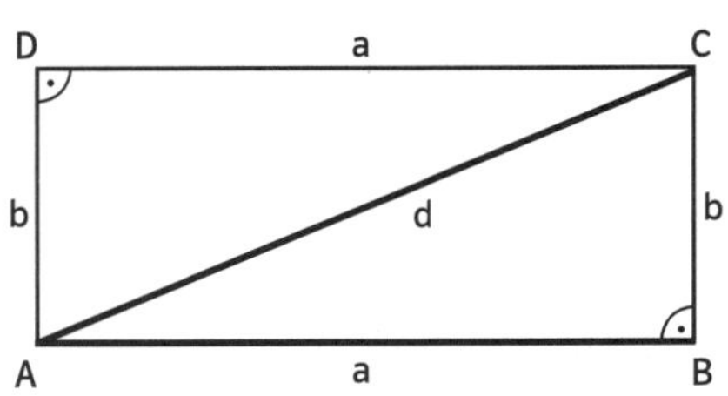

Die rechten Winkel über der Strecke AC erhält man mithilfe des Thaleskreises über AC.

Konstruktion

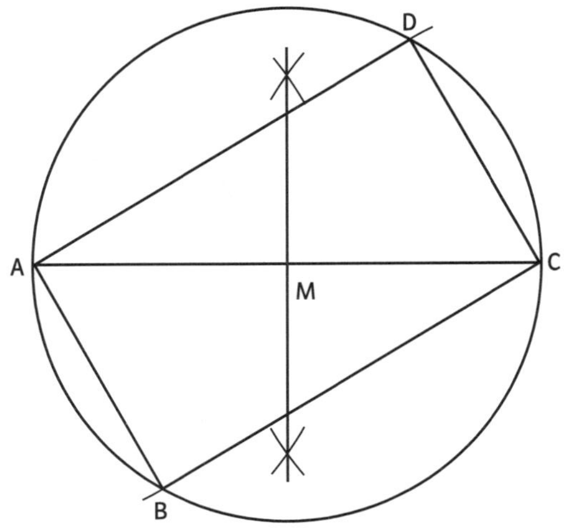

Beschreibung der Konstruktion
1. Zeichne die Strecke AC der Länge $\overline{AC} = 6{,}0\,\text{cm}$.
2. Konstruiere den Thaleskreis über AC.
3. Der Kreis um A mit dem Radius 3,0 cm schneidet den Thaleskreis in B (und B′).
4. Der Kreis um C mit dem Radius 3,0 cm schneidet den Thaleskreis in D (und D′).
5. Zeichne das Rechteck ABCD.

b) Länge der Rechtecksseiten BC bzw. AD
Im rechtwinkligen Dreieck ABC gilt mit dem Satz des Pythagoras:

$\overline{AC}^2 = \overline{AB}^2 + \overline{BC}^2$
$\overline{BC}^2 = \overline{AC}^2 - \overline{AB}^2$
$\overline{BC} = \sqrt{\overline{AC}^2 - \overline{AB}^2}$
$\overline{BC} = \sqrt{(6\,\text{cm})^2 - (3\,\text{cm})^2}$
$\overline{BC} = \sqrt{27\,\text{cm}^2}$
$\overline{BC} = 3\sqrt{3}\,\text{cm}$
$\overline{BC} \approx 5{,}2\,\text{cm}$

Die beiden anderen Rechtecksseiten haben etwa die Länge 5,2 cm.

4 (5 + 1 VP)
a) Länge der Strecke AB

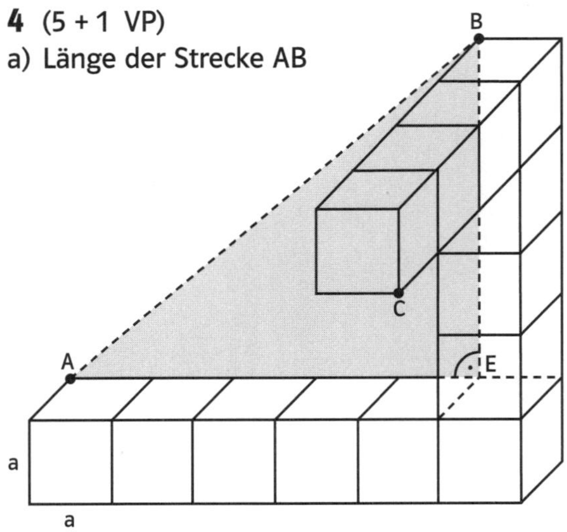

Das Dreieck AEB ist bei E rechtwinklig. Mit dem Satz von Pythagoras folgt:

$\overline{AB}^2 = \overline{AE}^2 + \overline{EB}^2$
$\overline{AB}^2 = (5 \cdot a)^2 + (4 \cdot a)^2$
$\overline{AB}^2 = 25a^2 + 16a^2$
$\overline{AB}^2 = 41a^2$
$\overline{AB} = \sqrt{41} \cdot a$

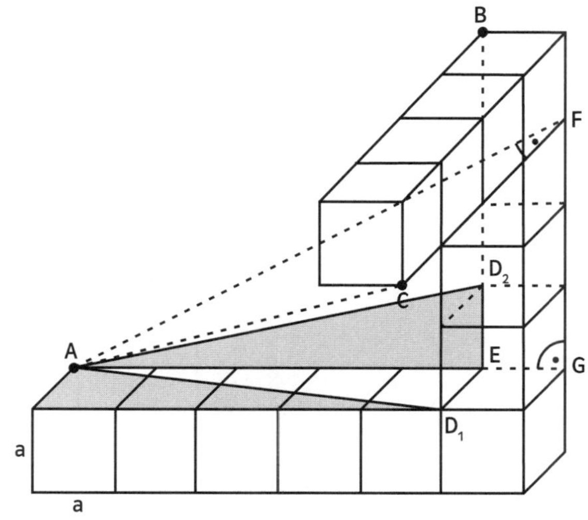

Länge der Strecke AC
Das Dreieck ACF ist bei F rechtwinklig.
Mit dem Satz von Pythagoras folgt:
(∗) $\overline{AC}^2 = \overline{AF}^2 + \overline{FC}^2$
Die Länge der Strecke AF wird im bei G rechtwinkligen Dreieck AGF bestimmt.
$\overline{AF}^2 = \overline{AG}^2 + \overline{GF}^2$

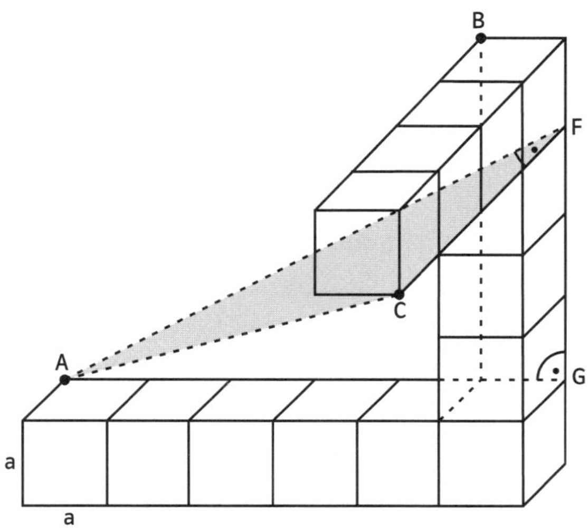

Damit folgt durch Einsetzen in (∗)
$\overline{AC}^2 = \overline{AG}^2 + \overline{GF}^2 + \overline{FC}^2$
$\overline{AC}^2 = (6 \cdot a)^2 + (3 \cdot a)^2 + (4 \cdot a)^2$
$\overline{AC}^2 = 36a^2 + 9a^2 + 16a^2$
$\overline{AC}^2 = 61a^2$
$\overline{AC} = \sqrt{61} \cdot a$

b) Lage von Punkt D
Es gilt: $\sqrt{26} = \sqrt{25 + 1}$
$\sqrt{26} = \sqrt{5^2 + 1^2}$
Die Strecke AD mit der Länge $\sqrt{26} \cdot a$ kann also als Hypotenuse eines rechtwinkligen Dreiecks aufgefasst werden, dessen Katheten die Längen $5 \cdot a$ und $1 \cdot a$ haben.
In der Abbildung sind zwei solche Punkte D_1 und D_2 markiert.

Klassenarbeit 3.2

1 (3 VP)

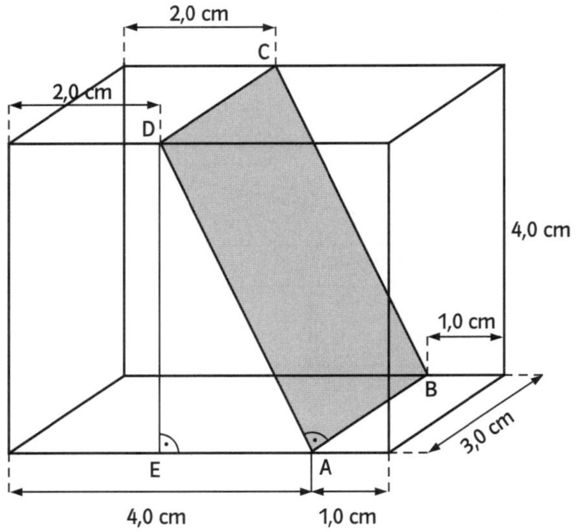

Form des Vierecks ABCD
Die Rechtecksseite AB ist parallel zur rechten unteren Quaderkante und daher orthogonal zur vorderen Quaderfläche. Daher ist AB auch orthogonal zu jeder Strecke in dieser vorderen Quaderfläche, insbesondere also orthogonal zu AD.
Entsprechend ist AB auch orthogonal zu BC. Die analoge Argumentation ergibt, dass CD orthogonal zu AD und BC ist.
Folglich hat das Viereck ABCD vier rechte Winkel und ist daher ein Rechteck.

Länge der Seiten
Da die Seite AB parallel zur Quaderkante mit der Länge 3,0 cm ist, hat sie ebenfalls diese Länge:
$\overline{AB} = 3{,}0\,\text{cm}$.
Die Länge der Seite AD lässt sich mithilfe des Satzes des Pythagoras im Dreieck ADE berechnen.
Es gilt: $\overline{AD}^2 = \overline{AE}^2 + \overline{DE}^2$

$\overline{AD} = \sqrt{\overline{AE}^2 + \overline{DE}^2}$

$\overline{AD} = \sqrt{(2\,\text{cm})^2 + (4\,\text{cm})^2}$

$\overline{AD} = \sqrt{20\,\text{cm}^2}$

$\overline{AD} = 2\sqrt{5}\,\text{cm}$

$\overline{AD} \approx 4{,}5\,\text{cm}$

Flächeninhalt des Rechtecks ABCD
$A = \overline{AB} \cdot \overline{CD}$
$A = 3\,\text{cm} \cdot 2\sqrt{5}\,\text{cm}$
$A = 6\sqrt{5}\,\text{cm}^2$

Das getönte Rechteck hat etwa den Flächeninhalt $13{,}5\,\text{cm}^2$.

2 (4 + 2 VP)
a) Seitenlängen des Dreiecks ABC
Bezeichne verwendete Eckpunkte von Dreiecken. Die Punktekoordinaten erlauben die Berechnung der Seitenlängen der Dreiecke, wenn die Einheitsstrecken auf den Koordinatenachsen jeweils 1 cm lang sind. Gib die einzelnen Streckenlängen zunächst genau, also ungerundet an. Erst beim Endergebnis für den gesuchten Umfang rundest du sinnvoll.
Im rechtwinkligen Dreieck ADB gilt mit dem Satz von Pythagoras:
$\overline{AB}^2 = \overline{AD}^2 + \overline{BD}^2$
$\overline{AB} = \sqrt{\overline{AD}^2 + \overline{BD}^2}$
$\overline{AB} = \sqrt{(5{,}0\,\text{cm})^2 + (1{,}0\,\text{cm})^2}$
$\overline{AB} = \sqrt{26}\,\text{cm}$
Entsprechend gilt im Dreieck BEC:
$\overline{BC}^2 = \overline{BE}^2 + \overline{EC}^2$
$\overline{BC} = \sqrt{\overline{BE}^2 + \overline{EC}^2}$
$\overline{BC} = \sqrt{(5{,}5\,\text{cm})^2 + (1{,}0\,\text{cm})^2}$
$\overline{BC} = \sqrt{31{,}25}\,\text{cm}$
Im Dreieck ACF erhält man:
$\overline{AC}^2 = \overline{CF}^2 + \overline{AF}^2$
$\overline{AC} = \sqrt{\overline{CF}^2 + \overline{AF}^2}$
$\overline{AC} = \sqrt{(4{,}0\,\text{cm})^2 + (6{,}5\,\text{cm})^2}$
$\overline{AC} = \sqrt{58{,}25}\,\text{cm}$

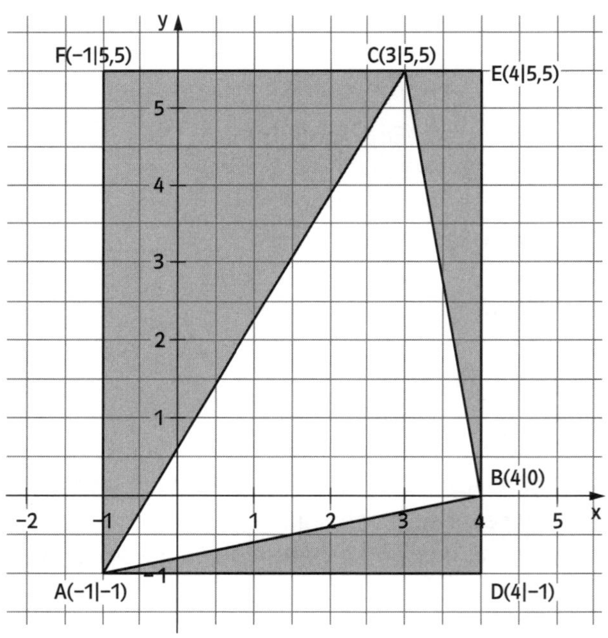

Umfang U des Dreiecks ABC
$U = \overline{AB} + \overline{BC} + \overline{AC}$
$U = (\sqrt{26} + \sqrt{31{,}25} + \sqrt{58{,}25})\,\text{cm}$
$U \approx 18{,}3\,\text{cm}$

b) Wenn das Dreieck rechtwinklig sein soll, dann kann der rechte Winkel (nach Augenmaß) nur den Scheitel B haben.
Nach der Umkehrung des Satzes von Pythagoras ist das Dreieck ABC bei B rechtwinklig, wenn gilt:
$\overline{AC}^2 = \overline{AB}^2 + \overline{BC}^2$.
Aufgrund der Ergebnisse der vorherigen Teilaufgabe weiß man:
$\overline{AC}^2 = 58{,}25\,cm^2$
$\overline{AB}^2 + \overline{BC}^2 = 26\,cm^2 + 31{,}25\,cm^2 = 57{,}25\,cm^2$
Die beiden Flächeninhalte sind verschieden. Somit ist das Dreieck ABC nicht rechtwinklig.

3 (2 + 3 + 2 VP)
Lege in einer Skizze die verwendeten Variablen fest. Notiere alle bekannten Maße. Achte dabei auf Flächen bzw. Körper, zu deren Berechnung du Formeln zur Verfügung hast.

a) Fassungsvermögen des Trogs

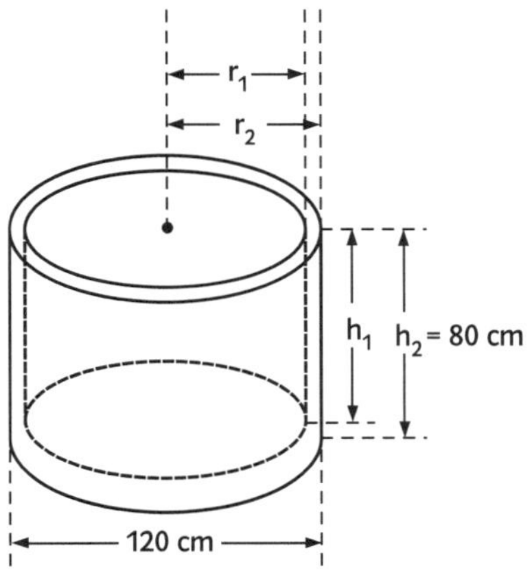

Der mit Wasser gefüllte Teil des Brunnentrogs hat die Form eines Zylinders.
Es gilt:
Zylinderradius: $r_1 = r_2 - 10\,cm = 50\,cm$
Zylinderhöhe: $h_1 = h_2 - 12\,cm = 68\,cm$
Zylindervolumen:
$V_1 = \pi \cdot r_1^2 \cdot h_1$
$V_1 = \pi \cdot (50\,cm)^2 \cdot 68\,cm$
$V_1 = 170\,000\,\pi\,cm^3$
$V_1 = 170\,\pi\,dm^3$
$V_1 = 534{,}07\ldots\,dm^3$
Der Trog fasst etwa 534 Liter Wasser.

b) Volumen des Brunnenbehälters
Das Volumen V_B des Behälters lässt sich berechnen, indem man zunächst das Volumen V_2 des Zylinders mit dem Radius r_2 und der Höhe h_2 berechnet. Davon wird das in Teilaufgabe a) berechnete Fassungsvermögen subtrahiert.
$V_B = V_2 - V_1$
$V_B = \pi \cdot r_2^2 \cdot h_2 - 170\,\pi\,dm^3$
$V_B = \pi \cdot (60\,cm)^2 \cdot 80\,cm - 170\,\pi\,dm^3$
$V_B = 288\,000\,\pi\,cm^3 - 170\,\pi\,dm^3$
$V_B = 288\,\pi\,dm^3 - 170\,\pi\,dm^3$
$V_B = 118\,\pi\,dm^3$
$V_B = 370{,}70\ldots\,dm^3$
Der Brunnenbehälter hat ein Volumen von etwa $371\,dm^3$.

Masse des Behälters
Es gilt: $\varrho = \frac{m}{V}$
Somit: $m = \varrho \cdot V_B$
$m = 2{,}5\,\frac{kg}{dm^3} \cdot 118\,\pi\,dm^3$
$m = 926{,}76\ldots\,kg$
Der Brunnentrog hat etwa die Masse 927 kg.

Alternative
Man kann das Volumen des Behälters auch ermitteln, indem man zuerst nur das Wandvolumen für die gesamte Höhe des Trogs ermittelt. Anschließend muss noch der Zylinder berechnet werden, der den eingesetzten Boden bildet.
Dann ergibt sich:
$V_B = (\pi \cdot r_2^2 \cdot h_2 - \pi \cdot r_1^2 \cdot h_2) + \pi \cdot r_1^2 \cdot (h_2 - h_1)$
Vereinfachen führt zu:
$V_B = \pi \cdot r_2^2 \cdot h_2 - \pi \cdot r_1^2 \cdot h_2 + \pi \cdot r_1^2 \cdot h_2 - \pi \cdot r_1^2 \cdot h_1$
$V_B = \pi \cdot r_2^2 \cdot h_2 - \pi \cdot r_1^2 \cdot h_1$
Dies ist genau die in der vorherigen Lösung genannte Gleichung $V_B = V_2 - V_1$.

c) Flächeninhalt der Innenwand
Die Innenwand ist Mantel eines Zylinders mit dem Radius r_1 und der Höhe h_1. Daher gilt für den Flächeninhalt:
$M_1 = 2\pi \cdot r_1 \cdot h_1$
$M_1 = 2\pi \cdot 50\,cm \cdot 68\,cm$
$M_1 = 6800\,\pi\,cm^2$
$M_1 = 68\,\pi\,dm^2$
Flächeninhalt des Bodens
Der Boden ist ein Kreis mit dem Radius r_1.
Folglich: $A_1 = \pi \cdot r_1^2$
$A_1 = \pi \cdot (50\,cm)^2$
$A_1 = 2500\,\pi\,cm^2$
$A_1 = 25\,\pi\,dm^2$
Anzumalende Fläche
$A = M_1 + A_1$
$A = 68\,\pi\,dm^2 + 25\,\pi\,dm^2$
$A = 93\,\pi\,dm^2$
$A = 292{,}16\ldots\,dm^2$
Insgesamt benötigt man Farbe für eine Fläche von etwa $3\,m^2$.

4 (1 + 4 + 3 VP)

Fertige bei derartigen Fragestellungen eine saubere und vollständig beschriftete Zeichnung an. Markiere bekannte Längen und Winkel, bezeichne Punkte der Figur und benenne gesuchte Längen. Verwende Farben!

a) Pyramidenvolumen

Es gilt:

$V = \frac{1}{3} \cdot a \cdot b \cdot h$

Folglich:

$V = \frac{1}{3} \cdot 6\,cm \cdot 4\,cm \cdot 8\,cm$

$V = 64\,cm^3$

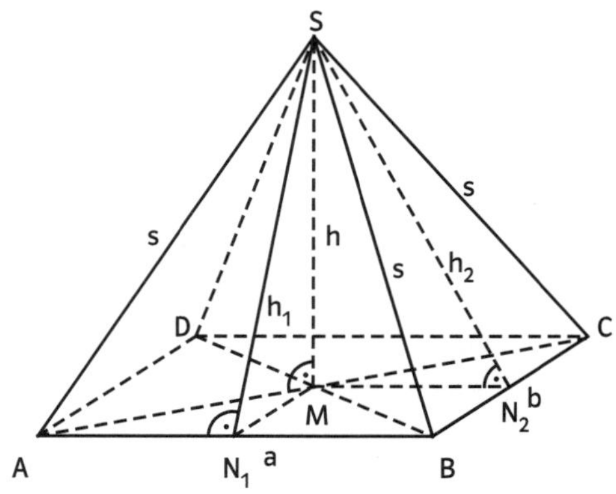

b) Kantenlänge

Alle Kanten AS, BS, CS und DS haben die gleiche Länge s, da es sich um eine senkrechte Pyramide handelt, die Pyramidenspitze S also lotrecht über dem Mittelpunkt M der Grundfläche liegt.

Im rechtwinkligen Dreieck AMS gilt mit dem Satz von Pythagoras:

$\overline{AS}^2 = \overline{AM}^2 + \overline{MS}^2$

(1) $s^2 = \left(\frac{1}{2}\overline{AC}\right)^2 + h^2$

Im rechtwinkligen Dreieck ABC gilt mit dem Satz des Pythagoras:

$\overline{AC}^2 = \overline{AB}^2 + \overline{BC}^2$

(2) $\overline{AC}^2 = a^2 + b^2$

Einsetzen von (2) in (1):

$s^2 = \frac{1}{4} \cdot (a^2 + b^2) + h^2$

$s = \sqrt{\frac{1}{4} \cdot (a^2 + b^2) + h^2}$

Somit:

$s = \sqrt{\frac{1}{4}((6\,cm)^2 + (4\,cm)^2) + (8\,cm)^2}$

$s = \sqrt{77}\,cm$

Die zur Spitze führenden Kanten sind etwa 8,8 cm lang.

c) Mantelfläche

Der Mantel der Pyramide besteht aus zwei Paaren von je zwei kongruenten Dreiecken.

Daher gilt für den Flächeninhalt:

$M = 2 \cdot A_{\Delta ABS} + 2 \cdot A_{\Delta BCS}$

$M = 2 \cdot \frac{1}{2} \cdot \overline{AB} \cdot \overline{N_1S} + 2 \cdot \frac{1}{2} \cdot \overline{BC} \cdot \overline{N_2S}$

(1) $M = \overline{AB} \cdot \overline{N_1S} + \overline{BC} \cdot \overline{N_2S}$

Im rechtwinkligen Dreieck N_1MS lässt sich N_1S mit dem Satz des Pythagoras berechnen:

$\overline{N_1S}^2 = \overline{N_1M}^2 + \overline{MS}^2$

$\overline{N_1S}^2 = \left(\frac{1}{2}b\right)^2 + h^2$

(2) $\overline{N_1S} = \sqrt{\frac{1}{4}b^2 + h^2}$

Im rechtwinkligen Dreieck N_2MS lässt sich $\overline{N_2S}$ mit dem Satz des Pythagoras berechnen:

$\overline{N_2S}^2 = \overline{N_2M}^2 + \overline{MS}^2$

$\overline{N_2S}^2 = \left(\frac{1}{2}a\right)^2 + h^2$

(3) $\overline{N_2S} = \sqrt{\frac{1}{4}a^2 + h^2}$

Einsetzen von (2) und (3) in (1):

$M = a \cdot \sqrt{\frac{1}{4}b^2 + h^2} + b \cdot \sqrt{\frac{1}{4}a^2 + h^2}$

Mit den gegebenen Daten folgt daraus:

$M = 6\,cm \cdot \sqrt{\frac{1}{4} \cdot (4\,cm)^2 + (8\,cm)^2}$

$\quad + 4\,cm \cdot \sqrt{\frac{1}{4} \cdot (6\,cm)^2 + (8\,cm)^2}$

$M = 6\,cm \cdot \sqrt{68\,cm^2} + 4\,cm \cdot \sqrt{73\,cm^2}$

$M = (6\sqrt{68} + 4\sqrt{73})\,cm^2$

Der Pyramidenmantel hat näherungsweise den Flächeninhalt $84\,cm^2$.

Klassenarbeit 3.3

1 (1 + 1 + 1 + 1 VP)

a)
$$A = \pi(a + b)\cdot b \qquad |:(\pi\cdot b)$$
$$\frac{A}{\pi\cdot b} = a + b \qquad |-b$$
$$\frac{A}{\pi\cdot b} - b = a$$
$$a = \frac{A}{\pi\cdot b} - b$$

b)
$$V = \frac{1}{3}\cdot a^2\cdot b \qquad |:b$$
$$\frac{V}{b} = \frac{1}{3}\cdot a^2 \qquad |\cdot 3$$
$$\frac{3\cdot V}{b} = a^2$$
$$a^2 = \frac{3\cdot V}{b}$$
$$a = \sqrt{\frac{3\cdot V}{b}}$$

c)
$$A = 2\cdot(ab + bc + ac) \qquad |:2$$
$$\frac{A}{2} = ab + bc + ac \qquad |\text{ KG}$$
$$\frac{A}{2} = ab + ac + bc \qquad |-bc$$
$$\frac{A}{2} - bc = ab + ac \qquad |\text{ DG}$$
$$\frac{A}{2} - bc = a\cdot(b + c)$$
$$a\cdot(b + c) = \frac{A}{2} - bc \qquad |:(b + c)$$
$$a = \left(\frac{A}{2} - bc\right):(b + c)$$
$$a = \frac{A - 2bc}{2\cdot(b + c)}$$

d)
$$A = a^2\sqrt{3} + a^2 \qquad |\text{ DG}$$
$$A = a^2\cdot(\sqrt{3} + 1) \qquad |:(\sqrt{3} + 1)$$
$$\frac{A}{\sqrt{3} + 1} = a^2$$
$$a^2 = \frac{A}{\sqrt{3} + 1} \qquad |\text{ Rationalmachen des Nenners}$$
$$a^2 = \frac{A\cdot(\sqrt{3} - 1)}{(\sqrt{3} + 1)\cdot(\sqrt{3} - 1)}$$
$$a^2 = \frac{A\cdot(\sqrt{3} - 1)}{(\sqrt{3})^2 - 1^2}$$
$$a^2 = \frac{A(\sqrt{3} - 1)}{2}$$
$$a^2 = \frac{1}{2}(\sqrt{3} - 1)\cdot A$$
$$a = \sqrt{\frac{1}{2}(\sqrt{3} - 1)\cdot A}$$

2 (5 VP)

Aussage	w	f
1. Wenn man die Höhe eines Prismas halbiert, dann nimmt das Volumen auf die Hälfte ab.	X	
2. Das Netz eines senkrechten Prismas besteht immer ausschließlich aus Rechtecken.		X
3. Wenn man den Flächeninhalt der Mantelfläche eines senkrechten Kreiszylinders verdoppelt, so entsteht immer ein Zylinder mit doppeltem Volumen.		X
4. Wenn man bei einer senkrechten quadratischen Pyramide alle Streckenlängen verdoppelt, nimmt das Volumen um das Siebenfache zu.	X	
5. Das Verhältnis von Oberflächeninhalt zu Rauminhalt einer jeden Kugel ist konstant.		X

Begründungen

1. Ein Prisma mit der Grundfläche vom Inhalt G und einer Höhe h hat das Volumen $V = G\cdot h$. Halbiert man h bei unveränderter Grundfläche G, so wird das Produkt $G\cdot h$ halbiert und damit auch das Volumen.
Die Aussage ist wahr.

2. Es gibt senkrechte Prismen mit z. B. dreieckiger Grundfläche. Damit enthält das Netz neben Rechtecken auch zwei Dreiecke.
Die Aussage ist falsch.

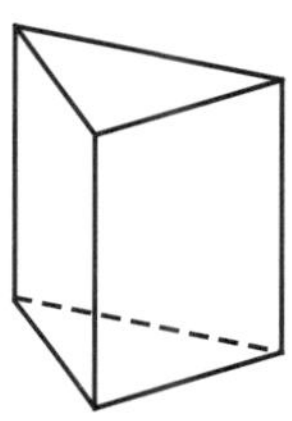

3. Angenommen, man verdoppelt den Flächeninhalt der Mantelfläche dadurch, dass man den Umfang des Zylindergrundkreises verdoppelt und die Zylinderhöhe beibehält. Dann ist der Radius des Grundkreises doppelt so groß geworden und der Flächeninhalt des Grundkreises viermal so groß. Folglich ist das Zylindervolumen viermal so groß geworden.

$$M = U\cdot h = 2\pi r\cdot h$$
$$V = r^2\pi h$$
$$M' = (2U)\cdot h = 2\cdot(2\pi r)\cdot h$$
$$M' = 2\pi(2r)\cdot h$$
$$V' = (2r)^2\pi h$$
$$V' = 4r^2\pi h$$
$$V' = 4\cdot V$$

Die Aussage ist daher falsch.

Bemerkung
Verdoppelt man den Flächeninhalt der Mantelfläche, indem man den Umfang des Grundkreises beibehält, aber die Zylinderhöhe verdoppelt, dann wird das Volumen des Zylinders verdoppelt.

4. Wenn man alle Streckenlängen verdoppelt, so nimmt das Volumen der Pyramide auf das Achtfache zu:

Aus $V = \frac{1}{3} \cdot a^2 \cdot h$ wird:

$V' = \frac{1}{3} \cdot (2a)^2 \cdot (2h)$

$V' = \frac{1}{3} \cdot a^2 \cdot h \cdot 8$

$V' = 8 \cdot V$

Es erfolgt also eine Volumenzunahme um das Siebenfache.
Die Aussage ist also wahr.

5. Der Oberflächeninhalt einer Kugel mit dem Radius r beträgt $O = 4\pi r^2$, das Kugelvolumen beträgt $V = \frac{4}{3}\pi r^3$.
Daher gilt für das Verhältnis:

$\frac{O}{V} = \frac{4\pi r^2}{\frac{4}{3}\pi r^3}$

$\frac{O}{V} = \frac{3}{r}$

Dieses Verhältnis hängt von r ab, ist also nicht konstant.
Die Aussage ist falsch.

3 (2 + 4 VP)

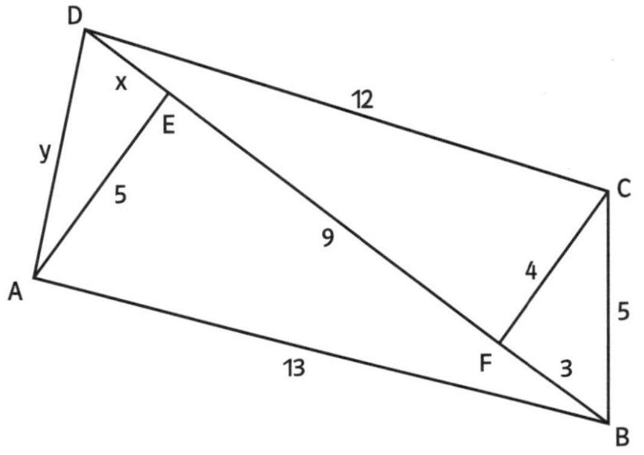

Mache dir immer zuerst klar, ob du ein Dreieck als rechtwinklig erkennen willst oder ob du in einem rechtwinkligen Dreieck eine Seitenlänge berechnen möchtest. Im ersten Fall verwendest du die Umkehrung des Satzes des Pythagoras. Im zweiten Fall wendest du den Satz des Pythagoras auf das rechtwinklige Dreieck an und formst die entstehende Gleichung so um, dass die gesuchte Seitenlänge allein links vom Gleichheitszeichen steht. Dann erst setze die gegebenen Daten ein.

a) Dreieck BCF
Im Dreieck BCF gilt:
$\overline{BC}^2 = \overline{BF}^2 + \overline{CF}^2$, denn $5^2 = 3^2 + 4^2$.
Mit der Umkehrung des Satzes des Pythagoras folgt daraus, dass das Dreieck BCF rechtwinklig ist bei F.

Dreieck ABE
Im Dreieck ABE gilt:
$\overline{AB}^2 = (\overline{BF} + \overline{FE})^2 + \overline{AE}^2$,
denn $(13)^2 = (9 + 3)^2 + 5^2$.
Mit der Umkehrung des Satzes des Pythagoras folgt daraus, dass das Dreieck ABE rechtwinklig ist bei E.

b) Berechnung von x
Im bei F rechtwinkligen Dreieck DFC gilt mit dem Satz des Pythagoras:

$\overline{CD}^2 = \overline{DF}^2 + \overline{CF}^2$

$\overline{DF}^2 = \overline{CD}^2 - \overline{CF}^2$

$\overline{DF} = \sqrt{\overline{CD}^2 - \overline{CF}^2}$

$\overline{DF} = \sqrt{12^2 - 4^2}$

$\overline{DF} = \sqrt{128}$

$\overline{DF} = 8\sqrt{2}$

$\overline{DF} = \overline{DE} + \overline{EF}$

$\overline{DE} = \overline{DF} - \overline{EF}$

$x = 8\sqrt{2} - 9$

$x \approx 2{,}3$

Berechnung von y
Im bei E rechtwinkligen Dreieck AED gilt mit dem Satz des Pythagoras:

$\overline{AD}^2 = \overline{AE}^2 + \overline{DE}^2$

$\overline{AD} = \sqrt{\overline{AE}^2 + \overline{DE}^2}$

$y = \sqrt{5^2 + x^2}$

$y = \sqrt{25 + (8\sqrt{2} - 9)^2}$

$y = \sqrt{25 + 128 - 144\sqrt{2} + 81}$

$y = \sqrt{234 - 144\sqrt{2}}$

$y \approx 5{,}5$

4 (2 + 3 VP)
a) Form des Drehkörpers

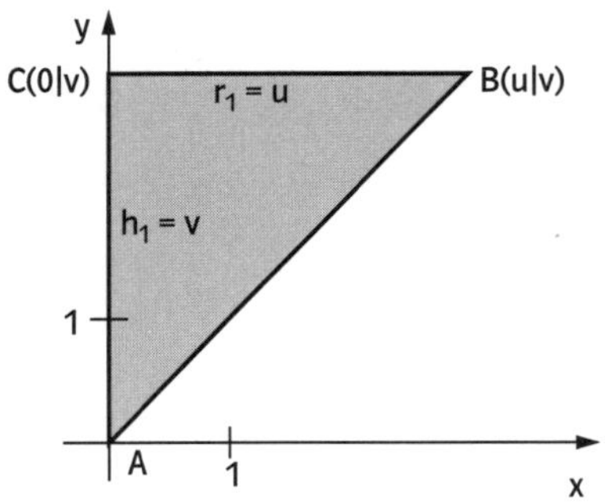

Wenn die Fläche des Dreiecks ABC um die y-Achse rotiert, dann entsteht ein gerader Kreiskegel. Der Radius des Grundkreises ist $r_1 = u$, die Kegelhöhe ist $h_1 = v$.

Volumen des Kegels
Es gilt:

$V_1 = \frac{1}{3} \cdot \pi \cdot r_1^2 \cdot h_1$

$V_1 = \frac{1}{3} \cdot \pi \cdot u^2 \cdot v$

Volumen des neuen Kegels
Verdoppelung aller Koordinaten führt zum neuen Grundkreisradius $r_2 = 2u$ und der Kegelhöhe $h_2 = 2v$.
Folglich:

$V_2 = \frac{1}{3} \cdot \pi \cdot r_2^2 \cdot h_2$

$V_2 = \frac{1}{3} \cdot \pi \cdot (2u)^2 \cdot (2v)$

$V_2 = \frac{1}{3} \cdot \pi \cdot 4u^2 \cdot 2v$

$V_2 = 8 \cdot \left(\frac{1}{3} \cdot \pi \cdot u^2 \cdot v\right)$

$V_2 = 8 \cdot V_1$

Das Volumen des Kegels wird achtmal so groß.

b) Form des Drehkörpers

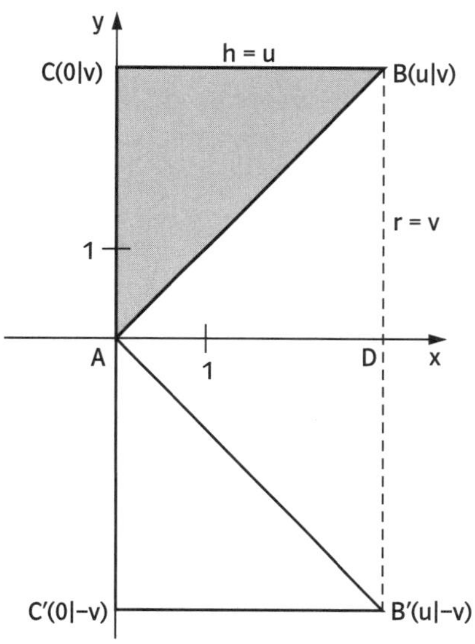

Wenn die Fläche des Rechtecks ADBC um die x-Achse rotiert, erzeugt sie einen Zylinder. Der Zylinder hat den Grundkreisradius r = v und die Höhe h = u. Der entstehende Drehkörper ist demzufolge ein Zylinder, aus dem ein Kegel mit gleichem Grundkreisradius und gleicher Höhe entfernt wurde.

Volumen des Drehkörpers
Es gilt:

$V = V_{Zylinder} - V_{Kegel}$

$V = \pi \cdot r^2 \cdot h - \frac{1}{3} \cdot \pi \cdot r^2 \cdot h$

$V = \frac{2}{3} \cdot \pi \cdot r^2 \cdot h$

Hier also:

$V = \frac{2}{3} \cdot \pi \cdot u \cdot v^2$

Bemerkung
Das Vorstellen der entstehenden Rotationskörper ist nicht immer einfach, kann aber trainiert werden. Hier findest du drei Beispiele. Die Körper sollen um die x-Achse oder die y-Achse rotieren.
Beschreibe die entstehenden Körper. Erst überlegen, dann weiterlesen!

1. Beispiel *2. Beispiel* *3. Beispiel*

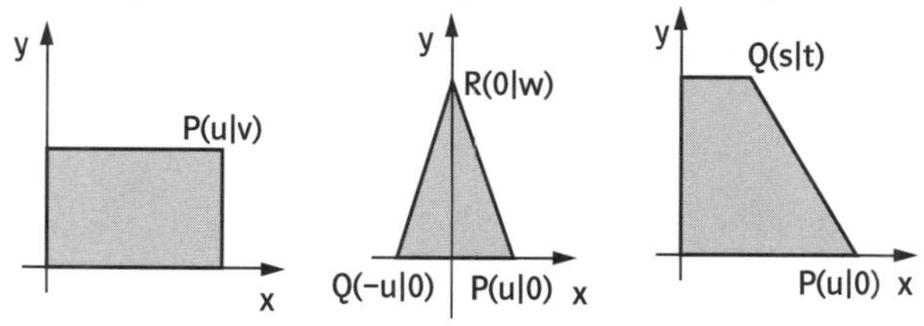

Lösungen

Beispiel	*Rotation*	
	um x-Achse	*um y-Achse*
1	*Zylinder mit dem Radius v und der Höhe u*	*Zylinder mit dem Radius u und der Höhe v*
2	*Doppelkegel mit dem Grundkreisradius w und der Kegelhöhe u*	*Kegel mit dem Grundkreisradius u und der Höhe w.*
3	*Zylinder mit aufgesetztem Kegel mit dem Grundkreisradius t, der Zylinderhöhe s und der Kegelhöhe u – s.*	*Kegelstumpf mit den Grundkreisradien u und s und der Höhe t.*

5 (4 VP)
Der Mittelpunkt des eingezeichneten Kreises heiße M.

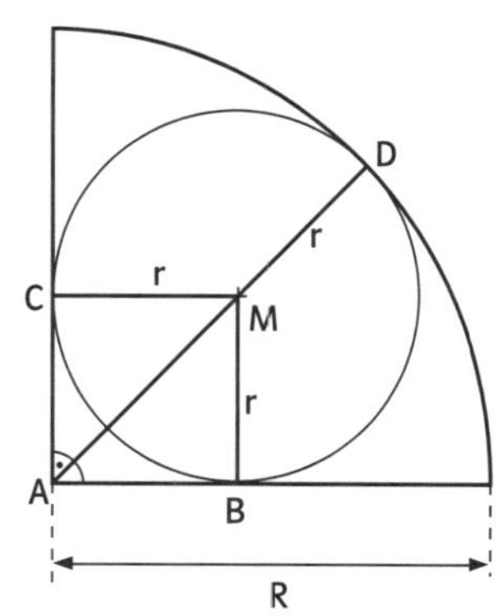

Das Viereck ABMC ist ein Quadrat mit der Seitenlänge r. Die Quadratdiagonale AM hat die Länge $\overline{AM} = r \cdot \sqrt{2}$.
Die Strecke AD ist der Radius des Viertelkreises.
Daher gilt: $\overline{AD} = R$
Andererseits: $\overline{AD} = \overline{AM} + \overline{MD}$

$\overline{AD} = r\sqrt{2} + r$

Daraus folgt durch Gleichsetzen und Umformen:

$R = r\sqrt{2} + r$

$R = r \cdot (\sqrt{2} + 1) \quad | :(\sqrt{2} + 1)$

$\frac{R}{\sqrt{2}+1} = r$

$r = \frac{R \cdot (\sqrt{2} - 1)}{(\sqrt{2} + 1) \cdot (\sqrt{2} - 1)} \quad$ | Rationalmachen des Nenners

$r = \frac{R \cdot (\sqrt{2} - 1)}{(\sqrt{2})^2 - 1^2} \quad$ | 3. binomische Formel

$r = R \cdot (\sqrt{2} - 1)$

Die Behauptung von Max Schlaumaier ist wahr.

Klassenarbeit 3.4

1 (2 + 2 VP)

a) Die Lampe hängt in der Seilmitte. Daher gilt $\overline{AM} = 4{,}00\,m$, $\overline{AB} = 4{,}50\,m$.

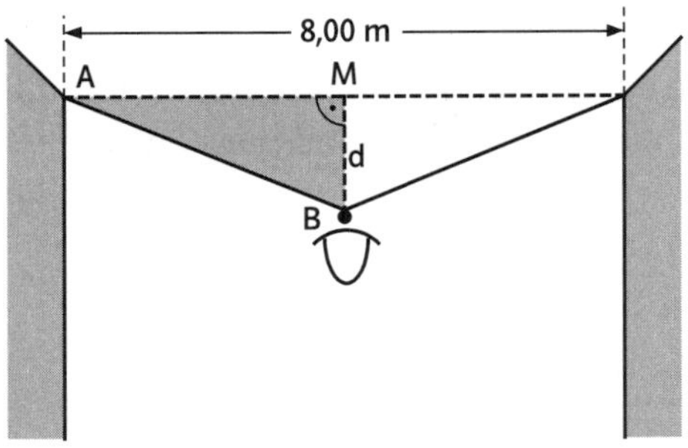

Im rechtwinkligen Dreieck ABM gilt nach dem Satz von Pythagoras:

$\overline{AB}^2 = \overline{BM}^2 + \overline{AM}^2$

$\overline{AB}^2 = d^2 + \overline{AM}^2$

$d^2 = \overline{AB}^2 - \overline{AM}^2$

$d = \sqrt{\overline{AB}^2 - \overline{AM}^2}$

$d = \sqrt{(4{,}50\,m)^2 - (4{,}00\,m)^2}$

$d \approx 2{,}06\,m$

Der Durchhang beträgt etwa 2,06 m.

b) Nun gilt: $d_{max} = 0{,}50\,m$

$\overline{AB}^2 = \overline{BM}^2 + \overline{AM}^2$

$\overline{AB} = \sqrt{d_{max}^2 + \overline{AM}^2}$

$\overline{AB} = \sqrt{(0{,}50\,m)^2 + (4{,}00\,m)^2}$

$\overline{AB} \approx 4{,}03\,m.$

In diesem Fall darf das Seil höchstens 8,06 m lang sein.

2 (3 + 2 VP)

a) Materialverlust

Die Kantenlänge a des Granitwürfels muss mindestens so groß sein wie der Durchmesser der Kugel.

Volumen V_1 des Granitwürfels

$V_1 = a^3$

$V_1 = (2\,m)^3$

$V_1 = 8\,m^3$

Volumen V_2 der Kugel

$V_2 = \frac{4}{3}\pi r^3$

$V_2 = \frac{4}{3}\pi \cdot (1\,m)^3$

$V_2 = \frac{4}{3}\pi\,m^3$

Materialverlust

$V = V_1 - V_2$

$V = 8\,m^3 - \frac{4}{3}\pi\,m^3$

$V = \left(8 - \frac{4}{3}\pi\right)m^3$

Prozentualer Verlust

$$p = \frac{V}{V_1}$$

$$p = \frac{8\,m^3 - \frac{4}{3}\pi m^3}{8\,m^3}$$

$$p = 0{,}476\ldots$$

Vom Granitwürfel mussten mindestens etwa 47,6 % weggeschlagen werden.

b) Auswahl der Formel

Die nicht von Wasser bedeckte Fläche ist die Mantelfläche eines Kugelabschnitts (Kugelsegments), eine Kugelkappe. Für den Inhalt dieser Fläche gilt gemäß Formelsammlung:

$M = 2\pi r h$

Die Höhe h der Kugelkappe ist nach Aufgabenstellung 0,5 m.

Anteil der Mantelfläche an der Kugeloberfläche

$$p = \frac{M}{O}$$

$$p = \frac{2\pi r h}{4\pi r^2}$$

$$p = \frac{h}{2r}$$

$$p = \frac{0{,}5\,m}{2{,}0\,m}$$

$$p = 0{,}25$$

Die nicht von Wasser bedeckte Fläche macht 25 % der Kugeloberfläche aus. Folglich sind 75 % der Kugeloberfläche ständig mit Wasser bedeckt.

Bemerkung

Die Auswahl der richtigen Formel kann manchmal ein Problem sein. Allerdings erkennst du sofort, dass zwei der sechs angegebenen Formeln nicht geeignet sind, da sie zur Berechnung von Volumina verwendet werden. Du willst aber einen Teil der Kugeloberfläche berechnen.

Eine erste Auswahl muss klären, ob ein Kugelausschnitt oder ein Kugelabschnitt gemeint ist. Erinnere dich an die analogen Beziehungen beim Kreis:

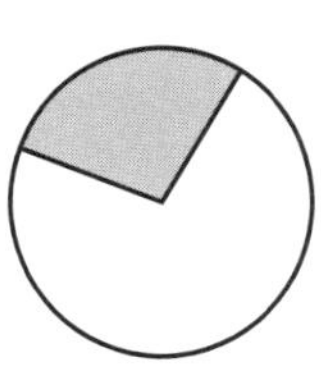

Kreisausschnitt

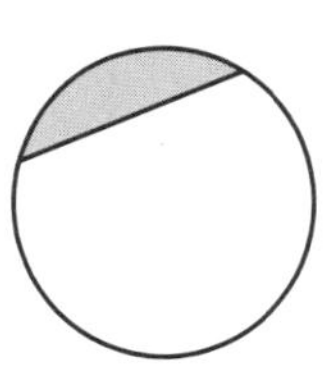

Kreisabschnitt

Damit ist der Kugelabschnitt die richtige Wahl. Jetzt stehen nur noch zwei Formeln zur Wahl:

$M = 2\pi r h$

$O = \pi r(4r - h)$

Stelle dir den Kugelabschnitt wirklich abgeschnitten vor. Seine Oberfläche besteht aus dem gewölbtem Teil der Kugeloberfläche und aus der Fläche des Schnittkreises. Die Schnittkreisfläche spielt bei der Brunnenkugel sicher keine Rolle. Somit ist $M = 2\pi r h$ die hier einzige mögliche Formel.

Du kannst zur Kontrolle $h = r$ wählen. Dann bildet die Kugelkappe eine Halbkugel, deren Oberfläche bekanntlich mit $2\pi r^2$ berechnet wird. Die gewählte Formel liefert ebenfalls diesen Wert.

Eine solche Kontrolle bestärkt das Zutrauen in die Auswahl.

3 (3 + 3 VP)

Länge des Tangentenabschnitts PB_1

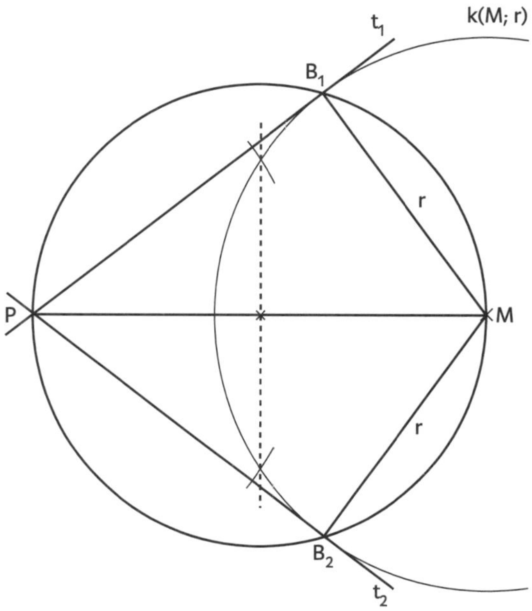

Nach Konstruktion mit dem Satz von Thales ist das Dreieck PMB_1 rechtwinklig. Mit dem Satz von Pythagoras folgt daraus:

$$\overline{PM}^2 = \overline{MB_1}^2 + \overline{PB_1}^2$$

$$\overline{PB_1}^2 = \overline{PM}^2 - \overline{MB_1}^2$$

$$\overline{PB_1} = \sqrt{\overline{PM}^2 - \overline{MB_1}^2}$$

$$\overline{PB_1} = \sqrt{(10{,}0\,cm)^2 - (6{,}0\,cm)^2}$$

$$\overline{PB_1} = 8{,}0\,cm$$

Da aus Symmetriegründen beide Tangentenabschnitte gleichlang sind, gilt auch $\overline{PB_2} = 8{,}0\,cm$.

b) Abstand der Berührpunkte

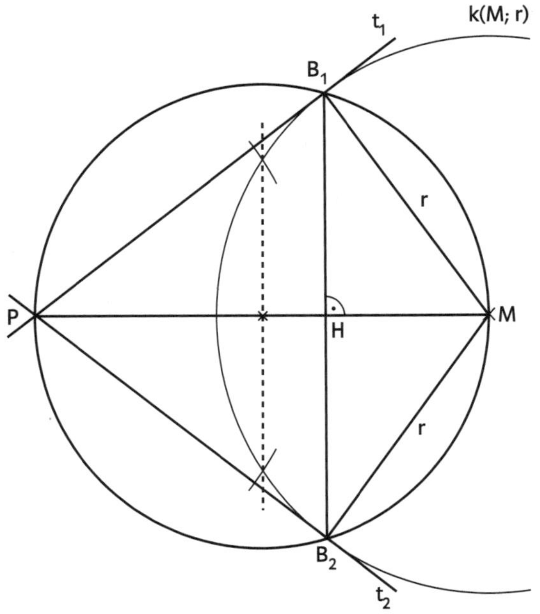

Da die Gerade (PM) Symmetrieachse der gesamten Figur ist, ist die Gerade (B_1B_2) orthogonal zu (PM). Der Schnittpunkt H der Geraden (B_1B_2) mit (PM) ist der Mittelpunkt der Strecke B_1B_2. B_1H kann daher als Höhe im rechtwinkligen Dreieck PMB_1 aufgefasst werden. Daher gilt für den Flächeninhalt A dieses Dreiecks einerseits $A = \frac{1}{2} \cdot \overline{PM} \cdot \overline{B_1H}$, andererseits $A = \frac{1}{2} \cdot \overline{PB_1} \cdot \overline{B_1M}$.

Daher: $\overline{PM} \cdot \overline{B_1H} = \overline{PB_1} \cdot \overline{B_1M}$

$$\overline{B_1H} = \frac{\overline{PB_1} \cdot \overline{B_1M}}{\overline{PM}}$$

$$\overline{B_1H} = \frac{8{,}0\,\text{cm} \cdot 6{,}0\,\text{cm}}{10{,}0\,\text{cm}}$$

$$\overline{B_1H} = 4{,}8\,\text{cm}$$

Die Strecke B_1B_2 ist doppelt so lang, hat also die Länge 9,6 cm.

Alternative
Der Kathetensatz im Dreieck PMB_1 ergibt
$\overline{MB_1}^2 = \overline{MH} \cdot \overline{PM}$, *woraus* $\overline{MH} = \frac{\overline{MB_1}^2}{\overline{PM}}$ *folgt.*
Mit dem Satz von Pythagoras im Dreieck MB_1H folgt:

$$\overline{B_1H}^2 = \overline{MB_1}^2 - \overline{MH}^2$$

$$\overline{B_1H}^2 = \overline{MB_1}^2 - \frac{\overline{MB_1}^4}{\overline{PM}^2}$$

$$\overline{B_1H} = \frac{\overline{MB_1}}{\overline{PM}} \cdot \sqrt{\overline{PM}^2 - \overline{MB_1}^2}$$

4 (5 + 4 VP)
a) Abhängigkeit der Füllhöhe von der Füllzeit
Bei jedem geraden Kreiszylinder ist das Volumen bei gegebener Grundfläche G proportional zur Höhe h: $V = G \cdot h$
Das Volumen nimmt in jeder Sekunde um $100\,\text{cm}^3$ zu. Daher ist das Volumen auch proportional zur Füllzeit t:

$$V = 100\,\frac{\text{cm}^3}{\text{min}} \cdot t$$

Folglich gilt:

$$G \cdot h = 100\,\frac{\text{cm}^3}{\text{min}} \cdot t$$

$$(*) \quad \pi \cdot r^2 \cdot h = \left(100\,\frac{\text{cm}^3}{\text{min}} \cdot t\right)$$

$$h = \left(100\,\frac{\text{cm}^3}{\text{min}} \cdot t\right) : (\pi \cdot r^2)$$

Die Füllhöhe bei einem Zylinder ist daher auch proportional zur Füllzeit.

Füllzeit für den unteren Zylinder
Mit $h = 10\,\text{cm}$ und $r = 7{,}5\,\text{cm}$ folgt aus (*):

$$\pi \cdot (7{,}5\,\text{cm})^2 \cdot 10\,\text{cm} = 100\,\frac{\text{cm}^3}{\text{min}} \cdot t$$

$$t = (\pi \cdot 7{,}5^2 \cdot 10\,\text{cm}^3) : \left(100\,\frac{\text{cm}^3}{\text{min}}\right)$$

$$t = 17{,}671\ldots\,\text{min}$$

Nach etwa 17,7 min ist der untere Zylinder voll und es beginnt die Füllung des oberen Zylinders.

Füllzeit für den oberen Zylinder
Mit $h = 20\,\text{cm}$ und $r = 2{,}5\,\text{cm}$ folgt aus (*):

$$\pi \cdot (2{,}5\,\text{cm})^2 \cdot 20\,\text{cm} = 100\,\frac{\text{cm}^3}{\text{min}} \cdot t$$

$$t = (\pi \cdot 2{,}5^2 \cdot 20\,\text{cm}^3) : \left(100\,\frac{\text{cm}^3}{\text{min}}\right)$$

$$t = 3{,}92\ldots\,\text{min}$$

Nach weiteren 3,9 min ist auch der obere Zylinder gefüllt.

Zeit für 80 % Füllhöhe
Ablesung am Diagramm ergibt: Der Behälter ist nach etwa 20,5 min zu 80 % der Höhe, das sind 24 cm, gefüllt.

Diagramm

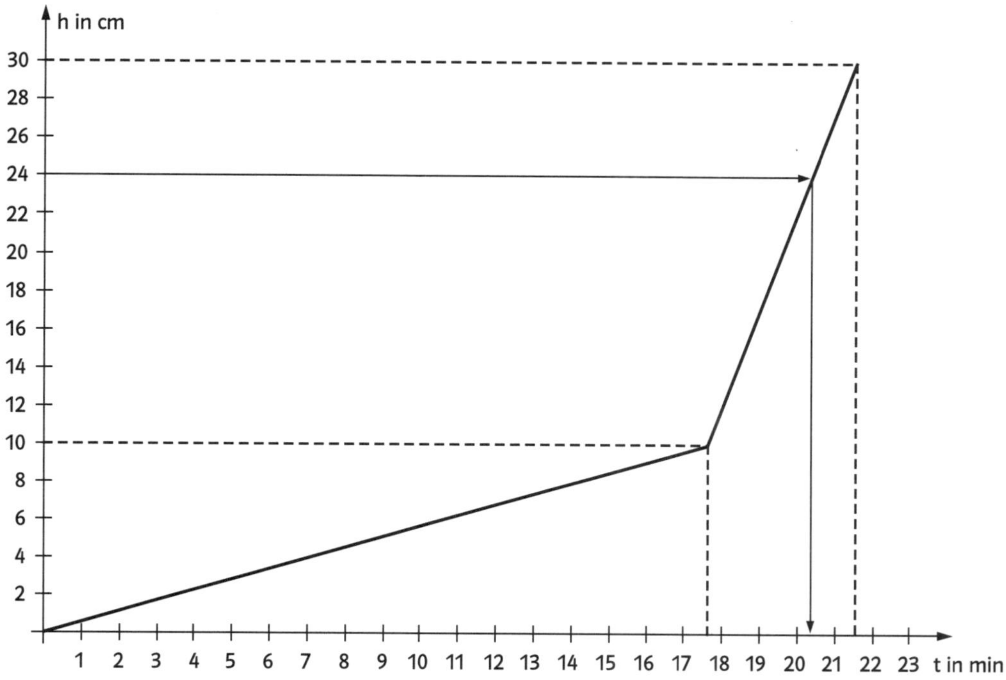

b) Behälter A
Der erste Teil der Kurve ist Graph einer linearen Funktion. Die Füllhöhe ist daher proportional zur Füllzeit. Der untere Teil des Behälters ist wohl ein Prisma (Quader, Zylinder, dreiseitiges Prisma, …) Der zweite Teil ist ebenfalls Graph einer linearen Funktion. Die Geradensteigung ist kleiner als im ersten Teil. D.h.: In gleichen Zeitabschnitten nimmt die Füllhöhe weniger stark zu. Der obere Teil des Behälters ist erneut ein Prisma, aber mit größerem Querschnitt.

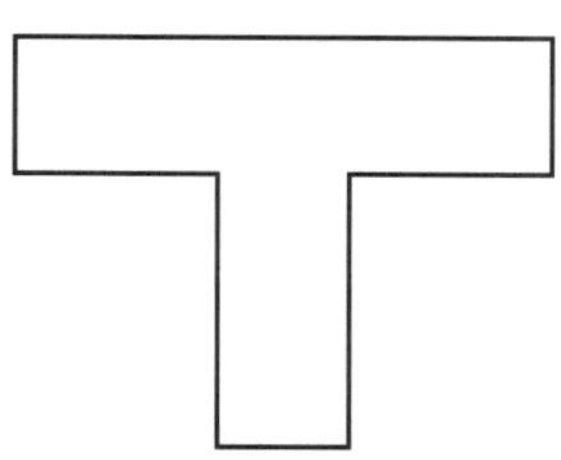

Behälter B
In gleichen Zeitabschnitten nimmt die Füllhöhe immer stärker zu. Der Behälter muss also nach oben hin auf jeden Fall immer enger werden.

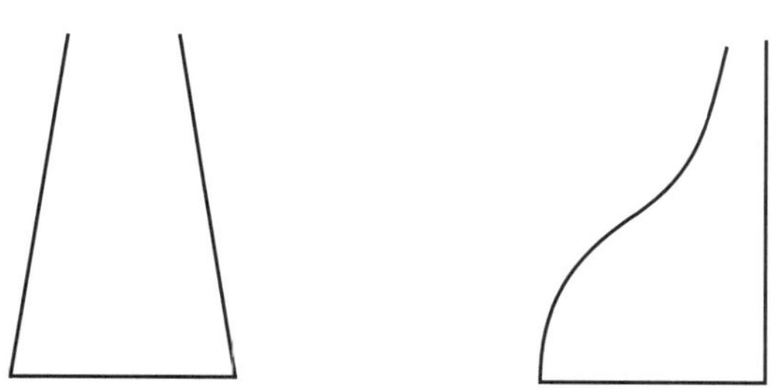

Bemerkungen
Behälter A
Allgemein gilt: Der untere bzw. obere Teil des Behälters ist ein Körper, der auf jeder Höhe eine Querschnittsfläche vom gleichen Inhalt hat. Wenn man erkennt, dass die Steigung der Geraden für den oberen Behälter nur noch ein Viertel der Steigung für den unteren Behälter beträgt, dann weiß man sogar, dass die Querschnittsfläche oben viermal so groß wie unten sein muss.
Beispiele für Behälterformen

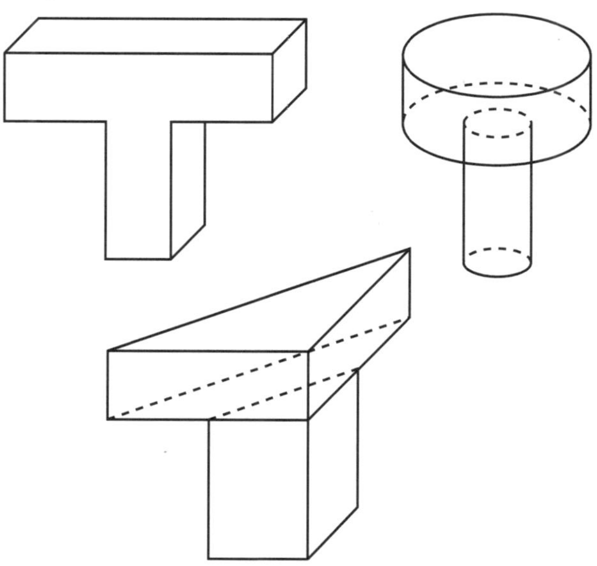

Behälter B
Genaueres über die Form des Querschnitts lässt sich mit den uns bisher bekannten Hilfsmitteln und in Unkenntnis der Kurvengleichung nicht sagen.

Pinboard – Potenzen

Potenzen

Potenzen mit ganzzahligen Exponenten	
Definition	**Beispiele**
Für jedes $a \in \mathbb{R}^*$ soll gelten: 1. $a^n = \underbrace{a \cdot a \cdot a \cdot \ldots \cdot a}_{n \text{ Faktoren}}$, falls $n \in \mathbb{N}$, $n > 1$ 2. $a^0 = 1$, $a^1 = a$ 3. $a^{-n} = \frac{1}{a^n}$ a^n heißt Potenz, a heißt Basis (Grundzahl), n heißt Exponent (Hochzahl).	1. $7^3 = 7 \cdot 7 \cdot 7$ $(-2)^4 = (-2) \cdot (-2) \cdot (-2) \cdot (-2)$ $\left(\frac{2}{3}\right)^5 = \frac{2}{3} \cdot \frac{2}{3} \cdot \frac{2}{3} \cdot \frac{2}{3} \cdot \frac{2}{3}$ 2. $3^0 = 1$, $(-5)^0 = 1$, $\left(\frac{1}{2}\right)^0 = 1$ 3. $5^{-3} = \frac{1}{5^3}$, $\left(\frac{1}{4}\right)^{-2} = \frac{1}{\left(\frac{1}{4}\right)^2}$, $(-7)^{-2} = \frac{1}{(-7)^2}$

Potenzen mit rationalen Exponenten	
Definition	**Beispiele**
Für jedes $a \in \mathbb{R}^+$, $p \in \mathbb{Z}$, $q \in \mathbb{N}$, $q \neq 0$, $q \neq 1$, soll gelten: $a^{\frac{p}{q}} = \sqrt[q]{a^p} = (\sqrt[q]{a})^p$	$5^{\frac{3}{4}} = (5^3)^{\frac{1}{4}} = \sqrt[4]{5^3} = (\sqrt[4]{5})^3$ $2^{-\frac{4}{5}} = \frac{1}{2^{\frac{4}{5}}} = \frac{1}{\sqrt[5]{2^4}}$

Rechengesetze	Beispiele
1. Potenzen mit gleicher Basis werden multipliziert, indem man die Exponenten addiert und die Basis beibehält. $a^p \cdot a^q = a^{p+q}$	1. $2^5 \cdot 2^7 = 2^{5+7} = 2^{12}$ $\left(\frac{3}{4}\right)^{-2} \cdot \left(\frac{3}{4}\right)^4 = \left(\frac{3}{4}\right)^{-2+4} = \left(\frac{3}{4}\right)^2$ $(-5)^{-1} \cdot (-5)^{-3} = (-5)^{-1+(-3)} = (-5)^{-4}$
2. Potenzen mit gleicher Basis werden dividiert, indem man die Exponenten subtrahiert und die Basis beibehält. $a^p : a^q = a^{p-q}$	2. $5^3 : 5^2 = 5^{3-2} = 5^1 = 5$ $\left(\frac{1}{2}\right)^{-3} : \left(\frac{1}{2}\right)^{-4} = \left(\frac{1}{2}\right)^{-3-(-4)} = \left(\frac{1}{2}\right)^1 = \frac{1}{2}$ $(-7)^{-4} : (-7)^2 = (-7)^{-4-2} = (-7)^{-6}$
3. Potenzen mit gleichen Exponenten werden multipliziert, indem man die Basen multipliziert und den Exponenten beibehält. $a^p \cdot b^p = (a \cdot b)^p$	3. $2^3 \cdot 5^3 = (2 \cdot 5)^3 = 10^3$ $\left(\frac{1}{3}\right)^4 \cdot 6^4 = \left(\frac{1}{3} \cdot 6\right)^4 = 2^4$ $(-4)^3 \cdot 2^3 = (-4 \cdot 2)^3 = (-8)^3$
4. Potenzen mit gleichen Exponenten werden dividiert, indem man die Basen dividiert und den Exponenten beibehält. $a^p : b^p = (a : b)^p$	4. $2^{\frac{1}{3}} : 3^{\frac{1}{3}} = (2:3)^{\frac{1}{3}} = \left(\frac{2}{3}\right)^{\frac{1}{3}}$ $(-5)^4 : 5^4 = (-5:5)^4 = (-1)^4 = 1$ $\left(\frac{2}{5}\right)^3 : \left(\frac{5}{4}\right)^3 = \left(\frac{2}{5} \cdot \frac{4}{5}\right)^3 = \left(\frac{8}{25}\right)^3$
5. Potenzen werden potenziert, indem man die Exponenten multipliziert und die Basis beibehält. $(a^p)^q = a^{p \cdot q}$ Die Rechengesetze sind unmittelbare Folgerungen aus der Definition der Potenz. Es wird in jedem Fall angenommen, dass die Variablenbelegungen so gewählt werden, dass die auftretenden Terme definiert sind.	5. $(2^3)^4 = 2^{3 \cdot 4} = 2^{12}$ $((-3)^5)^2 = (-3)^{5 \cdot 2} = (-3)^{10} = 3^{10}$ $\left(5^{\frac{1}{3}}\right)^{\frac{3}{4}} = 5^{\frac{1}{3} \cdot \frac{3}{4}} = 5^{\frac{1}{4}}$

Potenzgleichungen

Definition	Beispiele
Jede Gleichung der Form $x^n = a$, $n \in \mathbb{N}$, $n > 1$, $a \in \mathbb{R}$, heißt Potenzgleichung.	$x^3 = 5$, $x^{10} = 1024$, $x^4 = \sqrt{2}$ **Gegenbeispiele** $x^{\frac{1}{2}} = 1$, $\frac{1}{x^2} = 4$, $\sqrt[3]{x} = 6$

Lösung der Potenzgleichung	
n ist gerade	**Beispiele**
Die Gleichung $x^n = a$ hat keine Lösung, falls $a < 0$, eine Lösung, falls $a = 0$, zwei Lösungen $-a^{\frac{1}{n}}$, $a^{\frac{1}{n}}$, falls $a > 0$.	$x^6 = -1$ hat keine Lösung $x^{10} = 0$ hat die Lösung $x_1 = 0$ $x^4 = 16$ hat die Lösungen $x_1 = -16^{\frac{1}{4}} = -\sqrt[4]{16} = -2$, $x_2 = 16^{\frac{1}{4}} = \sqrt[4]{16} = 2$
n ist ungerade	**Beispiele**
Die Gleichung $x^n = a$ hat die Lösung $-(-a)^{\frac{1}{n}}$, falls $a < 0$, die Lösung $a^{\frac{1}{n}}$, falls $a \geqq 0$.	$x^5 = -3$ hat die Lösung $x_1 = -(-(-3))^{\frac{1}{5}} = -\sqrt[5]{3}$ $x^3 = 64$ hat die Lösung $x_1 = 64^{\frac{1}{3}} = \sqrt[3]{64} = 4$

Achtung!
Vermeidbare Fehlerquelle!

Eine Summe von Potenzen kann nur zu einer einzigen Potenz zusammengefasst werden, wenn die Potenzen, also die Basen und die Exponenten, übereinstimmen. In diesem Fall kann man das Distributivgesetz anwenden.

Beispiele

1. $4 \cdot 3^5 + 2 \cdot 3^5 = (4 + 2) \cdot 3^5 = 6 \cdot 3^5$
   $= 2 \cdot 3 \cdot 3^5 = 2 \cdot 3^6$
2. $5 \cdot 2^7 + 3 \cdot 2^7 = (5 + 3) \cdot 2^7 = 8 \cdot 2^7 = 2^3 \cdot 2^7 = 2^{10}$
3. $6^{-3} - 2 \cdot 6^{-3} = (1 - 2) \cdot 6^{-3} = -1 \cdot 6^{-3} = -6^{-3}$
4. $\left(\frac{1}{4}\right)^3 - \left(\frac{1}{8}\right)^4 = \left(\left(\frac{1}{2}\right)^2\right)^3 - \left(\left(\frac{1}{2}\right)^3\right)^4 = \left(\frac{1}{2}\right)^6 - \left(\frac{1}{2}\right)^{12}$
5. $1{,}5 \cdot 5^3 - 2{,}5 \cdot 7^3 + 3{,}5 \cdot 5^3 + 0{,}5 \cdot 7^3$
   $= 1{,}5 \cdot 5^3 + 3{,}5 \cdot 5^3 - 2{,}5 \cdot 7^3 + 0{,}5 \cdot 7^3$
   $= (1{,}5 + 3{,}5) \cdot 5^3 + (-2{,}5 + 0{,}5) \cdot 7^3$
   $= 5 \cdot 5^3 - 2 \cdot 7^3$
   $= 5^4 - 2 \cdot 7^3$

Die Chip-Pagode

Im Jahr 1965 hat der Intel-Mitgründer Gordon Moore folgende Gesetzmäßigkeit formuliert: In jeweils zwei Jahren verdoppelt sich die Anzahl der Transistoren auf einem Chip bzw. halbiert sich die benötigte Chipfläche bei gleicher Leistung. Diese kühne Vorhersage Moores hat sich bis heute näherungsweise bestätigt. Das Heinz-Nixdorf-MuseumsForum Paderborn (www.hnf.de) hat das Moore'sche Gesetz in wunderbarer Weise visualisiert. Die Chip-Pagode beginnt für das Jahr 1965 mit einer quadratischen Grundfläche der Seitenlänge 270 cm und endet für das Jahr 2005 mit einer quadratischen Fläche der Seitenlänge 3,5 Millimeter.
Stelle dir dazu Fragen und beantworte sie!

Exponentialgleichungen

Definition	Beispiele
Jede Gleichung der Form $a^x = b$, $x \in \mathbb{R}$, $a, b \in \mathbb{R}^+$, heißt Exponentialgleichung.	$5^x = 1$, $3^x = 10$, $2^x = \sqrt{2}$
	Gegenbeispiele
	$x^2 = 1$, $8^x = -4$, $(-2)^x = 6$

Lösung der Exponentialgleichung $a^x = b$

1. Fall: b kann als Potenz von a geschrieben werden	Beispiele
Wenn sich b als Potenz von a schreiben lässt, etwa $b = a^y$, dann müssen die Exponenten x und y gleich groß sein. Damit ist x bekannt. Falls b eine Bruchzahl ist, empfiehlt es sich, zuerst die rechte Seite der Gleichung mit negativer Hochzahl zu schreiben.	$3^x = 27$; $3^x = 3^3$; $x = 3$ — $5^x = \frac{1}{25}$; $5^x = 25^{-1}$; $5^x = (5^2)^{-1}$; $5^x = 5^{-2}$; $x = -2$
Falls a eine Bruchzahl ist, gelingt die Lösung oft schneller, wenn man anstelle von a^x den gleichwertigen Term $\left(\frac{1}{a}\right)^{-x}$ wählt.	$\left(\frac{1}{2}\right)^x = 8$; $(2)^{-x} = 2^3$; $x = -3$

2. Fall: b kann nicht als Potenz von a geschrieben werden	Beispiele
Wenn sich b nicht als Potenz von a schreiben lässt, dann lässt sich die Exponentialgleichung nur näherungsweise mithilfe einer Wertetabelle lösen. Man sucht mit dem Taschenrechner zunächst zwei aufeinanderfolgende natürliche Zahlen u und u + 1, so dass die Ungleichung $a^u < b < a^{u+1}$ erfüllt ist. Dann weiß man, dass x zwischen u und u + 1 liegt.	$2^x = 56$
Will man x auf eine Nachkommastelle genau berechnen, so sucht man zwischen u und u + 1 Zahlen u_1 und $u_1 + 0{,}1$ mit einer Nachkommastelle, so dass die Ungleichung $a^{u_1} < b < a^{u_1+0{,}1}$ erfüllt ist. Dann weiß man, dass x zwischen u_1 und $u_1 + 0{,}1$ liegt.	
Entsprechend fährt man fort, wenn x auf zwei, drei oder mehr Nachkommastellen bestimmt werden soll.	
Auf diese Weise lässt sich (wenigstens prinzipiell) der Exponent x beliebig genau bestimmen.	

Wertetabelle

x	4	5	6
2^x	16	32	64

Daher gilt: $2^5 < 56 < 2^6$
Folglich: $5 < x < 6$

Wertetabelle

x	5,7	5,8	5,9
2^x	51,98	55,72	59,71

Daher gilt: $2^{5,8} < 56 < 2^{5,9}$
Folglich: $5{,}8 < x < 5{,}9$

Wertetabelle

x	5,80	5,81
2^x	55,72	56,10

Daher gilt: $2^{5,80} < 56 < 2^{5,81}$
Folglich: $5{,}80 < x < 5{,}81$

Srinivasa Ramanujan (1887 – 1929)

Der große englische Zahlentheoretiker G. H. Hardy besuchte eines Tages seinen kranken Freund S. Ramanujan, einen genialen indischen Mathematiker, im Krankenhaus. Hardy erzählte, dass er mit einem Taxi mit der Nummer 1729 gefahren war und meinte: „1729 ist eine sehr langweilige Zahl, oder?" „Ganz im Gegenteil, Hardy, dies ist eine sehr ungewöhnliche Zahl", entgegnete Ramanujan sofort, „es ist nämlich die kleinste natürliche Zahl, die sich auf zwei verschiedene Arten als Summe von zwei Kubikzahlen schreiben lässt!"

Tatsächlich gilt:
$1729 = 1^3 + 12^3 = 9^3 + 10^3$

Vermutlich hätte Ramanujan – trotz seiner unglaublichen Genialität und einem schier unfassbaren Geschick im Umgang mit Zahlen und Gespür für Zusammenhänge zwischen Zahlen – mit der Taxinummer 635 818 657 etwas mehr Probleme gehabt. Diese Zahl ist nämlich die kleinste, die sich auf zwei verschiedene Arten als Summe von zwei vierten Potenzen schreiben lässt:
$635\,318\,657 = 59^4 + 158^4 = 133^4 + 134^4$.

Sieben seltsame Gleichungen, aber nicht acht!

$1^n + 13^n + 28^n + 70^n + 82^n + 124^n + 139^n + 151^n = 4^n + 7^n + 34^n + 61^n + 91^n + 118^n + 145^n + 148^n$

Gleichgültig, ob man für n die Zahl 1, 2, 3, 4, 5, 6 oder 7 einsetzt: die Gleichung ist korrekt! Aber ab n = 8 ist das Gleichheitszeichen nicht mehr berechtigt.

Bist du sicher?

1 a) $3^{-4} \cdot 3^5 \cdot 3$ b) $(-5)^3 \cdot \left(\frac{1}{5}\right)^4$ c) $-6^5 : 2^5$
d) $2^{-4} : (-2^4)$ e) $0{,}01^2 \cdot 0{,}01^{-2}$ f) $(7^{-2})^3 \cdot (7^3)^{-1}$

2 a) $8^4 \cdot 2^2$ b) $9^2 \cdot 3^{-1}$ c) $25^{-3} \cdot 125$
d) $18^3 : 3^6$ e) $\left(\frac{2}{3}\right)^4 : \left(\frac{3}{2}\right)^{-2}$ f) $\left(\frac{3}{4}\right)^{-2} : \left(\frac{5}{3}\right)^2$

3 Ordne die Zahlen der Größe nach.
10^{10}, $(10^3)^4$, $(10^{-2})^5$, $10^{(3^3)}$, $\left(\frac{1}{10}\right)^{-8}$, $10^{(-2^3)}$

4 Bestimme die Lösungen der Gleichung.
a) $x^4 = 16$ b) $x^3 = -1000$ c) $2x^3 = 54$
d) $x^2 = 5$ e) $x^4 = 7$ f) $x^6 = -\frac{1}{64}$

5 Löse die Gleichungen. Runde gegebenenfalls auf zwei Dezimalstellen.
a) $3^x = \frac{1}{9}$ b) $5^x = 1$ c) $7^x = 2$
d) $10^x = 3$ e) $2 \cdot 5^{-x} = 0{,}4$ f) $3^{2-x} = 9\sqrt{3}$
g) $2^x + 2^{x+1} = 24$

Lösungen

4 a) 2; −2 b) −10 c) 3 d) $\sqrt{5}; -\sqrt{5}$ e) $7^{\frac{1}{4}} \approx 1{,}63$; $-7^{\frac{1}{4}} \approx -1{,}63$ f) keine Lösung **5** a) −2 b) 0 c) 0,36 d) 0,48 e) 1 f) $-\frac{1}{2}$ g) 3
1 a) 3^2 b) $\frac{1}{5}$ c) -3^5 d) -2^{-8} e) 1 f) 7^{-9} **2** a) 2^{14} b) 3^3 c) 5^{-3} d) 2^3 e) $\left(\frac{2}{3}\right)^2$ f) $\left(\frac{4}{5}\right)^2$ **3** $(10^{-2})^5 < 10^{(-2^3)} < \left(\frac{1}{10}\right)^{-8} < 10^{10} < (10^3)^4 < 10^{(3^3)}$

Anfangszeit: ______________ + 45 Minuten → Abgabe: ______________

1 (1 + 1 + 1 + 1 VP)
Vereinfache die Terme ohne Taschenrechner.

a) $5{,}6 \cdot 10^5 - 2{,}7 \cdot 10^5$
b) $3{,}9 \cdot 10^6 + 2{,}1 \cdot 10^7$
c) $6{,}2 \cdot 10^{-3} + 9{,}4 \cdot 10^{-3}$
d) $0{,}8 \cdot 10^{-4} - 0{,}7 \cdot 10^{-3}$

2 (1 + 1 + 1 + 1 VP)
Verwende die Potenzsätze zur Vereinfachung der Terme.

a) $(3^6 \cdot 2^9) \cdot 36^{-3}$
b) $50 \cdot 5^{-4} - 4 \cdot 5^{-2}$
c) $(8 \cdot 3^{-5}) : (4 \cdot 3^2)$
d) $\left(-\frac{3}{5}\right)^2 \cdot \left(\frac{5}{3}\right)^{-2}$

3 (3 + 1 VP)
a) Die Sonne ist mit guter Näherung eine Kugel mit dem Radius $r = 7{,}0 \cdot 10^8\,\text{m}$. Ihre Masse beträgt $m = 2{,}0 \cdot 10^{30}\,\text{kg}$.
Berechne damit die mittlere Dichte der Sonne in $\frac{\text{g}}{\text{cm}^3}$.
(Für das Volumen einer Kugel mit dem Radius r gilt: $V = \frac{4}{3}\pi r^3$)
b) Die Erde hat $3 \cdot 10^{-6}$ mal so große Masse wie die Sonne.
Wie groß ist die Erdmasse?

4 (3 + 2 + 3 VP)
a) Andrea will 60 Urlaubsfotos im Format 13 cm × 9 cm ausdrucken.
Reicht dafür eine Patrone?
b) Wie dick ist die Farbschicht beim Ausdruck durchschnittlich?
c) Die Düsen des Druckkopfs versprühen Tropfen bis zu einem minimalen Volumen von 1 Picoliter. Die durchschnittliche Tropfengröße ist 10 Picoliter.
Wie viele Tropfen werden für eines der Urlaubsfotos wohl gebraucht?

HP 57 Tintenpatrone
Tintenvolumen 17 ml
Seitenleistung max. 400 DIN-A4-Seiten bei 5 % Flächendeckung (gleichmäßiger Verbrauch der drei Farben)
Preis 29,95 €

5 (4 VP)
Mirja kann sich einfach nicht merken, welche der beiden folgenden „Regeln" stimmt:
1. $a^n + a^m = a^{n \cdot m}$
2. $a^n \cdot a^m = a^{a+m}$

Erkläre Mirja eine Strategie zum Erkennen der falschen „Regel" und zum Einsehen der richtigen.

Lerntipps

zu Aufgabe 2
Zerlege auftretende Grundzahlen soweit wie möglich in Faktoren.
zu Aufgabe 3
Zehnerpotenzen solltest du nicht in den Taschenrechner eintippen. Eine Vereinfachung per Hand geht schneller.
zu Aufgabe 4
Die Größe einer DIN-A4-Seite kannst du durch Ausmessen bestimmen.
Die Vorsilbe pico bedeutet 10^{-12}.

Anfangszeit: ______________ + 45 Minuten → Abgabe: ______________

1 (1 + 1 + 1 + 1 VP)
Vereinfache die Terme ohne Taschenrechner.
a) $(2 \cdot 10^8) \cdot (4{,}5 \cdot 10^3)$
b) $(1{,}5 \cdot 10^4) : (2{,}5 \cdot 10^5)$
c) $(2{,}4 \cdot 10^{-6}) \cdot (3 \cdot 10^{-3})$
d) $(8{,}1 \cdot 10^{-3}) : (2{,}7 \cdot 10^{-4})$

2 (1 + 1 + 1 + 1 + 1 + 1 VP)
Löse die Gleichungen.
a) $5^x = 125$
b) $10^x = 0{,}0001$
c) $\left(\frac{3}{4}\right)^x = \frac{4}{3}$
d) $0{,}7^x = 1$
e) $2^x : 16 = 8$
f) $\left(\frac{2}{3}\right)^x \cdot 9 = \frac{8}{3}$

3 (2 + 2 VP)
Nikolaus rechnet noch sehr unsicher mit Potenzen.
Stelle fest, wo Fehler aufgetreten sind und erkläre, wie die Rechnung richtig ausgeführt werden muss.
a) $(2^3)^2 = 2^{3+2} = 2^5 = 10$
b) $3^4 : 3^{-4} = 3^{4-4} = 3^0 = 0$

4 (1 + 1 + 1 + 1 VP)
Die Abbildung zeigt den Graphen G_1 zu f_1 mit $f_1(x) = 5 \cdot \left(\frac{1}{2}\right)^x$ und G_2 zu f_2 mit $f_2(x) = \frac{1}{2} \cdot 3^x$.
Verwende die Abbildung zur näherungsweisen Lösung der folgenden Gleichungen.
a) $5 \cdot \left(\frac{1}{2}\right)^x = 3$
b) $\frac{1}{2} \cdot 3^x = 4$
c) $5 \cdot \left(\frac{1}{2}\right)^x = \frac{1}{2} \cdot 3^x$
d) $5 \cdot \left(\frac{1}{2}\right)^x = \frac{1}{2} \cdot x$

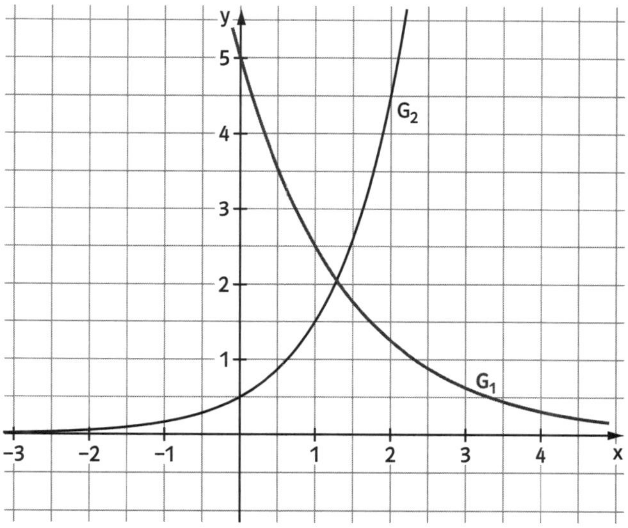

5 (2 + 2 + 2 VP)
Welche der folgenden Behauptungen sind wahr, welche falsch?
Begründe deine Antworten.
a) Wenn man den Exponenten im Term 5^x um 2 vergrößert, dann werden alle Termwerte viermal so groß.
b) Wenn man die Basis im Term 10^x halbiert, dann werden alle Termwerte halb so groß.
c) Wenn man den Exponenten im Term 7^x verdoppelt, dann werden alle Termwerte quadriert.

Lerntipps

zu Aufgabe 2
Schreibe die jeweils rechten Seiten der Gleichungen als Potenz mit der auf der linken Seite vorkommenden Basis.

zu Aufgabe 3
Prüfe bei jedem Rechenschritt nach, ob ein Potenzsatz oder ein anderes Rechengesetz korrekt angewendet wurde.

Klassenarbeit 4.3

Anfangszeit: ______________ + 45 Minuten → Abgabe: ______________

1 (2 + 2 + 2 + 2 + 2 + 1 VP)
Vereinfache die Terme ohne Taschenrechner unter Verwendung von Potenzsätzen.

a) $(-2)^3 - 3\cdot\left(\frac{1}{2}\right)^{-3}$

b) $3^{-4}:(9^{-3}\cdot 2)$

c) $\left(\frac{2}{5}\right)^5 - \left(-\frac{5}{2}\right)^{-5}$

d) $(-6^4\cdot 3^{-3}):2^5$

e) $\left(\frac{1}{2}\right)^2\cdot\left(\frac{2}{3}\right)^3\cdot\left(\frac{3}{4}\right)^4$

f) $[(5^{-1})^2 - (5^{-2})^1]^4$

2 (1 + 1 + 1 + 1 VP)
Löse die Gleichungen ohne Taschenrechner.

a) $x^4 = 81$

b) $x^3 = -\frac{8}{125}$

c) $2000\cdot x^4 = 3{,}2$

d) $(x^3)^{-2} = 64$

3 (1 + 1 + 1 VP)
Löse die Gleichungen exakt und gib dann Näherungswerte mithilfe des Taschenrechners an.

a) $x^3 = 12$

b) $x^4 = 25$

c) $x^5 = -100$

4 (4 VP)
Das Newton'sche Gravitationsgesetz ermöglicht die Berechnung der Kraft, mit der sich zwei Himmelskörper der Massen m_1 und m_2 anziehen, die den Abstand r haben.
Für den Betrag F dieser Kraft gilt:

$$F = 6{,}67\cdot 10^{-11}\frac{N\cdot m^2}{kg^2}\cdot\frac{m_1\cdot m_2}{r^2}$$

Die Masse der Erde beträgt $5{,}97\cdot 10^{24}$ kg. Die Sonne hat $3{,}33\cdot 10^5$-fache Masse der Erde. Der Abstand der Erde von der Sonne beträgt im Mittel $149{,}6\cdot 10^6$ km.
Bestimme F.

5 (1 + 1 VP)
a) Wie muss man x wählen, damit gilt: $10^x < 2^{59} < 10^{x+1}$
b) Für welche Werte von x gilt: $10^{22} < 2^x < 10^{23}$

Anfangszeit: ______________________ + 45 Minuten → Abgabe: ______________________

1 (2 + 2 + 3 VP)
Löse die Gleichungen.
a) $3^{x+1} - 54 = 3^x$ b) $5^{2x} - 5^x = 0$ c) $2^{2x} - 12 \cdot 2^x - 64 = 0$

2 (4 VP)
Jeder der vier Graphen K_1, K_2, K_3 und K_4 gehört zu einer Funktion mit der Gleichung $f(x) = a^x$, $x \in \mathbb{R}$, $a \in \mathbb{R}^+$.
Gib die entsprechenden Funktionen f_1, f_2, f_3 und f_4 an.

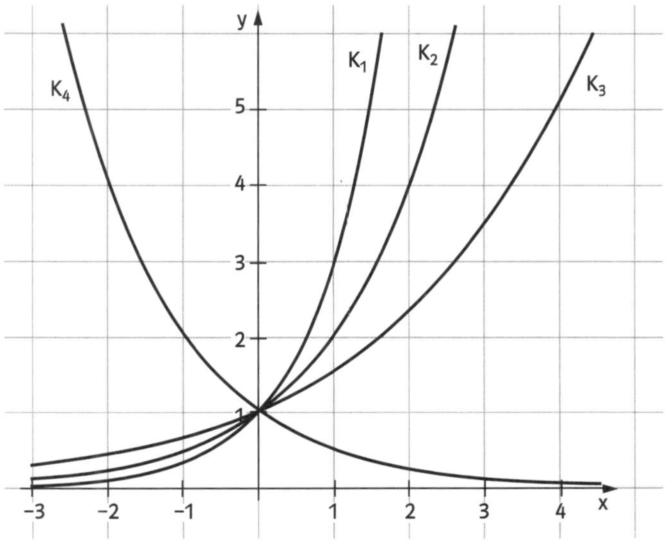

3 (1 + 1 + 2 VP)
Beschreibe in Worten die Ziffernfolge der angegebenen Zahlen von links nach rechts.
a) $2{,}5 \cdot 10^{19}$
b) $5{,}7 \cdot 10^{37} \cdot 3{,}9 \cdot 10^{94}$
c) $4 \cdot 10^{47} + 3 \cdot 10^{28}$

4 (4 VP)
Um die Masse von Elektronen mit der Elementarladung e zu bestimmen, beschleunigt man diese mit der Spannung U und lässt sie in einem Magnetfeld der Stärke B auf einer Kreisbahn laufen, deren Radius r gemessen wird. Die Theorie ergibt für die Masse m eines Elektrons:
$m = \frac{B^2 \cdot r^2}{2 \cdot U} \cdot e$
Berechne m, wenn die folgenden Daten gemessen wurden: $B = 13{,}9 \cdot 10^{-4}\,T$, $r = 4 \cdot 10^{-2}\,m$, $U = 270\,V$, $e = 1{,}6 \cdot 10^{-19}\,C$
(Mit den bei den Daten angegebenen Einheiten ergibt sich für die berechnete Masse m die Einheit 1 kg.)

5 (2 + 3 VP)
Im Technorama in Winterthur, dem Technikmuseum der Schweiz, ist die sogenannte „Ewigkeitsmaschine" des amerikanischen Künstlers Arthur Ganson zu besichtigen.
Ein Elektromotor treibt eine Welle mit 200 Umdrehungen je Minute an. Diese bewegt mit einer Untersetzung auf $\frac{1}{50}$ das erste Zahnrad. Die Drehung dieses Zahnrads wird wieder untersetzt auf $\frac{1}{50}$ und dreht ein zweites Zahnrad. Dieses Spiel wird noch zehnmal fortgesetzt bis zum zwölften Zahnrad, das in einem Granitblock festgeschraubt ist.
a) Zeige, dass das zweite Zahnrad für eine Umdrehung 12,5 min benötigt.
b) Der Künstler behauptet, dass das zwölfte Zahnrad mehr als zwei Billionen Jahre für eine Umdrehung brauchen würde (weswegen es problemlos in Granit festgeschraubt sein kann!)
Prüfe diese Behauptung nach.

Klassenarbeit 4.1

1 (1 + 1 + 1 + 1 VP)
Achte darauf, dass die Zehnerpotenzen gleiche Exponenten (Hochzahlen) haben. Dann kannst du das Distributivgesetz bei Summen bzw. Differenzen verwenden.

a) $5{,}6 \cdot 10^5 - 2{,}7 \cdot 10^5$
$= (5{,}6 - 2{,}7) \cdot 10^5$
$= 2{,}9 \cdot 10^5$

b) $3{,}9 \cdot 10^6 + 2{,}1 \cdot 10^7$
$= 3{,}9 \cdot 10^6 + 21 \cdot 10^6$
$= (3{,}9 + 21) \cdot 10^6$
$= 24{,}9 \cdot 10^6$
$= 2{,}49 \cdot 10^7$

c) $6{,}2 \cdot 10^{-3} + 9{,}4 \cdot 10^{-3}$
$= (6{,}2 + 9{,}4) \cdot 10^{-3}$
$= 15{,}6 \cdot 10^{-3}$
$= 1{,}56 \cdot 10^{-2}$

d) $0{,}8 \cdot 10^{-4} - 0{,}7 \cdot 10^{-3}$
$= 0{,}8 \cdot 10^{-4} - 7 \cdot 10^{-4}$
$= (0{,}8 - 7) \cdot 10^{-4}$
$= -6{,}2 \cdot 10^{-4}$

2 (1 + 1 + 1 + 1 VP)
Schreibe alle vorkommenden Zahlen als Potenzen mit möglichst kleinen Basen (Grundzahlen).

a) $(3^6 \cdot 2^9) \cdot 36^{-3}$
$= 3^6 \cdot 2^9 \cdot (6^2)^{-3}$
$= 3^6 \cdot 2^9 \cdot 6^{-6}$
$= 3^6 \cdot 2^9 \cdot (2 \cdot 3)^{-6}$
$= 3^6 \cdot 2^9 \cdot 2^{-6} \cdot 3^{-6}$
$= 2^{9+(-6)} \cdot 3^{6+(-6)}$
$= 2^3 \cdot 3^0$
$= 2^3$

b) $50 \cdot 5^{-4} - 4 \cdot 5^{-2}$
$= 2 \cdot 5^2 \cdot 5^{-4} - 4 \cdot 5^{-2}$
$= 2 \cdot 5^{2+(-4)} - 4 \cdot 5^{-2}$
$= 2 \cdot 5^{-2} - 4 \cdot 5^{-2}$
$= (2 - 4) \cdot 5^{-2}$
$= -2 \cdot 5^{-2}$

c) $(8 \cdot 3^{-5}) : (4 \cdot 3^2)$
$= (2^3 \cdot 3^{-5}) : (2^2 \cdot 3^2)$
$= 2^3 \cdot 3^{-5} \cdot 2^{-2} \cdot 3^{-2}$
$= 2^{3+(-2)} \cdot 3^{-5+(-2)}$
$= 2^1 \cdot 3^{-7}$

d) $\left(-\frac{3}{5}\right)^2 \cdot \left(\frac{5}{3}\right)^{-2}$
$= \left(+\frac{3}{5}\right)^2 \cdot \frac{5^{-2}}{3^{-2}}$
$= \frac{3^2 \cdot 5^{-2}}{5^2 \cdot 3^{-2}}$
$= 3^2 \cdot 5^{-2} \cdot 5^{-2} \cdot 3^{-(-2)}$
$= 3^{2+2} \cdot 5^{-2+(-2)}$
$= 3^4 \cdot 5^{-4}$

3 (3 + 1 VP)
Die Faktoren, die Zehnerpotenzen sind, lassen sich schnell per Hand vereinfachen. Den Taschenrechner solltest du nur für die „krummen" Zahlenwerte verwenden.

a) Mittlere Dichte der Sonne
Unter der Dichte ρ eines Körpers versteht man den Quotienten aus der Masse m und dem Volumen V:
$\varrho = \frac{m}{V}$
Folglich gilt für die kugelförmige Sonne:
$\varrho = \frac{m}{\frac{4}{3} \cdot \pi \cdot r^3}$
$\varrho = \frac{2{,}0 \cdot 10^{30}\,\text{kg}}{\frac{4}{3} \cdot \pi \cdot (7{,}0 \cdot 10^8\,\text{m})^3}$
$\varrho = \frac{2{,}0 \cdot 10^{30} \cdot 10^3\,\text{g}}{\frac{4}{3} \cdot \pi \cdot 7{,}0^3 \cdot (10^8)^3\,\text{m}^3}$
$\varrho = \frac{2{,}0 \cdot 10^{33}\,\text{g}}{\frac{4}{3} \cdot \pi \cdot 7{,}0^3 \cdot 10^{24} \cdot (100)^3\,\text{cm}^3}$
$\varrho = \frac{2{,}0 \cdot 10^{33}}{\frac{4}{3} \cdot \pi \cdot 7{,}0^3 \cdot 10^{24} \cdot 10^6}\,\frac{\text{g}}{\text{cm}^3}$
$\varrho = \frac{2{,}0}{\frac{4}{3} \cdot \pi \cdot 7{,}0^3} \cdot 10^{33-24-6}\,\frac{\text{g}}{\text{cm}^3}$
$\varrho \approx 1{,}4 \cdot 10^{-3} \cdot 10^3\,\frac{\text{g}}{\text{cm}^3}$
$\varrho \approx 1{,}4\,\frac{\text{g}}{\text{cm}^3}$
Die mittlere Dichte der Sonne beträgt etwa $1{,}4\,\frac{\text{g}}{\text{cm}^3}$.

b) Erdmasse
Für die Erdmasse m_E gilt:
$m_E = 3 \cdot 10^{-6} \cdot m$
$m_E = 3 \cdot 10^{-6} \cdot 2{,}0 \cdot 10^{30}\,\text{kg}$
$m_E = 6 \cdot 10^{24}\,\text{kg}$
Die Erdmasse beträgt etwa $6 \cdot 10^{24}$ kg.

4 (3 + 2 + 3 VP)
Die Länge und die Breite einer DIN-A4-Seite kannst du an deinem Heft ausmessen. Beachte, dass nur 5 % von 400 Seiten vollständig mit der Farbe bedruckt werden können.

a) Flächeninhalt einer DIN-A4-Seite
$A_1 = 29{,}7\,\text{cm} \cdot 21{,}0\,\text{cm}$
Flächeninhalt der bedruckbaren Fläche
$A_2 = \frac{5}{100} \cdot 400 \cdot A_1$
$A_2 = 12\,474\,\text{cm}^2$
Flächeninhalt der 60 Fotos
$A_3 = 60 \cdot 13\,\text{cm} \cdot 9\,\text{cm}$
$A_3 = 7020\,\text{cm}^2$

Da $A_2 > A_3$ gilt, reicht eine Patrone für den Ausdruck aus.

b) *Die Form der Farbschicht auf dem Papier kann als Quader aufgefasst werden.*
Dicke der Farbschicht
Nach Teilaufgabe a kann eine Fläche mit dem Inhalt A_2 bedruckt werden. Wenn d die durchschnittliche Dicke bezeichnet, dann gilt für das zum Ausdruck erforderliche Tintenvolumen: $V = A_2 \cdot d$

Folglich: $d = \frac{V}{A_2}$

$d = \frac{17\,\text{ml}}{12\,474\,\text{cm}^2}$

$d = \frac{17\,\text{cm}^3}{12\,474\,\text{cm}^2}$

$d \approx 1{,}36 \cdot 10^{-3}\,\text{cm}$

Die Farbschicht ist etwa $1{,}36 \cdot 10^{-3}$ cm dick.

c) Tintenvolumen für ein einziges Foto

$V = A \cdot d$

$V = 13\,\text{cm} \cdot 9\,\text{cm} \cdot 1{,}36 \cdot 10^{-3}\,\text{cm}$

$V \approx 0{,}159\,\text{cm}^3$

Tropfenanzahl für ein Foto
Diese Tropfenanzahl ergibt sich, indem man das Volumen der Tinte für ein Foto durch das Volumen eines Tintentröpfchens dividiert.

$n = \frac{V}{10\,\text{pl}}$

$n = \frac{0{,}159\,\text{cm}^3}{10 \cdot 10^{-12}\,\text{dm}^3}$

$n = \frac{0{,}159\,\text{cm}^3}{10^{-11} \cdot 1000\,\text{cm}^3}$

$n = \frac{0{,}159}{10^{-11} \cdot 10^3}$

$n = 0{,}159 \cdot 10^8$

$n \approx 1{,}6 \cdot 10^7$

Für ein Foto braucht man etwa 16 Millionen Tintentröpfchen.

5 (4 VP)
Erinnere dich: ein einziges Gegenbeispiel reicht aus, um eine Vermutung zu widerlegen. Noch so viele Beispiele reichen nicht aus, um eine Vermutung zu beweisen.
Strategie zum Erkennen einer falschen „Regel"
Wähle irgendwelche Zahlen für die vorkommenden Variablen und prüfe damit, ob die „Regel" gilt. Wenn die „Regel" für beliebig gewählte Zahlen nicht gilt, dann muss sie falsch sein!

1. „Regel"
Wähle z. B. $a = 2,\; n = 1,\; m = 2$.
Dann gilt einerseits:
$a^n + a^m = 2^1 + 2^2 = 2 + 4 = 6$
Andererseits:
$a^{n \cdot m} = 2^{1 \cdot 2} = 2^2 = 4$
Diese „Regel" muss also falsch sein.

2. „Regel"
Wähle z. B. $a = 2,\; n = 1,\; m = 2$.
Dann gilt einerseits:
$a^n \cdot a^m = 2^1 \cdot 2^2 = 2 \cdot 4 = 8 = 2^3$
Andererseits:
$a^{n+m} = 2^{1+2} = 2^3$
Diese „Regel" könnte stimmen! Aber Vorsicht: Ein einziges Beispiel reicht nicht zum Beweis einer Regel aus. Weitere Beispiele legen den Verdacht nahe, dass die „Regel" stimmt. Aber noch so viele Beispiele ersetzen keinen Beweis.

Strategie zum Einsehen einer richtigen Regel
Verwende deine Kenntnisse von Definitionen und Lehrsätzen, um einzusehen, warum die Regel stimmt.
a^n bedeutet: Schreibe den Faktor a n-mal nebeneinander,
a^m bedeutet: Schreibe den Faktor a m-mal nebeneinander.
$a^n \cdot a^m$ steht daher als Abkürzung für n + m Faktoren a. Dafür kann man kürzer a^{n+m} schreiben.

Klassenarbeit 4.2

1 (1 + 1 + 1 + 1 VP)

Fasse zuerst die Faktoren ohne Zehnerpotenzen zusammen. Verwende dann die Potenzsätze für das Multiplizieren bzw. Dividieren von Potenzen mit gleicher Basis (Grundzahl).

a) $(2 \cdot 10^8) \cdot (4{,}5 \cdot 10^3)$
$= 2 \cdot 4{,}5 \cdot 10^8 \cdot 10^3$
$= 9 \cdot 10^{8+3}$
$= 9 \cdot 10^{11}$

b) $(1{,}5 \cdot 10^4) : (2{,}5 \cdot 10^5)$
$= (1{,}5 : 2{,}5) \cdot (10^4 : 10^5)$
$= 0{,}6 \cdot 10^{4-5}$
$= 0{,}6 \cdot 10^{-1}$
$= 6 \cdot 10^{-2}$

c) $(2{,}4 \cdot 10^{-6}) \cdot (3 \cdot 10^{-3})$
$= (2{,}4 \cdot 3) \cdot (10^{-6} \cdot 10^{-3})$
$= 7{,}2 \cdot 10^{-6+(-3)}$
$= 7{,}2 \cdot 10^{-9}$

d) $(8{,}1 \cdot 10^{-3}) : (2{,}7 \cdot 10^{-4})$
$= (8{,}1 : 2{,}7) \cdot (10^{-3} : 10^{-4})$
$= 3 \cdot 10^{-3-(-4)}$
$= 3 \cdot 10^1$

2 (1 + 1 + 1 + 1 + 1 + 1 VP)

Schreibe die Terme rechts vom Gleichheitszeichen als Potenzen mit derselben Basis wie links vom Gleichheitszeichen. Der Vergleich der Exponenten ergibt dann sofort die Lösung.

a) $5^x = 125$
$5^x = 5^3$
$x = 3$

b) $10^x = 0{,}0001$
$10^x = 10^{-4}$
$x = -4$

c) $\left(\frac{3}{4}\right)^x = \frac{4}{3}$
$\left(\frac{3}{4}\right)^x = \left(\frac{3}{4}\right)^{-1}$
$x = -1$

d) $0{,}7^x = 1$
$x = 0$

e) $2^x : 16 = 8$
$2^x = 8 \cdot 16$
$2^x = 2^3 \cdot 2^4$
$2^x = 2^7$
$x = 7$

f) $\left(\frac{2}{3}\right)^x \cdot 9 = \frac{8}{3}$
$\left(\frac{2}{3}\right)^x = \frac{8}{3} : 9$
$\left(\frac{2}{3}\right)^x = \frac{8}{27}$
$\left(\frac{2}{3}\right)^x = \left(\frac{2}{3}\right)^3$
$x = 3$

3 (2 + 2 VP)

a) Erster Fehler: $(2^3)^2 = 2^{3 \cdot 2}$, nicht 2^{3+2}.
Der Potenzsatz sagt: Eine Potenz wird potenziert, indem man die Exponenten multipliziert.
Zweiter Fehler: $2^5 = 32$, nicht 10.
2^5 bedeutet $2 \cdot 2 \cdot 2 \cdot 2 \cdot 2$ und nicht $2 \cdot 5$.
Folglich: $(2^3)^2 = 2^6$

b) Erster Fehler: $3^4 : 3^{-4} = 3^4 \cdot 3^{+4}$, nicht 3^{4-4}.
Die Schreibweise 3^{-4} bedeutet $\frac{1}{3^4}$. Es ist also durch $\frac{1}{3^4}$ zu dividieren oder mit 3^4 zu multiplizieren.
Zweiter Fehler: $3^0 = 1$, nicht 0.
Für jede reelle Basis a, $a \neq 0$, gilt nach Definition: $a^0 = 1$.
Folglich: $3^4 : 3^{-4} = 3^4 \cdot 3^{+4} = 3^{4+4} = 3^8$

4 (1 + 1 + 1 + 1 VP)

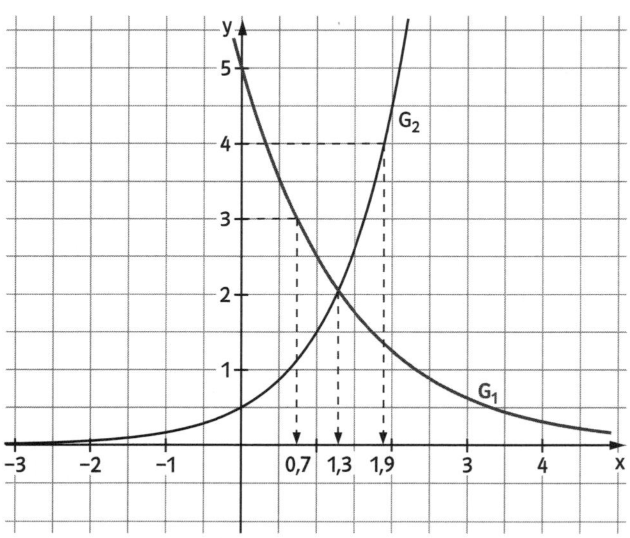

a) Die Parallele zur x-Achse durch den Punkt (0 | 3) schneidet den Graphen G_1. Die Parallele zur y-Achse durch diesen Schnittpunkt schneidet die x-Achse etwa im Punkt (0,7 | 0).
Die Lösung der Gleichung ist daher etwa 0,7.

b) Die Parallele zur x-Achse durch den Punkt (0 | 4) schneidet den Graphen G_2. Die Parallele zur y-Achse durch diesen Schnittpunkt schneidet die x-Achse etwa im Punkt (1,9 | 0).
Die Lösung der Gleichung ist daher etwa 1,9.

c) Die beiden Graphen G_1 und G_2 schneiden sich etwa an der Stelle 1,3.
Die Lösung der Gleichung ist daher etwa 1,3.

d)

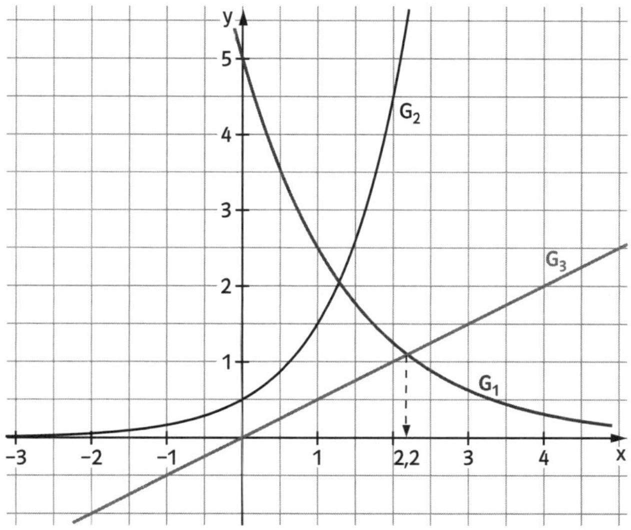

Die Funktion f_3 mit $f_3(x) = \frac{1}{2} \cdot x$ hat als Graphen G_3 eine Ursprungsgerade.
Die beiden Graphen G_1 und G_3 schneiden sich etwa an der Stelle 2,2.
Die Lösung der Gleichung ist daher etwa 2,2.

5 (2 + 2 + 2 VP)
a) Vergrößert man den Exponenten im Term 5^x um 2, so entsteht der Term 5^{x+2}.
Es gilt: $5^{x+2} = 5^x \cdot 5^2 = 5^x \cdot 25$
Jeder Termwert wird daher 25-mal so groß wie der ursprüngliche.
Die Behauptung ist also falsch.

b) Halbiert man die Basis im Term 10^x, so entsteht der Term 5^x.
Für $x = 1$ ist der Termwert 5^1 halb so groß wie der Termwert 10^1.
Für $x = 2$ ist der Termwert $5^2 = 25$ jedoch nur ein Viertel mal so groß wie der Termwert $10^2 = 100$.
Dieses Gegenbeispiel zeigt, dass die Behauptung falsch ist.

c) Verdoppelt man den Exponenten im Term 7^x, so entsteht der Term 7^{2x}.
Es gilt nach einem Potenzsatz:
$7^{2x} = 7^{x \cdot 2} = (7^x)^2$
Jeder Termwert wird daher quadriert. Die Behauptung ist also richtig.

Klassenarbeit 4.3

1 (2 + 2 + 2 + 2 + 2 + 1 VP)

a) $(-2)^3 - 3\cdot\left(\frac{1}{2}\right)^{-3}$
$= -2^3 - 3\cdot\left(\frac{2}{1}\right)^3$
$= -2^3 - 3\cdot 2^3$
$= -1\cdot 2^3 - 3\cdot 2^3$
$= (-1 - 3)\cdot 2^3$
$= -4\cdot 2^3$
$= -2^2\cdot 2^3$
$= -2^5$
$= -32$

b) $3^{-4}:(9^{-3}\cdot 2)$
$= 3^{-4}:((3^2)^{-3}\cdot 2)$
$= 3^{-4}:(3^{-6}\cdot 2^1)$
$= 3^{-4}\cdot 3^{+6}\cdot 2^{-1}$
$= 3^2\cdot 2^{-1}$
$= \frac{9}{2}$

c) $\left(\frac{2}{5}\right)^5 - \left(-\frac{5}{2}\right)^{-5}$
$= \left(\frac{2}{5}\right)^5 - \left(-\frac{2}{5}\right)^5$
$= \left(\frac{2}{5}\right)^5 - \left(-\left(\frac{2}{5}\right)^5\right)$
$= \left(\frac{2}{5}\right)^5 + \left(\frac{2}{5}\right)^5$
$= 2\cdot\left(\frac{2}{5}\right)^5$
$= \frac{2^6}{5^5}$
$= \frac{64}{3125}$

d) $(-6^4\cdot 3^{-3}):2^5$
$= (-(2\cdot 3)^4\cdot 3^{-3})\cdot 2^{-5}$
$= (-(2^4\cdot 3^4)\cdot 3^{-3})\cdot 2^{-5}$
$= (-2^4\cdot 3^1)\cdot 2^{-5}$
$= -2^4\cdot 2^{-5}\cdot 3^1$
$= -2^{-1}\cdot 3^1$
$= -\frac{3}{2}$

e) $\left(\frac{1}{2}\right)^2\cdot\left(\frac{2}{3}\right)^3\cdot\left(\frac{3}{4}\right)^4$
$= \frac{1^2}{2^2}\cdot\frac{2^3}{3^3}\cdot\frac{3^4}{4^4}$
$= \frac{1\cdot 2^3\cdot 3^4}{2^2\cdot 3^3\cdot (2^2)^4}$
$= 2^3\cdot 3^4\cdot 2^{-2}\cdot 3^{-3}\cdot 2^{-8}$
$= 2^{3-2-8}\cdot 3^{4-3}$
$= 2^{-7}\cdot 3^1$
$= \frac{3}{2^7}$
$= \frac{3}{128}$

f) $[(5^{-1})^2 - (5^{-2})^1]^4$
$= [5^{-2} - 5^{-2}]^4$
$= 0^4$
$= 0$

2 (1 + 1 + 1 + 1 VP)

a) $x^4 = 81$
$x_1 = \sqrt[4]{81} = 3$
$x_2 = -\sqrt[4]{81} = -3$

Alternative
$x^4 = 81$
$x^4 = 3^4$ *oder* $x^4 = (-3)^4$
$x_1 = 3;$ $\quad x_2 = -3$

b) $x^3 = -\frac{8}{125}$
$x_1 = -\sqrt[3]{\frac{8}{125}}$
$x_1 = -\frac{2}{5}$

Alternative
$x^3 = -\frac{8}{125}$
$x^3 = -\frac{2^3}{5^3}$
$x^3 = -\left(\frac{2}{5}\right)^3$
$x^3 = \left(-\frac{2}{5}\right)^3$
$x_1 = -\frac{2}{5}$

c) $2000\,x^4 = 3{,}2$
$x^4 = \frac{3{,}2}{2000}$
$x^4 = \frac{32}{20\,000}$
$x^4 = \frac{16}{10\,000}$
$x_1 = \sqrt[4]{\frac{16}{10\,000}} = \frac{2}{10} = \frac{1}{5}$
$x_2 = -\sqrt[4]{\frac{16}{10\,000}} = -\frac{2}{10} = -\frac{1}{5}$

d) $(x^3)^{-2} = 64$
$x^{-6} = 64$
$x^6 = \frac{1}{64}$
$x_1 = \sqrt[6]{\frac{1}{64}} = \frac{1}{2}$
$x_2 = -\sqrt[6]{\frac{1}{64}} = -\frac{1}{2}$

3 (1 + 1 + 1 VP)

a) $x^3 = 12$
$x_1 = \sqrt[3]{12} \approx 2{,}2894$

b) $x^4 = 25$
$x_1 = \sqrt[4]{25} \approx 2{,}2361$
$x_2 = -\sqrt[4]{25} \approx -2{,}2361$

c) $x^5 = -100$
$x_1 = -\sqrt[5]{100} \approx -2{,}5119$

4 (4 VP)
Mit $m_1 = 5{,}97 \cdot 10^{24}\,\text{kg}$, $m_2 = 3{,}33 \cdot 10^5 \cdot m_1$ und $r = 149{,}6 \cdot 10^6\,\text{km}$ ergibt sich durch Einsetzen in die Formel:

$$F = 6{,}67 \cdot 10^{-11} \frac{\text{N} \cdot \text{m}^2}{\text{kg}^2} \cdot \frac{5{,}97 \cdot 10^{24}\,\text{kg} \cdot 3{,}33 \cdot 10^5 \cdot 5{,}97 \cdot 10^{24}\,\text{kg}}{(149{,}6 \cdot 10^6\,\text{km})^2}$$

Umwandlung der Kilometer in Meter ($1\,\text{km} = 10^3\,\text{m}$):

$$F = 6{,}67 \cdot 10^{-11} \frac{\text{N} \cdot \text{m}^2}{\text{kg}^2} \cdot \frac{5{,}97 \cdot 10^{24}\,\text{kg} \cdot 3{,}33 \cdot 10^5 \cdot 5{,}97 \cdot 10^{24}\,\text{kg}}{(149{,}6 \cdot 10^9\,\text{m})^2}$$

Sortieren (Zahlen, die keine Zehnerpotenzen sind, Zehnerpotenzen, Maßeinheiten):

$$F = \frac{6{,}67 \cdot 5{,}97 \cdot 3{,}33 \cdot 5{,}97}{149{,}6^2} \cdot \frac{10^{-11} \cdot 10^{24} \cdot 10^5 \cdot 10^{24}}{10^{18}} \cdot \frac{\text{N} \cdot \text{m}^2 \cdot \text{kg}^2}{\text{kg}^2 \cdot \text{m}^2}$$

Berechnung (Nichtzehnerpotenzen mit dem Taschenrechner, Zehnerpotenzen mithilfe der Potenzsätze, Maßeinheiten vereinfachen),
$F \approx 0{,}03537 \cdot 10^{24}\,\text{N}$
Normdarstellung:
$F \approx 3{,}537 \cdot 10^{21}\,\text{N}$
Die beiden Himmelskörper ziehen sich etwa mit $3{,}537 \cdot 10^{21}\,\text{N}$ an.

5 (1 + 1 VP)
a) Mit dem Taschenrechner erhält man:
$2^{59} \approx 5{,}76 \cdot 10^{17}$
Es gilt:
$1 \cdot 10^{17} < 5{,}76 \cdot 10^{17} < 10 \cdot 10^{17}$
Folglich:
$10^{17} < 2^{59} < 10^{18}$
Für $x = 17$ ist die Ungleichung erfüllt.

b) Ausprobieren mit dem Taschenrechner ergibt:
$2^{73} \approx 9{,}44 \cdot 10^{21} < 10^{22}$
$2^{74} \approx 1{,}89 \cdot 10^{22}$; $10^{22} < 2^{74} < 10^{23}$
$2^{75} \approx 3{,}78 \cdot 10^{22}$; $10^{22} < 2^{75} < 10^{23}$
$2^{76} \approx 7{,}56 \cdot 10^{22}$; $10^{22} < 2^{76} < 10^{23}$
$2^{77} \approx 1{,}51 \cdot 10^{23} > 10^{23}$
Die Ungleichung ist für $x = 74$, $x = 75$ und $x = 76$ erfüllt.

Klassenarbeit 4.4

1 (2 + 2 + 3 VP)

a)
$$3^{x+1} - 54 = 3^x \quad | -3^x$$
$$3^{x+1} - 3^3 - 54 = 0$$
$$3 \cdot 3^x - 3^x - 54 = 0 \quad | +54$$
$$(3-1) \cdot 3^x = 54$$
$$2 \cdot 3^x = 54 \quad | :2$$
$$3^x = 27$$
$$3^x = 3^3$$
$$x = 3$$

b)
$$5^{2x} - 5^x = 0$$
$$(5^x)^2 - 5^x = 0$$
$$5^x \cdot (5^x - 1) = 0$$
$$5^x = 0 \text{ oder } 5^x - 1 = 0$$
$$5^x = 0 \text{ ist unerfüllbar.}$$
$$5^x - 1 = 0$$
$$5^x = 1$$
$$x = 0$$

c)
$$2^{2x} - 12 \cdot 2^x - 64 = 0$$
$$(2^x)^2 - 12 \cdot 2^x - 64 = 0$$
Substitution: $2^x = u$
$$u^2 - 12u - 64 = 0$$
$$u_{1;2} = -(-6) \pm \sqrt{(-6)^2 - (-64)}$$
$$u_{1;2} = 6 \pm \sqrt{36 + 64}$$
$$u_{1;2} = 6 \pm \sqrt{100}$$
$$u_{1;2} = 6 \pm 10$$
$$u_1 = 16, \quad u_2 = -4$$
Resubstitution: $2^{x_1} = 16$
$$2^{x_1} = 2^4$$
$$x_1 = 4$$
$$2^{x_2} = -4$$
Diese Gleichung hat keine Lösung, da $2^x > 0$ für alle $x \in \mathbb{R}$.

2 (4 VP)

Funktionsgleichungen

Der Punkt (1 | 3) liegt auf K_1.
$$f_1(1) = 3$$
$$a^1 = 3$$
$$f_1(x) = 3^x, \quad x \in \mathbb{R}.$$

Der Punkt (1 | 2) liegt auf K_2.
$$f_2(1) = 2$$
$$a^1 = 2$$
$$f_2(x) = 2^x, \quad x \in \mathbb{R}.$$

Der Punkt (1 | 1,5) liegt auf K_3.
$$f_3(-1) = 1{,}5$$
$$a^1 = 1{,}5$$
$$f_3(x) = 1{,}5^x, \quad x \in \mathbb{R}.$$

Der Punkt (−1 | 2) liegt auf K_4.
$$f_4(-1) = 2$$
$$a^{-1} = 2$$
$$a = \tfrac{1}{2}$$
$$f_4(x) = (2^{-1})^x = \left(\tfrac{1}{2}\right)^x, \quad x \in \mathbb{R}.$$

3 (1 + 1 + 2 VP)

Vorüberlegung

Allgemein gilt:

Die Zahl $a \cdot 10^n$ hat für $n \in \mathbb{N}$ und $1 \leqq a < 10$ im Zehnersystem $n + 1$ Stellen.

Grund: 10^n beginnt mit der Ziffer 1, auf die n Nullen folgen. Multipliziert man diese Zahl mit a, $1 \leqq a < 10$, so wird die erste Ziffer 1; 2; …; 9 sein. An der Gesamtzahl der Stellen ändert sich nichts.

a) Die Zahl $2{,}5 \cdot 10^{19}$ hat 20 Stellen. Die ersten beiden Ziffern sind 2 und 5. Dann folgen 18 Nullen.

b) Es gilt:
$$5{,}7 \cdot 10^{37} \cdot 3{,}9 \cdot 10^{94} = 22{,}23 \cdot 10^{131} = 2{,}223 \cdot 10^{132}$$
Diese Zahl hat 133 Stellen. Die ersten vier Ziffern sind 2, 2, 2 und 3. Dann folgen 128 Nullen.

c) Der erste Summand $4 \cdot 10^{47}$ hat 48 Stellen. Die erste Ziffer ist 4. Dann folgen 47 Nullen. Der zweite Summand $3 \cdot 10^{28}$ hat 29 Stellen. Die erste Ziffer ist 3. Dann folgen 28 Nullen. Die Summe der beiden Zahlen hat die erste Ziffer 4. Dann folgen 18 Nullen, anschließend die Ziffer 3, gefolgt von weiteren 28 Nullen.

4 (4 VP)

Einsetzen der Daten in die Formel ergibt:
$$m = \frac{(13{,}9 \cdot 10^{-4}\,\mathrm{T})^2 \cdot (4 \cdot 10^{-2}\,\mathrm{m})^2}{2 \cdot 270\,\mathrm{V}} \cdot 1{,}6 \cdot 10^{-19}\,\mathrm{C}$$
Sortieren: Zahlen, die keine Zehnerpotenzen sind, Zehnerpotenzen, Maßeinheiten
$$m = \frac{13{,}9^2 \cdot 4 \cdot 1{,}6}{2 \cdot 270} \cdot (10^{-4})^2 \cdot (10^{-2})^2 \cdot 10^{-19}\,\frac{\mathrm{T}^2 \cdot \mathrm{m}^2 \cdot \mathrm{C}}{\mathrm{V}}$$
$$m \approx 9{,}16 \cdot 10^{-8} \cdot 10^{-4} \cdot 10^{-19}\,\mathrm{kg}$$
$$m \approx 9{,}16 \cdot 10^{-31}\,\mathrm{kg}$$
Die Masse eines Elektrons beträgt etwa $9{,}16 \cdot 10^{-31}$ kg.

5 (2 + 3 VP)

a) Zeit für eine Umdrehung des ersten Zahnrads
$$t_1 = 50 \cdot \tfrac{1}{200}\,\mathrm{min}$$
$$t_1 = \tfrac{1}{4}\,\mathrm{min}$$
Zeit für eine Umdrehung des zweiten Zahnrads
$$t_2 = 50 \cdot t_1$$
$$t_2 = 50^2 \cdot \tfrac{1}{200}\,\mathrm{min}$$
$$t_2 = 12{,}5\,\mathrm{min}$$

b) Zeit für eine Umdrehung des zwölften Zahnrads
Bei jedem weiteren Zahnrad wird die Zeit für eine Umdrehung 50-mal so groß. Daher beträgt die Zeit für eine Umdrehung des zwölften Zahnrads:

$t_{12} = 50^{12} \cdot \frac{1}{200}\,\text{min}$

$t_{12} = 1{,}2207\ldots \cdot 10^{18}\,\text{min}$

$t_{12} = 2{,}0345\ldots \cdot 10^{16}\,\text{h}$

$t_{12} = 8{,}4771\ldots \cdot 10^{14}\,\text{d}$

$t_{12} = 2{,}3224\ldots \cdot 10^{12}\,\text{a}$

Das zwölfte Zahnrad würde tatsächlich, wie behauptet, mehr als 2 Billionen Jahre für eine Umdrehung brauchen.

Pinboard – Wachstumsvorgänge

Bestand

Definition

Bei Wachstumsvorgängen ändern sich Anzahlen im Laufe der Zeit: Anzahlen von Personen, Anzahlen von Atomen, Maßzahlen von Geldbeträgen, Maßzahlen von Längen, usw. Diese Anzahlen nennt man Bestände.

Zeitschritt
Die von einem Zeitnullpunkt aus verstrichene Zeit wird durch die Anzahl t der vergangenen Zeitschritte gemessen ($t \in \mathbb{N}^* = \{1; 2; \ldots\}$).

Anfangsbestand
Der Bestand zum Zeitnullpunkt heißt Anfangsbestand. Er wird mit B(0) bezeichnet.

Momentanbestand
Der Bestand nach t Zeitschritten wird mit B(t) bezeichnet.

Bestandsänderungen

Absolute Änderung
Wenn sich ein Bestand B(t) innerhalb eines Zeitschritts auf den Bestand B(t + 1) verändert, so heißt B(t + 1) − B(t) die absolute Änderung des Bestands in diesem Zeitschritt. Falls $B(t+1) - B(t) > 0$ gilt, so spricht man von einer Zunahme des Bestands, falls $B(t+1) - B(t) < 0$, von einer Abnahme des Bestands.

Relative (prozentuale) Änderung
Wenn man den Quotienten aus der absoluten Bestandsänderung B(t + 1) − B(t) in einem Zeitschritt durch den Bestand B(t) dividiert, dann nennt man des Quotienten

$\frac{B(t+1) - B(t)}{B(t)}$ die relative (prozentuale)

Änderung des Bestands in diesem Zeitschritt.

Beispiele

1. Die Bevölkerung eines Dorfes ist innerhalb eines Jahres von 3120 auf 3237 Einwohner angewachsen.

Anfangsbestand: $B(0) = 3120$
Zeitschritt: 1 Jahr
Bestand nach einem Zeitschritt:
$B(1) = 3237$
Absolute Änderung des Bestands:
$B(1) - B(0) = 3237 - 3120 = 117$
Der Bestand hat zugenommen.
Relative Änderung des Bestands:
$\frac{B(1) - B(0)}{B(0)} = \frac{3237 - 3120}{3120} = \frac{117}{3120} = 0{,}0375$
Der Bestand hat sich in einem Jahr um 3,75 % vergrößert.

2. Ein Computer kostet 999,00 €. Er verliert im ersten Jahr 35 % seines Werts.

Anfangsbestand: $B(0) = 999{,}00$
Zeitschritt: 1 Jahr
Relative Änderung des Bestands: −0,35
Der Bestand nimmt ab.
Bestand nach einem Jahr:
Aus $\frac{B(1) - B(0)}{B(0)} = -0{,}35$ folgt mit
$B(0) = 999{,}00$:
$B(1) = -0{,}35 \cdot B(0) + B(0) = 0{,}65 \cdot B(0) = 649{,}35$

Lineares Wachstum

Definition

Wenn die absolute Änderung B(t + 1) − B(t) des Bestands bei jedem Zeitschritt konstant ist, dann spricht man von linearem Wachstum:
$B(t+1) - B(t) = k$,
k…konstant

Rekursive Beschreibung

Ausgehend vom Anfangsbestand B(0) lässt sich mit
$B(t+1) = B(t) + k$
der Bestand zu weiteren Zeitpunkten nacheinander berechnen.

Explizite Beschreibung

Es gilt:
$B(t) = k \cdot t + B(0)$

Beispiel

Eine Zahlenfolge beginnt mit 1; 5; 9; 13; 17; …
Wie heißt das 2008. Glied der Folge?

Lösung
Mit $B(0) = 1$, $B(1) = 5$, $B(2) = 9$, $B(3) = 13$ erkennt man:
$B(1) - B(0) = B(2) - B(1) = B(3) - B(2) = 4$
Die Differenz aufeinanderfolgender Bestände ist konstant. Daher liegt lineares Wachstum mit $B(0) = 1$ und $k = 4$ vor.
Folglich gilt:
$B(t) = 4 \cdot t + 1$
Da das erste Folgeglied die Nummer 0 trägt, hat das 2008. Folgeglied die Nummer 2007.
Somit ergibt sich:
$B(2007) = 4 \cdot 2007 + 1 = 8029$
Das 2008. Glied der Folge heißt 8029.

Exponentielles Wachstum

Definition

Wenn die absolute Änderung B(t + 1) − B(t) des Bestands bei jedem Zeitschritt proportional zum jeweiligen Bestand B(t) ist, dann spricht man von exponentiellem Wachstum:
$B(t+1) - B(t) = p \cdot B(t)$,
p…konstant
Folgerung
Wegen $p = \frac{B(t+1) - B(t)}{B(t)}$ ergibt sich als gleichwertige Definition:
Wenn die relative (prozentuale) Änderung des Bestands in jedem Zeitschritt konstant ist, dann spricht man von exponentiellem Wachstum.

Rekursive Beschreibung

Aus $p = \frac{B(t+1) - B(t)}{B(t)}$ folgt:
$B(t+1) = B(t) \cdot (1 + k)$
Ausgehend vom Anfangsbestand B(0) lässt sich damit der Bestand zu weiteren Zeitpunkten nacheinander berechnen.

Explizite Beschreibung

Es gilt:
$B(t) = B(0) \cdot (1 + p)^t$
Man bezeichnet 1 + p auch als Wachstumsfaktor q. Dann lässt sich der Bestand B(t) bei exponentiellem Wachstum berechnen mit der Gleichung
$B(t) = B(0) \cdot q^t$
Falls $q > 1$, so spricht man von exponentieller Zunahme.
Falls $0 < q < 1$, so spricht man von exponentieller Abnahme.

Beispiel

Ein Kapital von 25 000,00 € wird mit jährlich 4,5 % verzinst. Die Zinsen werden wieder angelegt und in den Folgejahren mitverzinst.
Wie groß ist das Kapital nach sieben Jahren?

Lösung
Das Anfangskapital wird mit B(0) bezeichnet.
Der Kapitalzuwachs (Zins) beträgt in jedem Zeitschritt von einem Jahr 4,5 % vom Kapital zu Jahresbeginn.
Daher gilt:
$B(1) - B(0) = 0{,}045 \cdot B(0)$
$B(2) - B(1) = 0{,}045 \cdot B(1)$
…
$B(7) - B(6) = 0{,}045 \cdot B(6)$
Die absolute Änderung des Bestands je Zeitschritt ist proportional zum jeweiligen Bestand.
Daher liegt exponentielles Wachstum mit $p = 0{,}045$ vor.
Folglich lautet das Wachstumsgesetz:
$B(t) = B(0) \cdot (1 + p)^t$
Mit den gegebenen Werten folgt daraus:
$B(t) = 25\,000{,}00 \cdot (1 + 0{,}045)^t$
$B(t) = 25\,000{,}00 \cdot 1{,}045^t$
Für t = 7 erhält man:
$B(7) = 25\,000{,}00 \cdot 1{,}045^7$
$B(7) = 34\,021{,}55$
Das Kapital ist nach sieben Jahren auf 34021,55 € angewachsen.

Eine weitere Art von Wachstum!

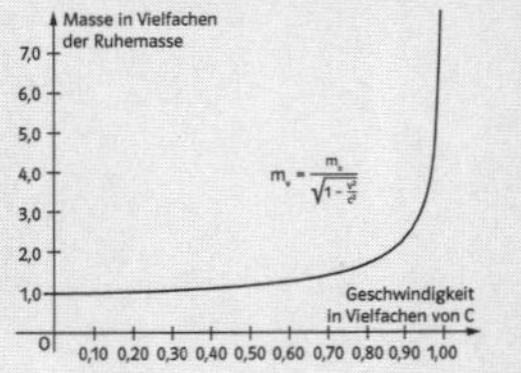

Lösungswege für die Grundaufgaben zum exponentiellen Wachstum

Da sich exponentielles Wachstum durch die Gleichung $B(t) = B(0) \cdot q^t$ beschreiben lässt, müssen drei der vier in dieser Gleichung vorkommenden Größen bekannt sein, wenn man die vierte Größe berechnen möchte.

Berechnung von B(t)	Beispiel
Einsetzen des Anfangsbestands B(0), des Wachstumsfaktors q und der Anzahl t der Zeitschritte Berechnung des Bestands B(t) mithilfe des Taschenrechners (x^y-Taste)	Geg.: $B(0) = 20$, $q = 1{,}04$, $t = 12$ Ges.: $B(12)$ Lös.: $B(t) = B(0) \cdot q^t$ $B(12) = 20 \cdot 1{,}04^{12}$ $B(12) \approx 32{,}02$

Berechnung von t	Beispiel
Umformen der Gleichung Einsetzen des Bestands B(t) nach t Zeitschritten, des Anfangsbestands B(0) und des Wachstumsfaktors q Berechnung der Anzahl t der Zeitschritte durch Aufstellen einer Wertetabelle für q^t mithilfe des Taschenrechners Vergleichen mit $\frac{B(t)}{B(0)}$ und Feststellen eines möglichst engen Intervalls für t	Geg.: $B(0) = 720$, $B(t) = 100$, $q = 0{,}85$ Ges.: t Lös.: $B(t) = B(0) \cdot q^t \quad \vert : B(0)$ $q^t = \frac{B(t)}{B(0)}$ $0{,}85^t = \frac{100}{720}$ $0{,}85^t \approx 0{,}1389$ Wertetabelle (Rundung auf vier Dezimalen)

t	5	10	12	13
$0{,}85^t$	0,4437	0,1969	0,1422	0,1209

Ergebnis: t liegt zwischen 12 und 13.

Berechnung von B(0)	Beispiel
Umformen der Gleichung Einsetzen des Bestands B(t) nach t Zeitschritten, des Wachstumsfaktors q und der Anzahl t der Zeitschritte Berechnung des Anfangsbestands B(0) mithilfe des Taschenrechners	Geg.: $t = 8$, $B(8) = 300$, $q = 0{,}70$ Ges.: $B(0)$ Lös.: $B(t) = B(0) \cdot q^t \quad \vert : q^t$ $B(0) = \frac{B(t)}{q^t}$ $B(0) = \frac{300}{0{,}70^8}$ $B(0) \approx 5204$

Berechnung von q	Beispiel
Umformen der Gleichung Einsetzen des Bestands B(t) nach t Zeitschritten, des Anfangsbestands B(0) und der Anzahl t der Zeitschritte Berechnung des Wachstumsfaktors q mithilfe des Taschenrechners (Die $x^{\frac{1}{y}}$-Taste ist hilfreich.)	Geg.: $B(0) = 2500$, $t = 6$, $B(6) = 3120$ Ges.: q Lös.: $B(t) = B(0) \cdot q^t \quad \vert : B(0)$ $q^t = \frac{B(t)}{B(0)}$ $q = \sqrt[t]{\frac{B(t)}{B(0)}}$ $q = \sqrt[6]{\frac{3120}{2500}}$ $q \approx 1{,}0376$

Bist du sicher?

1 Die Tabelle zeigt die Entwicklung von Beständen in Abhängigkeit von der Anzahl der Zeitschritte. Liegt lineares, exponentielles oder ein anderes Wachstum vor?

	t	0	1	2	3	4	5	6
a)	B(t)	2	4	8	16	32	64	128
b)	B(t)	2	4	6	8	10	12	14
c)	B(t)	2	2,72	3,41	4,07	4,71	5,32	5,91
d)	B(t)	9	6	4	2,67	1,78	1,19	0,79
e)	B(t)	9	7	5	3	1	−1	−3

2 Ein leerer, quaderförmiger Öltank mit einer Grundfläche von $4\,m^2$ fasst 6000 Liter und wird von einem Tankwagen mit 240 Litern je Minute befüllt. Gib eine Formel an, mit der sich das Ölvolumen im Tank in Abhängigkeit von der Füllzeit berechnen lässt. Mit welcher Formel lässt sich die Füllhöhe im Tank in Abhängigkeit von der Füllzeit berechnen?

3 Ein Bestand nimmt mit jedem Zeitschritt um 5% seines Momentanbestandes zu. Gib das Wachstumsgesetz an. Wann hat sich der Bestand verdoppelt? Wie groß ist die Bestandsänderung zwischen dem sechsten und dem siebten Zeitschritt?

4 a) Herr Klein legt 8000,00 € zu einem Jahreszinssatz von 3,75% für sieben Jahre fest an.
Wie groß ist sein Kapital am Ende der Laufzeit?
b) Frau Klein legt 8000,00 € drei Jahre lang zu einem Jahreszinssatz von 2,25% und anschließend vier Jahre lang zu einem Jahreszinssatz von 5,25% an.
Wie groß ist ihr Kapital am Ende der Laufzeit?

5 Paul erzählt: „Meine Eltern haben mir vor sechs Jahren auf einem Sparkonto 1200,00 € eingezahlt. Der Zinssatz ist in dieser Zeit immer gleich geblieben. Heute habe ich 1312,13 € auf diesem Konto."
Wie hoch war der Zinssatz?

6 Frau Sparer sagt: „Ich bekomme auf mein fest angelegtes Kapital sechs Jahre lang jährlich einen gleichbleibenden Zinssatz. Dann wird sich das Kapital in dieser Zeit um 30% vergrößert haben.
Wie hoch war der Jahreszinssatz?

Lösungen

1 a) exponentielles Wachstum: $B(t) = 2 \cdot 2^t$ b) lineares Wachstum: $B(t) = 2 \cdot t + 2$ c) weder lineares noch exponentielles Wachstum d) exponentielles Wachstum: $B(t) = 9 \cdot \left(\frac{2}{3}\right)^t$ e) lineares Wachstum: $B(t) = -2 \cdot t + 9$ **2** $V(t) = 240 \frac{l}{min} \cdot t$, $h(t) = 0{,}6 \frac{dm}{min} \cdot t$ **3** Wachstumsgesetz: $B(t) = B(0) \cdot 1{,}05^t$, Verdoppelungszeit: $t \approx 14{,}2$, Bestandsänderung: $\Delta B = B(7) - B(6) = B(0) \cdot (1{,}05^7 - 1{,}05^6) \approx 0{,}067 \cdot B(0)$ **4** a) $B(7) = 8000 \cdot 1{,}0375^7 = 10\,351{,}58$ b) $B(3) = 8000 \cdot 1{,}0225^3 = 8552{,}24$; $B(7) = B(3) \cdot 1{,}0525^4 = 10\,494{,}66$ **5** Aus $B(6) = B(0) \cdot q^6$ folgt $q^6 = 1{,}09344\ldots$, $q = 1{,}015$, $p = 1{,}5\,\%$ **6** Aus $B(6) = B(0) \cdot \left(1 + \frac{p}{100}\right)^6 = 1{,}30 \cdot B(0)$ folgt $p = 100 \cdot (\sqrt[6]{1{,}3} - 1) \approx 4{,}47$

Anfangszeit: ____________ + 45 Minuten → Abgabe: ____________

1 (2 + 1 + 1 VP)
Eine Zahlenfolge beginnt mit den Zahlen 2, 5, 8, 11, 14, 17, …
a) Wie heißt das 1000. Glied der Zahlenfolge?
b) Gib die Nummer des kleinsten Folgegliedes an, das größer als 10^6 ist.
c) Kommt die Zahl 333 333 333 333 in dieser Zahlenfolge vor?

2 (2 + 2 + 2 VP)
In einem Forschungslabor werden Algen gezüchtet. Man weiß, dass sich die Algenmasse unter geeigneten Bedingungen täglich verdoppelt.
a) Gib ein Wachstumsgesetz für die Algenmasse an. Begründe deinen Ansatz.
b) Wie entwickelt sich die Algenmasse von 8 g innerhalb der ersten fünf Tage?
Zu welchem Zeitpunkt nach Beobachtungsbeginn sind etwa 100 g Algen vorhanden?
c) Wie viel Algenmasse könnte man nach dem vierten Tag täglich entnehmen, ohne dass sich der Bestand verringert?

3 (3 + 2 + 2 VP)
Radioaktiver Schwefel zerfällt mit einer Halbwertszeit von etwa neun Jahren.
a) Stelle das Zerfallsgesetz für einen Anfangsbestand von 1,00 mg radioaktiven Schwefels auf.
Zeichne ein Diagramm, das die Entwicklung der radioaktiven Schwefelmasse in Abhängigkeit von der Zeit beschreibt.
b) Nach welcher Zeit sind 99,9% der Schwefelatome zerfallen?
c) Welcher Prozentsatz der anfangs vorhandenen radioaktiven Schwefelatome zerfällt im Laufe des vierten Beobachtungsjahres?

4 (5 + 2 VP)
Bei einem Wachstumsvorgang mit dem Anfangsbestand $B(0) = 100$ weiß man: $B(t+1) = 0{,}6 \cdot B(t) + 80$.
a) Stelle die Entwicklung des Bestands und die Entwicklung der absoluten Änderung des Bestands in jedem Zeitschritt in einem Koordinatensystem dar ($0 \leqq t \leqq 6$).
b) Zeige, dass es sich weder um lineares noch um exponentielles Wachstum handelt.

Lerntipps

zu Aufgabe 1
a) Beachte, dass die angegebenen Zahlen um 1 kleiner sind als eine durch 3 teilbare Zahl:
$2 = 1 \cdot 3 - 1$, $5 = 2 \cdot 3 - 1$, $8 = 3 \cdot 3 - 1$. usw.
zu Aufgabe 2
a) Woran erkennst du, dass exponentielles Wachstum vorliegt?
c) Der Zuwachs während des vierten Tages kann entnommen werden.
zu Aufgabe 3
a) Du kannst als Zeitschritt ein Jahr oder neun Jahre verwenden.
b) Die Bestandsgleichung gibt die Anzahl der noch nicht zerfallenen Atome an.
c) Du musst wissen, wie viele Atome nach dem dritten und wie viele nach dem vierten Jahr noch nicht zerfallen sind.
zu Aufgabe 4
a) Erstelle zuerst eine Tabelle. Verwende ein einziges Koordinatensystem mit zwei Hochachsen. Auf der einen Hochachse trägst du den Bestand, auf der anderen die Bestandsänderung auf.
b) Betrachte die Bestandsänderungen für verschiedene aufeinanderfolgende Zeitschritte.

Anfangszeit: ____________ + 45 Minuten → Abgabe: ____________

1 (3 + 2 VP)
a) Ein Sparer legt bei seiner Bank 25 000,00 € für fünf Jahre zu einem Zinssatz von 2,8 % je Jahr an. Die jeweils anfallenden Zinsen werden dem Konto gutgeschrieben und in den Folgejahren mitverzinst.
Begründe deinen Ansatz und berechne dann den Kontostand nach diesen fünf Jahren.
b) Welchen Betrag hätte der Sparer anlegen müssen, wenn er nach fünf Jahren 35 000,00 € auf dem Konto haben möchte?

2 (3 + 3 + 2 VP)
Herr Maier denkt an den Kauf eines Neuwagens. Er beschafft sich folgende Informationen.
Ein fabrikneuer PKW der Marke HORCH 7 kostet 45 000 €. Das Fahrzeug verliert in jeweils zwei Jahren etwa 35 % seines Restwerts. Der Durchschnittsverbrauch an Benzin beträgt 10,8 Liter je 100 km. Ein Liter Benzin kostet durchschnittlich 1,50 €. Versicherungsbeträge und Steuern belaufen sich jährlich auf etwa 600 €. Für Inspektion und Wartung müssen durchschnittlich 400 € im Jahr veranschlagt werden.
a) Was ist das Fahrzeug nach fünf Jahren noch wert?
b) Herr Maier rechnet mit einer durchschnittlichen Fahrleistung von 15 000 km je Jahr. Ermittle den Gesamtaufwand während der ersten fünf Jahre (einschließlich der Wertminderung). Berechne damit die Kosten für jeden gefahrenen Kilometer.
c) Der Autohändler bietet einen Anschaffungskredit für den Kauf dieses Fahrzeugs an. Bei einer Laufzeit von 60 Monaten beträgt der Zinssatz 0,2 % pro Monat (bezogen auf den anfänglichen Kreditbetrag).
Wie groß muss eine Monatsrate sein, wenn das Fahrzeug nach 60 Monaten vollständig bezahlt sein soll?

3 (3 VP)
Die Grafik zeigt die Entwicklung der mithilfe von Photovoltaik-Anlagen gewonnenen Energie in Baden-Württemberg.
Woran erkennt man, dass kein lineares Wachstum vorliegt?
Zeige, dass die Daten ein exponentielles Wachstum im angegebenen Zeitraum vermuten lassen.
Welche Energieproduktion wäre damit im Jahr 2008 zu erwarten?
Warum muss auf lange Sicht die Annahme eines exponentiellen Wachstums aufgegeben werden?

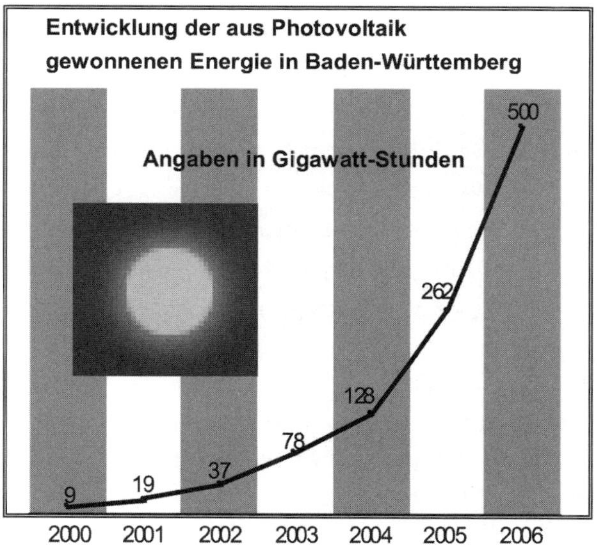

4 (4 + 4 VP)
Die Wertetabelle beschreibt das Wachstum eines Bestandes in Abhängigkeit von der Zeit.

t	0	1	2	3	4	5	6
B(t)	100	130	169	220	286	371	483

a) Prüfe, ob die absolute oder die prozentuale Änderung für jeden Zeitschritt (näherungsweise) konstant ist. Welche Wachstumsform liegt demnach vor?
Bestimme aus den Daten das Wachstumsgesetz für diesen Bestand.
b) Angenommen, ein Bestand entwickelt sich nach dem Wachstumsgesetz $B(t) = B(0) \cdot 1{,}25^t$, wobei t die Anzahl der Zeitschritte nach Beobachtungsbeginn bedeutet.
Um wie viel Prozent vergrößert sich der Bestand im Zeitraum von jeweils drei Zeitschritten?
Nach wie vielen Zeitschritten hat sich der Anfangsbestand um etwa 500 % vergrößert?

Anfangszeit: ______________ + 45 Minuten → Abgabe: ______________

1 (4 VP)
Ergänze die Tabelle durch geeignete Bestandszahlen B(0), B(1), B(3).

Wachstumsform	B(0)	B(1)	B(3)
Lineares Wachstum		2,0	3,0
Exponentielles Wachstum	3000		5184
Exponentielles Wachstum		2000	4000

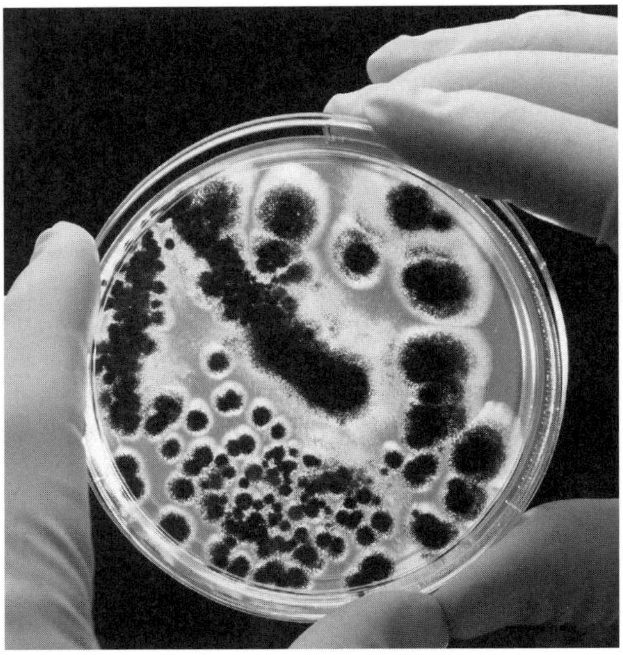

2 (4 VP)
Eine Schimmelpilzkultur wächst in einer Nährlösung. Die Masse des Pilzes kann in Abhängigkeit von der Zeit nach Beobachtungsbeginn durch die Gleichung $B(t) = 0{,}05 \cdot 1{,}12^t$ beschrieben werden. Dabei bedeutet t die Anzahl der Zeitschritte von jeweils einer Stunde, B(t) die Maßzahl der in Gramm gemessenen Pilzmasse.
Welche der folgenden Aussagen sind wahr (w), welche falsch (f)? Kreuze an.

Aussage	w	f
1. Je länger die Beobachtungszeit ist, desto größer ist die Pilzmasse.		
2. In jeder Stunde nimmt die Masse um 1,2 Prozent zu.		
3. Bei Beobachtungsbeginn ist die Pilzmasse 0,05 Gramm.		
4. Nach zwei Stunden ist mehr als doppelt soviel Pilzmasse vorhanden wie nach einer Stunde.		
5. Der Zuwachs der Masse je Stunde beträgt 0,006 Gramm.		
6. Eine Stunde nach Beobachtungsbeginn ist die Pilzmasse 0,056 Gramm.		
7. Die absolute Änderung der Pilzmasse mit der Zeit bleibt immer gleich.		
8. Die prozentuale Änderung der Pilzmasse ist konstant.		

3 (2 + 2 + 3 VP)
Eine Bank bietet einen Jahreszinssatz von 2,2 % an, wenn das einmalig eingezahlte Kapital innerhalb eines Zeitraums von drei Jahren nicht angetastet wird. Die Zinsen werden jeweils am Jahresende dem Kapital zugeschlagen.
a) Wie viel erhält ein Sparer nach drei Jahren ausbezahlt, wenn er 12 000,00 € anlegt?
b) Ein anderer Sparer erhält nach drei Jahren 18 680,60 € ausbezahlt.
Wie hoch war der Anlagebetrag?
c) Ein dritter Sparer möchte in diesen drei Jahren einen Kapitalzuwachs von 3000,00 € erhalten.
Wie viel Geld muss er anlegen?
Müsste dieser Sparer doppelt so viel Geld anlegen, wenn er doppelt so hohen Kapitalzuwachs haben wollte?

4 (2 + 2 + 2 + 3 VP)

Der Luftdruck auf Meereshöhe beträgt im Durchschnitt $p_0 = 1013$ mbar. Dieser Druck heißt Normdruck.

a) Messungen in Bodennähe zeigen, dass der Luftdruck beim Aufsteigen um jeweils 8 m um 1 mbar abnimmt.

Stelle unter dieser Voraussetzung das Gesetz für die Abnahme des Luftdrucks in Bodennähe auf und mache damit eine Vorhersage für den Luftdruck in 1200 m Höhe über dem Meeresspiegel.

b) Welchen Höhenunterschied haben zwei (nahe beieinanderliegende) Orte, bei denen zur gleichen Zeit die Barometerstände $p_1 = 960$ mbar und $p_2 = 984$ mbar gemessen werden?

c) Woran erkennst du, dass eine Modellierung mit der Annahme von linearem Wachstum nicht zutreffend sein kann?

d) Genauere Messungen auch in größeren Höhen zeigen, dass der Luftdruck in 5,5 km Höhe etwa auf die Hälfte des Normdrucks, in 11,0 km Höhe auf ein Viertel des Normdrucks abgenommen hat.

Stelle aufgrund dieser Angaben das Gesetz für die Abnahme des Luftdrucks auf und mache erneut eine Vorhersage für den Luftdruck in 1200 m Höhe.

In welcher Höhe erwartet man einen Luftdruck von 400 mbar?

Lerntipps

Ein Modellierungskreislauf

Wachstumsprobleme sind im Allgemeinen Fragestellungen aus dem Leben. Um sie einer mathematischen Behandlung zugänglich zu machen, müssen sie häufig vereinfacht (idealisiert) werden. Mithilfe geeigneter Mathematik (Wachstumsgesetze für lineares bzw. exponentielles Wachstum, Rekursionen bei beschränktem und logistischem Wachstum) lassen sich die mathematischen Probleme lösen. Die mathematische Lösung muss dann allerdings wieder an der Realsituation und der Fragestellung interpretiert werden. Gegebenenfalls muss man das Modell abändern und den Modellierungskreislauf erneut durchlaufen, um eine bessere Passung an die Wirklichkeit zu erreichen.

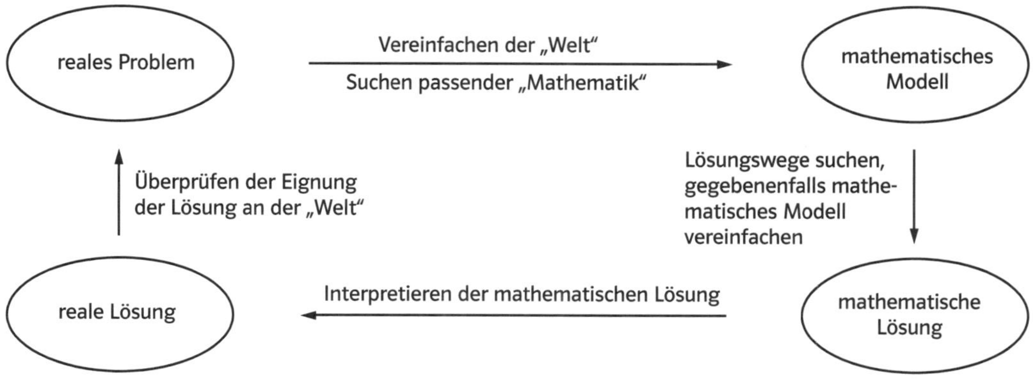

Anfangszeit: ______________ + 45 Minuten → Abgabe: ______________

1 (2 + 2 + 3 VP)
Die Tabelle beschreibt Bestandsänderungen (auf null Nachkommastellen gerundet) bei vier verschiedenen Wachstumsvorgängen in Abhängigkeit von der Zeit. Der Anfangsbestand ist in allen Fällen B(0) = 100.

Anzahl der Zeitschritte	1	2	3	4	5
Bestandsänderung 1	4	4	4	4	4
Bestandsänderung 2	−3	−3	−3	−3	−3
Bestandsänderung 3	40	56		110	134
Bestandsänderung 4	−20	−16	−13	−10	−8

a) Gib für den nach der ersten Tabellenzeile wachsenden Bestand eine explizite Beschreibung und für den nach der zweiten Tabellenzeile wachsenden Bestand eine rekursive Beschreibung an.
b) Die Bestandsänderungen der dritten Zeile passen zu einem exponentiellen Wachstum, das sich mit der Gleichung $B(t) = B(0) \cdot (1 + p)^t$ beschreiben lässt.
Bestimme p und ergänze den fehlenden Tabellenwert.
c) Ermittle aus der vierten Tabellenzeile eine rekursive Beschreibung für den Bestand.

2 (3 + 2 VP)
Ein Quadrat mit der Seitenlänge a wird in neun gleich große Quadrate aufgeteilt, von denen das mittlere rot angemalt wird. Jedes der acht nicht angemalten kleinen Quadrate wird nun in neun gleich große Quadrate eingeteilt und wieder wird das jeweils mittlere Quadrat rot angemalt. Dieser Prozess wird weiter fortgesetzt gedacht.
a) Berechne rekursiv die Größe der nicht angemalten Fläche, nachdem sechs Färbevorgänge stattgefunden haben.
b) Kann die nicht angemalte Fläche kleiner werden als $10^{-6} \cdot a^2$?

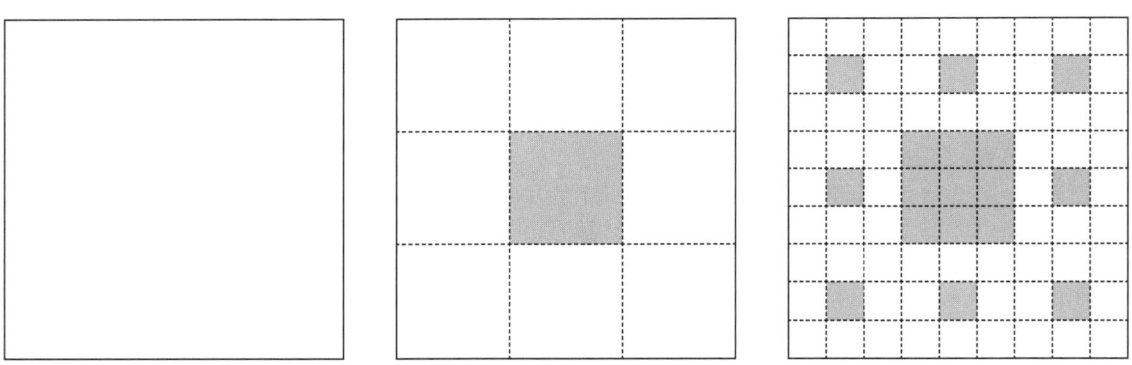

1. Färbevorgang 2. Färbevorgang usw.

3 (5 VP)
Frau Glück hat 90 000,00 € langfristig auf einem Sparkonto angelegt. Zur Aufbesserung ihrer Rente will Frau Glück jährlich am Jahresanfang 8000,00 € von diesem Konto abheben. Die Bank bietet an, das verbleibende Guthaben mit 5 % jährlich zu verzinsen, sofern keine weiteren Beträge abgehoben werden.
Wie lange reicht das angelegte Kapital zur Aufbesserung der Rente aus, wenn ein Betrag von 50 000,00 € als „Notgroschen" nicht angetastet werden soll?

4 (3 + 4 VP)

a) Ein Biologe misst in einem Gebirgssee die Lichtintensität in Abhängigkeit von der Wassertiefe. Dabei ergibt sich der folgende Graph.

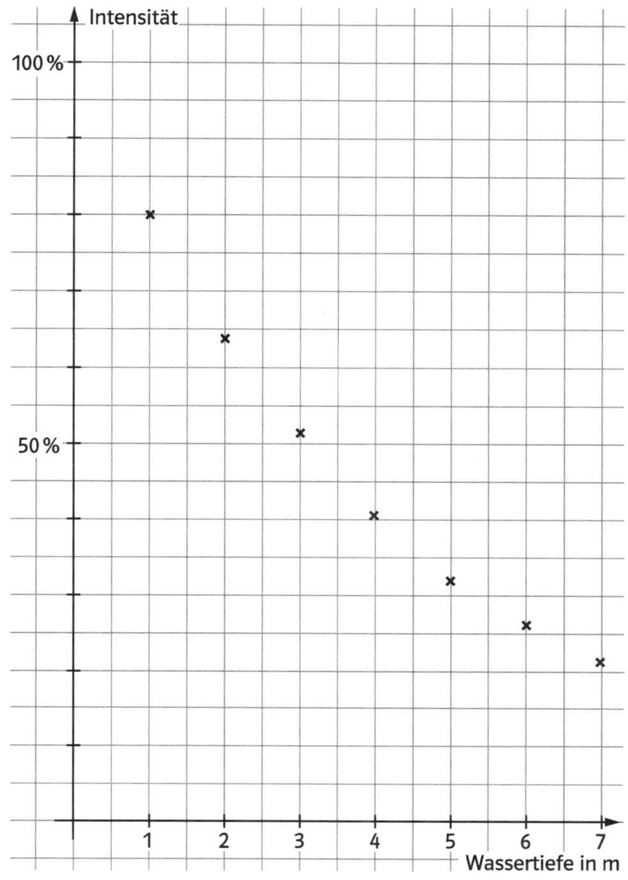

Weise nach, dass die Abnahme der Intensität des Lichts mit der Wassertiefe exponentiell erfolgt.
Gib die zu dieser Abnahme passende Gleichung an.
Wie viel Prozent der ursprünglichen Intensität ist in 10 m Tiefe zu erwarten?

b) An einer anderen Stelle des Sees nimmt die Lichtintensität nach der Gleichung $B(t) = B(0) \cdot 0{,}6^t$ ab.
Dabei ist B(0) die Intensität an der Wasseroberfläche und t die Maßzahl der in Metern gemessenen Wassertiefe.
In welcher Tiefe hat die Intensität auf 30% der ursprünglichen Intensität abgenommen?
In einer bestimmten Tiefe nimmt die Intensität um 10% der Intensität an der Wasseroberfläche ab, wenn man 1 m tiefer geht.
In welcher Tiefe ist das der Fall?

Lerntipps

zu Aufgabe 1
Achte darauf, dass in der Tabelle die Bestandsänderungen, nicht die Bestandsanzahlen notiert sind. Überlege zuerst, wie die verschiedenen Wachstumsarten durch ihre Bestandsänderungen charakterisiert sind.

zu Aufgabe 3
Überlege zunächst die Bestandsänderung am jeweiligen Jahresende. Sie berechnet sich aus dem Zins und der Abhebung. Lege eine Tabelle an.

Klassenarbeit 5.1

1 (2 + 1 + 1 VP)

a) *Die absolute Änderung des Bestands ist bei jedem Schritt konstant, nämlich 3. Daher muss es sich um lineares Wachstum handeln. Achte beim Aufstellen der expliziten Darstellung, dass sich für $t = 1$ auch $B(1) = 2$, für $t = 3$ auch $B(2) = 5$ ergibt. Kontrolliere durch Einsetzen von t, ob sich die richtigen Werte B(t) ergeben.*

Wachstumsgesetz

Bezeichnet man die Folgeglieder nacheinander mit $B(1) = 2$, $B(2) = 5$, $B(3) = 8$, $B(4) = 11$ usw., so erkennt man, dass die Differenz je zweier aufeinanderfolgender Glieder konstant ist.

Es gilt:

$$B(1) = 2$$
$$B(t + 1) - B(t) = 3, \qquad t \in \mathbb{N}, t \geqq 1$$

Damit liegt lineares Wachstum vor.

Die explizite Darstellung lautet daher:

$$B(t) = B(1) + (t - 1) \cdot 3$$
$$B(t) = 2 + (t - 1) \cdot 3$$
$$B(t) = 3 \cdot t - 1 \qquad t \in \mathbb{N}, t \geqq 1$$

Damit gilt:

$$B(1000) = 3 \cdot 1000 - 1$$
$$B(1000) = 2999$$

Das 1000. Folgeglied heißt 2999.

b) Bedingung: $B(t) > 10^6$ und t möglichst klein

Daher:

$$3 \cdot t - 1 > 10^6$$
$$3 \cdot t > 1\,000\,001$$
$$t > 333\,333{,}66\ldots$$

Das gesuchte Folgeglied hat die Nummer 333 334.

c) Bedingung: $B(t) = 333\,333\,333\,333$

Daher:

$$3 \cdot t - 1 = 333\,333\,333\,333$$
$$3 \cdot t = 333\,333\,333\,334$$
$$t = 111\,111\,111\,111{,}3\ldots$$

Es ergibt sich keine natürliche Zahl für die Nummer des Folgeglieds.

Die Zahl 333 333 333 333 kommt folglich in der Zahlenfolge nicht vor.

Alternative

Man erkennt, dass 333 333 333 333 sicher eine durch 3 teilbare Zahl ist. Alle Folgeglieder haben die Form $3 \cdot t - 1$, lassen also bei Division durch 3 den Rest 2 und sind deshalb nicht durch 3 teilbar.

2 (2 + 2 + 2 VP)

a) Wachstumsgesetz

Nach Aufgabenstellung verdoppelt sich ein gewisser Bestand B(t) nach jedem Tag: $\frac{B(1)}{B(0)} = 2$, $\frac{B(2)}{B(1)} = 2$, $\frac{B(3)}{B(2)} = 2$ usw. Nimmt man nun einen Tag als Zeitschritt an, so gilt allgemein: $\frac{B(t+1)}{B(t)} = 2$

Die prozentuale Änderung des Bestands ist für jeden Zeitschritt konstant, nämlich 100 %. Folglich liegt exponentielles Wachstum vor.

Mit dem Wachstumsfaktor q erhält man die explizite Darstellung: $B(t) = B(0) \cdot q^t$, $t \in \mathbb{N}$

Hier ergibt sich mit q = 2 des Wachstumsgesetz:

$B(t) = B(0) \cdot 2^t$, $t \in \mathbb{N}$

b) Entwicklung der Algenmasse

Der jeweilige Bestand wird in Gramm gemessen.

Mit $B(t) = 8 \cdot 2^t$ ergibt sich folgende Tabelle.

t	0	1	2	3	4	5
B(t)	8	16	32	64	128	256

Der Tabelle ist zu entnehmen, dass zwischen 3 und 4 Tagen die Algenmasse 100 g vorhanden ist. Mit einer Verfeinerung der Wertetabelle lässt sich diese Angabe verbessern.

t	3,1	3,2	3,3	3,4	3,5	3,6	3,7
B(t)	68,6	73,5	78,8	84,4	90,5	97,0	104,0

Die Algenmasse ist nach etwa 3,6 Tagen 100 g.

Alternative

Du musst häufig Gleichungen der Form $a^x = b$ nach x auflösen. Mit dem Logarithmus geht dies folgendermaßen:

$$a^x = b$$
$$\log_{10}(a^x) = \log_{10}(b)$$
$$x \cdot \log_{10}(a) = \log_{10}(b)$$
$$x = \frac{\log_{10}(b)}{\log_{10}(a)}$$

Präge dir diese Rechenschritte ein.

Mit $B(t) = 100$ gilt:

$$100 = 8 \cdot 2^t$$
$$12{,}5 = 2^t$$
$$\log_{10}(12{,}5) = \log_{10}(2^t)$$
$$\log_{10}(12{,}5) = t \cdot \log_{10}(2)$$
$$t = \frac{\log_{10}(12{,}5)}{\log_{10}(2)}$$
$$t = 3{,}64\ldots$$

Nach etwa 3,6 Tagen ist die Algenmasse 100 g.

c) Entnahmemenge
Nach dem vierten Tag sind 128 g Algenmasse vorhanden. Wenn dieser Bestand am Ende des vierten Tages immer erreicht werden soll, dann müssen am Ende des dritten Tages 64 g Algenmasse vorhanden sein. Man könnte also am Ende des vierten Tages den Zuwachs im Laufe des vierten Tages, also 64 g Algenmasse entfernen.

3 (3 + 2 + 2 VP)
a) *Der Begriff Halbwertszeit besagt, dass nach dieser Zeit die Hälfte der ursprünglichen Substanz zerfallen ist. Die andere Hälfte ist nicht zerfallen. Die prozentuale Änderung des Bestands ist daher in jedem Abschnitt −50 %.*
Zerfallsgesetz
Der Bestand B(t) an radioaktiven Schwefel halbiert sich nach jeweils neun Tagen.
Somit gilt: $\frac{B(9)}{B(0)} = \frac{1}{2}$
Damit liegt exponentielles Wachstum (Abnahme) vor.

$$B(9) = B(0) \cdot q^9$$
$$q^9 = \frac{B(9)}{B(0)}$$
$$q^9 = \frac{0,5}{1}$$
$$q^9 = 0,5$$
$$q = \sqrt[9]{0,5}$$
$$q = \left(\tfrac{1}{2}\right)^{\frac{1}{9}}$$
$$q \approx 0,926$$

Mit dem Wachstumsfaktor q = 0,926 erhält man:
$B(t) = B(0) \cdot 0,926^t,\ t \in \mathbb{N}$.
Die Maßzahl des in Gramm gemessenen Anfangsbestandes beträgt B(0) = 1,00.
Daher lautet das Zerfallsgesetz:
$B(t) = 1,00 \cdot 0,926^t,\ t \in \mathbb{N}$.
Jeder Zeitschritt ist ein Jahr lang.

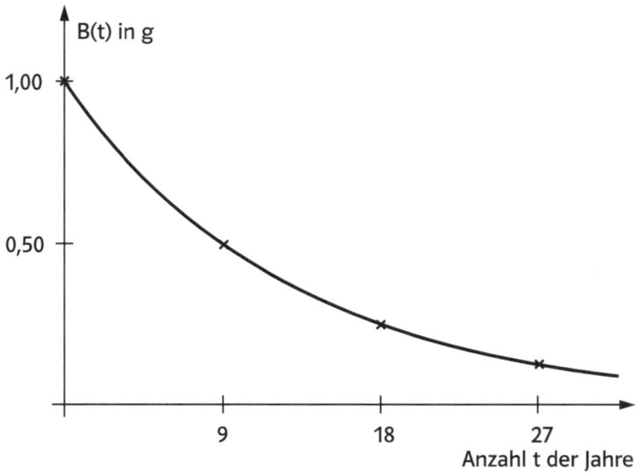

Alternative
Man kann von vorneherein als Zeitschritt jeweils neun Jahre wählen. Dann gilt: $\frac{B(t+1)}{B(t)} = \frac{1}{2}$
Daher:

$$B(t) = B(0) \cdot q^t$$
$$B(1) = B(0) \cdot q$$
$$\tfrac{1}{2} \cdot B(0) = B(0) \cdot q$$
$$\tfrac{1}{2} = q$$
$$q = \tfrac{1}{2}$$

Das Wachstumsgesetz lautet jetzt:
$B(t) = B(0) \cdot \left(\frac{1}{2}\right)^t,\ t \in \mathbb{N}$
Jeder Zeitschritt ist neun Jahre lang.

b) Zerfallsdauer
Wenn 99,9 % der Schwefelatome zerfallen sind, dann sind noch 0,1 % unzerfallen und es muss für t gelten:
B(t) = 0,1 % · B(0)
Folglich:

$$B(0) \cdot 0,926^t = \frac{1}{1000} \cdot B(0)$$
$$0,926^t = 0,001$$

Die Bestimmung von t erfolgt mit einer Wertetabelle.

t	50	70	90
$0,926^t$	0,0214	0,0046	0,00099

Nach etwa 90 Zeitschritten, das sind etwa 90 Jahre, sind 99,9 % der Schwefelatome zerfallen.

Alternative
Aus B(t) = 0,1 % · B(0) folgt hier:

$$B(0) \cdot \left(\tfrac{1}{2}\right)^{\frac{1}{9} \cdot t} = 0,1\,\% \cdot B(0)$$
$$\left(\tfrac{1}{2}\right)^{\frac{1}{9} \cdot t} = \frac{1}{1000}$$
$$\log_{10}\left(\tfrac{1}{2}\right)^{\frac{1}{9} \cdot t} = \log_{10}\left(\tfrac{1}{1000}\right)$$
$$\tfrac{1}{9} \cdot t \cdot \log_{10}\left(\tfrac{1}{2}\right) = \log_{10}(10^{-3})$$
$$\tfrac{1}{9} \cdot t \cdot \log_{10}\left(\tfrac{1}{2}\right) = -3$$
$$t = -3 \cdot \frac{9}{\log_{10}\left(\frac{1}{2}\right)}$$
$$t = \frac{-27}{-\log_{10}(2)}$$
$$t = 89,692\ldots$$

Nach etwa 90 Zeitschritten, also 90 Jahren, sind 99,9 % der Schwefelatome zerfallen.

c) Masse des im vierten Jahr zerfallenden Schwefels
Am Ende des dritten Jahres, d.h. für t = 3, sind B(3) der Schwefelatome unzerfallen,
am Ende des vierten Jahres, d.h. für t = 4, sind B(4)der Atome unzerfallen.

Im Laufe des vierten Jahres zerfallen daher:
$\Delta B = B(3) - B(4)$
$\Delta B = B(0) \cdot 0{,}926^3 - B(0) \cdot 0{,}926^4$
$\Delta B = B(0) \cdot (0{,}926^3 - 0{,}926^4)$
$\Delta B = 1{,}00 \cdot (0{,}926^3 - 0{,}926^4)$
$\Delta B = 0{,}05875...$

Prozentsatz des im vierten Jahr zerfallenden Schwefels
Der Grundwert ist $B(0) = 1{,}00$. Somit ergibt sich:
$\frac{\Delta B}{B(0)} = 0{,}05875...$
Im vierten Jahr zerfallen etwa 5,9 % der Schwefelatome.

4 (5 + 2 VP)
a) Bestandsentwicklung
Mit der Modellgleichung
$B(t+1) = 0{,}6 \cdot B(t) + 80, \quad t \in \mathbb{N}$
$B(0) = 100$
erhält man die Tabellenwerte für den Bestand B(t) und die absolute Änderung B(t + 1) − B(t) für jeden Zeitschritt. Die Werte sind auf null Nachkommastellen gerundet.

t	0	1	2	3	4	5	6
B(t)	100	140	164	178	187	192	195
B(t + 1) − B(t)	–	40	24	14	9	5	3

Diagramm

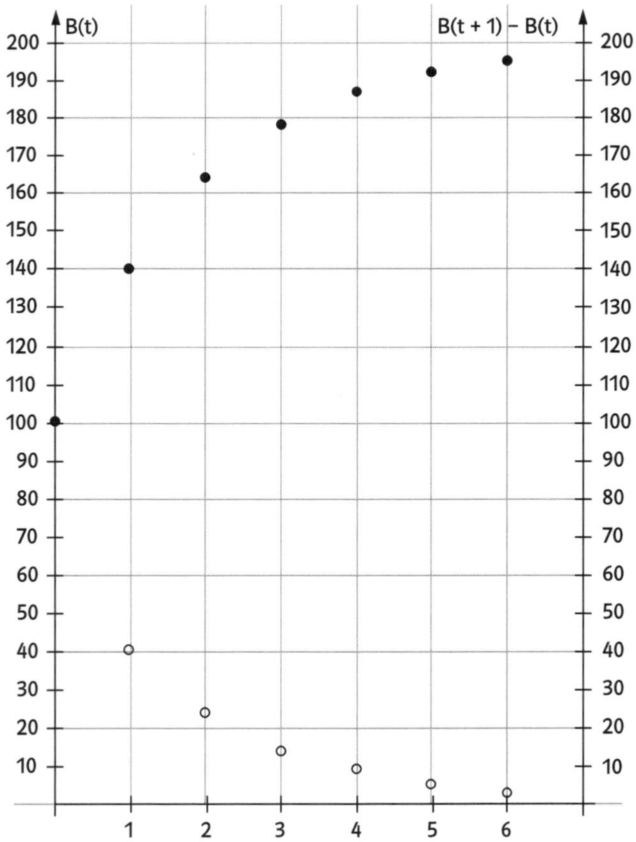

Du kannst eventuell auf der rechten Hochachse eine andere Skalierung wählen.

b) Ausschluss von linearem Wachstum
Beim linearen Wachstum ist die Differenz zweier aufeinanderfolgender Bestandszahlen immer konstant.
Hier gilt jedoch:
$B(1) - B(0) = 40$
$B(2) - B(1) = 24$
Die Bestandsänderung je Zeitschritt ist also nicht konstant. Daher liegt kein lineares Wachstum vor.

Ausschluss von exponentiellem Wachstum
Beim exponentiellen Wachstum ist der Quotient zweier aufeinanderfolgender Bestandszahlen immer konstant.
Hier gilt jedoch:
$\frac{B(1)}{B(0)} = \frac{140}{100} = 1{,}4$
$\frac{B(2)}{B(1)} = \frac{164}{140} = 1{,}17...$
Der Quotient aufeinanderfolgender Bestandszahlen ist nicht konstant. Daher liegt kein exponentielles Wachstum vor.

Klassenarbeit 5.2

1 (3 + 2 VP)

a) Kontostand nach fünf Jahren

Bei dieser Sparanlage vermehrt sich der Bestand bei jedem Zeitschritt von einem Jahr um $2{,}8\,\% = \frac{2{,}8}{100} = 0{,}028$ des zu Jahresbeginn vorhandenen Bestands.

Der Wachstumsfaktor ist daher bei jedem Zeitschritt 1,028. Folglich liegt exponentielles Wachstum des Kapitals vor und es gilt:

$B(t) = B(0) \cdot q^t$

Dabei ist B(0) das angelegte Kapital, t die Anzahl der Jahre und B(t) das Kapital nach t Jahren.

Somit:

$B(5) = B(0) \cdot q^5$

$B(5) = 25\,000\,€ \cdot 1{,}028^5$

$B(5) = 28\,701{,}56526\,€$

Der Kontostand beträgt 28 701,57 €.

b) Berechnung des Anfangskapitals

Nun gilt einerseits:

$B(5) = 35\,000\,€$

Andererseits:

$B(5) = B(0) \cdot 1{,}028^5$

Durch Gleichsetzen folgt:

$B(0) \cdot 1{,}028^5 = 35\,000\,€$

$B(0) = 35\,000\,€ : 1{,}028^5$

$B(0) = 30\,486{,}1422\,€$

Der Sparer hätte 30 486,14 € anlegen müssen.

2 (3 + 3 + 2 VP)

a) Wachstumsgesetz

Für jeden Zeitschritt von zwei Jahren beträgt der Wertverlust 35 % des jeweiligen Fahrzeugwertes. Dieser Wertverlust (die absolute Änderung des Bestands) ist also proportional zum jeweiligen Wert (dem Bestand). Folglich liegt exponentielles Wachstum (Abnahme) vor.

Das Gesetz lautet demnach: $B(t) = B(0) \cdot q^t,\ t \in \mathbb{N}$

Dabei bedeutet B(0) den Anschaffungspreis (in Euro gemessen), B(t) den Preis nach t Jahren (in Euro gemessen); q ist der Wachstumsfaktor.

Zeitwert nach fünf Jahren

Es gilt nach Aufgabenstellung:

$B(2) = \frac{65}{100} \cdot B(0)$

Andererseits:

$B(2) = B(1) \cdot q = B(0) \cdot q^2$

Vergleich zeigt:

$B(0) \cdot q^2 = \frac{65}{100} \cdot B(0)$

$q^2 = \frac{65}{100}$

$q = \sqrt{0{,}65}$

$q \approx 0{,}806$

Somit: $B(t) = 45\,000 \cdot 0{,}806^t,\ t \in \mathbb{N}$

$B(5) = 45\,000 \cdot 0{,}806^5$

$B(5) = 15\,306{,}91\ldots$

Das Fahrzeug hat nach fünf Jahren noch einen Zeitwert von etwa 15 300 €.

b) Wertminderung des Fahrzeugs

$B_1 = B(0) - B(5)$

$B_1 = 45\,000 - 15\,300$

$B_1 = 29\,700$

Versicherungsbeträge und Steuer

$B_2 = 5 \cdot 600$

$B_2 = 3000$

Inspektionen und Wartung

$B_3 = 5 \cdot 400$

$B_3 = 2000$

Benzinkosten

$B_4 = 5 \cdot 150 \cdot 10{,}8 \cdot 1{,}50$

$B_4 = 12\,150$

Gesamtaufwand in fünf Jahren

$B = B_1 + B_2 + B_3 + B_4$

$B = 29\,700 + 3000 + 2000 + 12\,150$

$B = 46\,850$

Kosten je gefahrener Kilometer

Da in diesen fünf Jahren 75 000 km gefahren wurden, ergeben sich Kosten von (46 850 : 75 000) €.

Jeder Kilometer kostet etwa 0,62 €.

c) Gesamte Kreditkosten

$B_1 = 45\,000 \cdot 0{,}2\,\% \cdot 60$

$B_1 = 5400$

Gesamte Anschaffungskosten

$B_2 = 45\,000 + B_1$

$B_2 = 50\,400$

Monatsrate

$B = 50\,400 : 60$

$B = 840$

Jede Monatsrate beträgt 840 €.

3 (3 VP)

Wachstumsform

Bei linearem Wachstum müsste der Graph eine Gerade durch den Ursprung des Koordinatensystems sein. Dies ist hier nicht der Fall.

An der Grafik erkennt man, dass sich zu Beginn des Wachstums bei jedem Zeitschritt von einem Jahr die

Anzahl der erzeugten Gigawattstunden näherungsweise verdoppelt. Daher liegt exponentielles Wachstum mit dem Wachstumsfaktor 2 nahe.

Jahr	Energieerzeugung	Theoretischer Wert bei Verdopplung
2000	9	9
2001	19	18
2002	37	36
2003	78	72
2004	128	144
2005	262	288
2006	500	576

Damit würde man im Jahre 2008 nach zwei weiteren Zeitschritten etwa das Vierfache von 576 Gigawatt-Stunden erwarten. Dies sind etwa 2300 Gigawatt-Stunden.

Modellkritik
Bei exponentiellem Wachstum nimmt der Bestand im Laufe der Zeit über alle Grenzen zu. Dies ist weder bei Wachstum in der Natur noch bei der Produktion von irgendwelchen Gegenständen (hier Solarmodulen) wegen der endlichen Ressourcen möglich. Jedes Wachstum gelangt daher an eine Grenze. Exponentielles Wachstum ist auf lange Sicht nicht möglich.

4 (4 + 4 VP)
a) Absolute Änderung je Zeitschritt
Es gilt:
$B(1) - B(0) = 130 - 100 = 30$
$B(2) - B(1) = 169 - 130 = 39$
$B(3) - B(2) = 220 - 169 = 51$
Daran erkennt man bereits, dass die absoluten Änderungen je Zeitschritt nicht konstant sind. Demzufolge liegt kein lineares Wachstum vor.

Prozentuale Änderung je Zeitschritt
Es gilt:
$\frac{B(1)}{B(0)} = \frac{130}{100} = 1{,}3000$
$\frac{B(2)}{B(1)} = \frac{169}{130} = 1{,}3000$
$\frac{B(3)}{B(2)} = \frac{220}{169} = 1{,}3017\ldots$
$\frac{B(4)}{B(3)} = \frac{286}{220} = 1{,}3000$
$\frac{B(5)}{B(4)} = \frac{371}{286} = 1{,}2972\ldots$
$\frac{B(6)}{B(5)} = \frac{483}{371} = 1{,}3018\ldots$
Der Bestand wächst in jedem Zeitschritt mit dem Wachstumsfaktor 1,30.

Die prozentuale Änderung je Zeitschritt ist konstant 30 %. Folglich handelt es sich um exponentielles Wachstum.

Wachstumsgesetz
Das Wachstumsgesetz bei exponentiellem Wachstum hat die Form $B(t) = B(0) \cdot q^t,\ t \in \mathbb{N}$.
Mit $B(0) = 100$ und $q = 1{,}30$ erhält man:
$B(t) = 100 \cdot 1{,}30^t,\ t \in \mathbb{N}$

b) Bestand nach drei Zeitschritten
Mit dem angenommenen Wachstumsgesetz
$B(t) = B(0) \cdot 1{,}25^t$ erhält man für $t = 3$:
$B(3) = B(0) \cdot 1{,}25^3$
$B(3) \approx B(0) \cdot 1{,}953$
Der Bestand ändert sich in den ersten drei Zeitschritten auf etwa 195,3 % des Anfangsbestands (d. h. er vergrößert sich um etwa 95,3% des Anfangsbestands).
Da beim exponentiellen Wachstum die prozentuale Änderung des Bestands in gleichen Zeiträumen immer dieselbe ist, vergrößert sich der Bestand auch in jeweils folgenden drei Zeitschritten immer um etwa 95,3 %.

Bemerkung
Allgemein gilt:
$B(t+3) = B(0) \cdot q^{t+3}$
$B(t+3) = B(0) \cdot q^t \cdot q^3$
$B(t+3) = B(t) \cdot q^3$
$B(t+3) \approx B(t) \cdot 1{,}953$

Anzahl der Zeitschritte
Der Anfangsbestand soll sich um 500 % vergrößern, also auf 600 % des Anfangsbestands anwachsen.
Für die Anzahl t der Zeitschritte gilt einerseits:
$B(t) = B(0) \cdot 6$
Andererseits:
$B(t) = B(0) \cdot 1{,}25^t$
Somit:
$B(0) \cdot 6 = B(0) \cdot 1{,}25^t$
$6 = 1{,}25^t$
Wertetabelle zur näherungsweisen Lösung dieser Gleichung:

t	3	4	5	6	7	8	9
$1{,}25^t$	1,95	2,44	3,05	3,81	4,77	5,96	7,45

Der Anfangsbestand ist nach etwa acht Zeitschritten auf das Sechsfache, also um 500 % angewachsen.

Alternative
Wer den Logarithmus zur Verfügung hat, der rechnet folgendermaßen:

$6 = 1{,}25^t$
$\log_{10}(6) = \log_{10}(1{,}25^t)$
$\log_{10}(6) = t \cdot \log_{10}(1{,}25)$
$t = \frac{\log_{10}(6)}{\log_{10}(1{,}25)}$
$t = 8{,}0296\ldots$

Der Anfangsbestand ist nach etwa acht Zeitschritten um 500 % angewachsen.

Klassenarbeit 5.3

1 (4 VP)

Wachstumsform	B(0)	B(1)	B(3)
Lineares Wachstum	**1,5**	2,0	3,0
Exponentielles Wachstum	3000	**3600**	5184
Exponentielles Wachstum	**1414**	2000	4000

Begründungen
Lineares Wachstum
Es gilt: $B(3) = B(2) + d = B(1) + d + d = B(1) + 2 \cdot d$
Für die absolute Änderung je Zeitschritt folgt daher:
$d = \frac{B(3) - B(1)}{2}$
$d = \frac{3{,}0 - 2{,}0}{2}$
$d = 0{,}5$
Mit $B(1) = B(0) + d$ *erhält man:*
$B(0) = B(1) - d$
$B(0) = 2{,}0 - 0{,}5$
$B(0) = 1{,}5$

Exponentielles Wachstum
Es gilt: $B(t) = B(0) \cdot q^t$
Mit $t = 3$ *ergibt sich:*
$B(3) = B(0) \cdot q^3$
$q^3 = \frac{B(3)}{B(0)}$
$q = \sqrt[3]{\frac{B(3)}{B(0)}}$
$q = \sqrt[3]{\frac{5184}{3000}}$
$q = 1{,}2$
Somit:
$B(1) = B(0) \cdot 1{,}2^1$
$B(1) = 3000 \cdot 1{,}2$
$B(1) = 3600$

Exponentielles Wachstum
Es gilt: $B(t) = B(0) \cdot q^t$
Mit $t = 1$ *ergibt sich:*
$B(1) = B(0) \cdot q^1$
(1) $2000 = B(0) \cdot q$
Mit $t = 3$ *ergibt sich:*
$B(3) = B(0) \cdot q^3$
(2) $4000 = B(0) \cdot q^3$
Dividiert man Gleichung (2) durch Gleichung (1), so folgt:
$\frac{4000}{2000} = \frac{B(0) \cdot q^3}{B(0) \cdot q}$
$2 = q^2$
$q = \sqrt{2}$
(Die Lösung $q = -\sqrt{2}$ *entfällt.)*

Einsetzen in (1) ergibt:

$$2000 = B(0) \cdot \sqrt{2}$$
$$B(0) = \frac{2000}{\sqrt{2}}$$
$$B(0) \approx 1414$$

2 (4 VP)

Aussage	w	f
1. Je länger die Beobachtungszeit ist, desto größer ist die Pilzmasse.	X	
2. In jeder Stunde nimmt die Masse um 1,2 Prozent zu.		X
3. Bei Beobachtungsbeginn ist die Pilzmasse 0,05 Gramm.	X	
4. Nach zwei Stunden ist mehr als doppelt soviel Pilzmasse vorhanden wie nach einer Stunde.		X
5. Der Zuwachs der Masse je Stunde beträgt 0,006 Gramm.		X
6. Eine Stunde nach Beobachtungsbeginn ist die Pilzmasse 0,056 Gramm.	X	
7. Die absolute Änderung der Pilzmasse mit der Zeit bleibt immer gleich.		X
8. Die prozentuale Änderung der Pilzmasse ist konstant.	X	

Begründungen

Es handelt sich um exponentielles Wachstum mit dem Anfangsbestand $B(0) = 0{,}05$ und dem Wachstumsfaktor $q = 1{,}12$.

1. *Da der Wachstumsfaktor größer als 1 ist, wächst $B(t)$ streng monoton mit der Anzahl t der Zeitschritte.*
   Die Aussage ist wahr.
2. *Wegen $B(1) = B(0) \cdot 1{,}12$ beträgt die Zunahme 12 % je Stunde.*
   Die Aussage ist daher falsch.
3. *Für $t = 0$ ergibt sich*
   $B(0) = 0{,}05 \cdot 1{,}12^0 = 0{,}05 \cdot 1$.
   Der Anfangsbestand $B(0)$ ist 0,05.
   Die Aussage ist wahr.
4. *Es gilt: $B(2) = B(0) \cdot 1{,}12^2 = B(0) \cdot 1{,}2544$*
   $B(1) = B(0) \cdot 1{,}12^1 = B(0) \cdot 1{,}12$
   Daher: $B(2) < 2 \cdot B(1)$
   Die Aussage ist falsch.
5. *Der Zuwachs der Masse ist bei exponentiellem Wachstum nicht für jeden Zeitschritt konstant.*
   Die Aussage ist falsch.
6. *Es gilt: $B(1) = B(0) \cdot 1{,}12^1 = 0{,}05 \cdot 1{,}12 = 0{,}056$.*
   Die Aussage ist wahr.
7. *Die absolute Änderung des Bestands ist bei exponentiellem Wachstum nicht konstant (vergleiche 4.).*
   Die Aussage ist falsch.
8. *Die prozentuale Änderung der Pilzmasse ist konstant und zwar eine Zunahme um 12 % je Stunde (vergleiche 2.).*
   Die Aussage ist wahr.

3 (2 + 2 + 3 VP)

a) Kapital nach drei Jahren

Wegen der Verzinsung mit einem konstanten Jahreszinssatz und der Mitverzinsung der erhaltenen Zinsen handelt es sich um exponentielles Wachstum.

Das Wachstumsgesetz lautet: $B(t) = B(0) \cdot q^t$

Mit $B(0) = 12\,000\,€$, $q = 1{,}022$ und $t = 3$ ergibt sich:

$B(3) = B(0) \cdot 1{,}022^3$

$B(3) = 12\,000\,€ \cdot 1{,}022^3$

$B(3) = 12\,809{,}551\ldots\,€$

Der Sparer erhält nach drei Jahren 12 809,55 € ausbezahlt.

b) Höhe des Anlagebetrags

Mit $B(3) = 18\,680{,}60\,€$, $q = 1{,}022$ und $t = 3$ folgt:

$$B(3) = B(0) \cdot 1{,}022^3$$
$$18\,680{,}60\,€ = B(0) \cdot 1{,}022^3$$
$$B(0) = \frac{18\,680{,}60\,€}{1{,}022^3}$$
$$B(0) = 17\,500{,}003\ldots\,€$$

Der Anlagebetrag war 17 500,00 €.

c) Höhe des Anlagebetrags

Mit $B(3) - B(0) = 3000\,€$, $q = 1{,}022$ und $t = 3$ erhält man:

$$B(3) - B(0) = 3000\,€$$
$$B(0) \cdot 1{,}022^3 - B(0) = 3000\,€$$
$$B(0) \cdot (1{,}022^3 - 1) = 3000\,€$$
$$B(0) = \frac{3000\,€}{1{,}022^3 - 1}$$
$$B(0) = 44\,469{,}052\ldots\,€$$

Der Sparer muss 44 469,05 € anlegen.

Anlagebetrag bei doppeltem Kapitalzuwachs

Mit $B(3) - B(0) = 6000\,€$, $q = 1{,}022$ und $t = 3$ erhält man:

$$B(3) - B(0) = 6000\,€$$
$$B(0) \cdot 1{,}022^3 - B(0) = 6000\,€$$
$$B(0) \cdot (1{,}022^3 - 1) = 6000\,€$$
$$B(0) = \frac{6000\,€}{1{,}022^3 - 1}$$
$$B(0) = 88\,938{,}104\ldots\,€$$

Das angelegte Kapital müsste doppelt so hoch sein.

4 (2 + 2 + 2 + 3 VP)

a) Gesetz für die Luftdruckabnahme

Da der Luftdruck in Bodennähe beim Höhenunterschied von jeweils 8 m um den konstanten Wert 1 mbar abnimmt, liegt lineares Wachstum vor. Das Wachstumsgesetz hat daher folgende Form:

$p(h) = p(0) - \frac{1}{8} \cdot h$

$p(h) = 1013 - \frac{1}{8} \cdot h$

h ist die Maßzahl der in Metern gemessenen Höhe, p(h) ist die Maßzahl des in Millibar gemessenen Drucks in der Höhe h Meter.

Luftdruck in 1200 m Höhe
Für h = 1200 folgt:
$p(1200) = 1013 - \frac{1}{8} \cdot 1200$
$p(1200) = 1013 - 150$
$p(1200) = 863$
In 1200 m Höhe erwartet man den Luftdruck 863 mbar.

b) Höhenunterschied
Die beiden Orte mögen auf den Höhen h_1 Meter und h_2 Meter liegen. Dann gilt:
$p(h_1) = 1013 - \frac{1}{8} \cdot h_1$
$p(h_2) = 1013 - \frac{1}{8} \cdot h_2$
Daraus erhält man:
$\frac{1}{8} \cdot h_1 = 1013 - p(h_1)$
$h_1 = 8 \cdot (1013 - p(h_1))$
$h_1 = 8 \cdot (1013 - 960)$
$h_1 = 424$
$\frac{1}{8} \cdot h_2 = 1013 - p(h_2)$
$h_2 = 8 \cdot (1013 - p(h_2))$
$h_2 = 8 \cdot (1013 - 984)$
$h_2 = 232$
Daher:
$\Delta h = h_1 - h_2$
$\Delta h = 424 - 232$
$\Delta h = 192$
Der Höhenunterschied der beiden Orte beträgt 192 m.

c) Modellkritik
Mit dem Gesetz $p(h) = p(0) - \frac{1}{8} \cdot h = 1013 - \frac{1}{8} \cdot h$ lässt sich berechnen, in welcher Höhe der Luftdruck auf 0 Millibar abgenommen hätte:
$0 = 1013 - \frac{1}{8} \cdot h$
$\frac{1}{8} \cdot h = 1013$
$h = 8104$
Der Luftdruck wäre beim verwendeten linearen Modell in 8104 m Höhe auf 0 mbar gesunken. Da dies in Wirklichkeit nicht der Fall ist, muss das verwendete Modell wenigstens einen entscheidenden Fehler für größere Höhen haben. Dieser Fehler kann nur in der Annahme einer linearen Luftdruckabnahme liegen.

Bemerkung
Bei der Annahme einer linearen Abnahme wird davon ausgegangen, dass eine Luftsäule der Höhe 8 m einen Druck von 1 mbar erzeugt, unabhängig davon, in welcher Höhe sich diese Luftsäule befindet.
Der Luftdruck kommt durch das Gewicht der übereinanderliegenden Luftschichten zustande. Die tiefer liegenden Schichten werden durch darüber liegende zusammengepresst. Aus diesem Grund besitzen sie eine größere Luftdichte als weiter oben liegende Schichten. Darum übt eine Luftsäule der Höhe 8 m am Erdboden einen größeren Druck aus als in großer Höhe.

d) Wachstumsgesetz für den Luftdruck
Nach jeweils 5,5 km nimmt der Luftdruck auf die Hälfte des vorherigen Wertes ab. Damit liegt nun eine exponentielle Druckabnahme vor.
Es gilt:
$p(h) = p(0) \cdot q^h$
Mit $p(5500) = \frac{1}{2} \cdot p(0)$ folgt
$p(0) \cdot q^{5500} = \frac{1}{2} \cdot p(0)$
$q^{5500} = \frac{1}{2}$
$q = \sqrt[5500]{\frac{1}{2}}$ (≈ 0,999873...)
Somit:
$p(h) = 1013 \cdot \left(\sqrt[5500]{\frac{1}{2}}\right)^h$
$p(h) \approx 1013 \cdot 0{,}99987^h$
h ist die Maßzahl der in Metern gemessenen Höhe, p(h) ist die Maßzahl des in Millibar gemessenen Drucks in der Höhe h Meter.

Luftdruck in 1200 m Höhe
Mit dem angegebenen Gesetz folgt:
$p(1200) = 1013 \cdot \left(\sqrt[5500]{\frac{1}{2}}\right)^{1200}$
$p(1200) = 870{,}823...$
Der Luftdruck in 1200 m Höhe beträgt etwa 870 mbar.

Höhe mit dem Luftdruck 400 mbar
Nun gilt für die Maßzahl h dieser Höhe:
$400 = 1013 \cdot 0{,}99987^h$
$0{,}99987^h = \frac{400}{1013}$
$0{,}99987^h \approx 0{,}39487$
Diese Gleichung kann mit einer Wertetabelle näherungsweise gelöst werden.

h	1000	5000	7000	7100	7200
$0{,}99987^h$	0,878089	0,522024	0,402500	0,397301	0,392170

Der Luftdruck hat in etwa 7200 m Höhe auf 400 mbar abgenommen.

Alternative
Wer den Logarithmus zur Verfügung hat, der rechnet folgendermaßen:

$$400 = 1013 \cdot \left(\frac{1}{2}\right)^{\frac{1}{5500} \cdot h}$$
$$\frac{400}{1013} = \left(\frac{1}{2}\right)^{\frac{1}{5500} \cdot h}$$
$$\log_{10}\left(\frac{400}{1013}\right) = \log_{10}\left(\left(\frac{1}{2}\right)^{\frac{1}{5500} \cdot h}\right)$$
$$\log_{10}\left(\frac{400}{1013}\right) = \frac{1}{5500} \cdot h \cdot \log_{10}\left(\frac{1}{2}\right)$$
$$h = \left(5500 \cdot \log_{10}\left(\frac{400}{1013}\right)\right) : \log_{10}\left(\frac{1}{2}\right)$$
$$h = 7373{,}092\ldots$$

Die Abweichung vom oben berechnetem Wert entsteht durch die Rundung von q auf fünf Nachkommastellen.

Klassenarbeit 5.4

1 (2 + 2 + 3 VP)

a) Bestandsänderung 1, Explizite Beschreibung
Der Anfangsbestand wächst in jedem Zeitschritt um 4 Einheiten. Daher handelt es sich um lineares Wachstum.
Folglich gilt: $B(t) = 100 + 4 \cdot t,\ t \in \mathbb{N}$.

Bestandsänderung 2, Rekursive Beschreibung
Der Anfangsbestand nimmt in jedem Zeitschritt um 3 Einheiten ab. Daher handelt es sich um lineares Wachstum.
Folglich gilt: $B(t+1) = B(t) - 3,\ t \in \mathbb{N},\ B(0) = 100$

b) Bestandsänderung 3, Bestimmung von p
Es wird exponentielles Wachstum vorausgesetzt.
Mit $B(t) = B(0) \cdot (1 + p)^t$ erhält man:

$$B(1) = B(0) \cdot (1 + p)^1$$
$$B(0) + 40 = B(0) \cdot (1 + p)$$
$$140 = 100 \cdot (1 + p)$$
$$1{,}4 = 1 + p$$
$$p = 0{,}4$$

Bestimmung des Tabellenwerts
Mit $B(t) = 100 \cdot 1{,}4^t,\ t \in \mathbb{N}$, erhält man:
$B(3) = 100 \cdot 1{,}4^3$
$B(3) \approx 274$
$B(2) = 100 \cdot 1{,}4^2$
$B(2) = 196$
Für die Bestandsänderung beim dritten Zeitschritt ergibt sich daher:
$\Delta B = B(3) - B(2)$
$\Delta B = 274 - 196$
$\Delta B = 78$

c) Bestandsänderung 4, Rekursive Beschreibung
Bestandsentwicklung

Zeitschritt	0	1	2	3	4	5
Bestand	100	80	64	51	41	33

Man erkennt:
$\frac{B(1)}{B(0)} = \frac{80}{100} = 0{,}8$
$\frac{B(2)}{B(1)} = \frac{64}{80} = 0{,}8$
$\frac{B(3)}{B(2)} = \frac{51}{64} \approx 0{,}7969$
$\frac{B(4)}{B(3)} = \frac{41}{51} \approx 0{,}8039$
$\frac{B(5)}{B(4)} = \frac{33}{41} \approx 0{,}8049$

Der Quotient aufeinanderfolgender Bestände ist (näherungsweise) konstant. Somit liegt exponentielles Wachstum vor. Der Wachstumsfaktor ist $q = 0{,}8$.

Die rekursive Beschreibung lautet:
$B(t+1) = 0{,}8 \cdot B(t),\ t \in \mathbb{N},\ B(0) = 100$

2 (3 + 2 VP)
a) Rekursive Beschreibung
Die anfängliche nicht angemalte Quadratfläche bedeute den Anfangsbestand $B(0) = a^2$.
Beim ersten Färbevorgang wird $\frac{1}{9}$ der Fläche gefärbt. Nicht angemalt sind daher $\frac{8}{9}$ der Quadratfläche. Somit gilt: $B(1) = \frac{8}{9} \cdot B(0)$.
Beim zweiten Färbevorgang werden $\frac{8}{9}$ der bisher nicht angemalten Fläche angemalt (entsprechend den acht kleinen Quadraten). Nicht angemalt sind also: $B(2) = \frac{8}{9} \cdot B(1)$.
Diese Überlegung lässt sich fortführen. Für den n-ten Färbevorgang gilt also:
$B(n) = \frac{8}{9} \cdot B(n-1),\ n \in \mathbb{N},\ n \geqq 1,\ B(0) = a^2$

Größe der nicht angemalten Fläche
Mit dieser rekursiven Beschreibung erhält man:

$$B(6) = \left(\tfrac{8}{9}\right) \cdot B(5)$$
$$B(6) = \left(\tfrac{8}{9}\right)^2 \cdot B(4)$$
$$B(6) = \left(\tfrac{8}{9}\right)^3 \cdot B(3)$$
$$B(6) = \left(\tfrac{8}{9}\right)^4 \cdot B(2)$$
$$B(6) = \left(\tfrac{8}{9}\right)^5 \cdot B(1)$$
$$B(6) = \left(\tfrac{8}{9}\right)^6 \cdot B(0)$$
$$B(6) = \left(\tfrac{8}{9}\right)^6 \cdot a^2 \quad (\approx 0{,}4933 \cdot a^2)$$

b) Bestimmung der Nummer des Färbevorgangs
Es soll gelten: $B(n) < 10^{-6} \cdot a^2$
Folglich:

$$\left(\tfrac{8}{9}\right)^n \cdot a^2 < 10^{-6} \cdot a^2$$
$$\left(\tfrac{8}{9}\right)^n < 0{,}000\,001$$

Die Ungleichung wird mit einer Wertetabelle näherungsweise gelöst.

n	100	110	120	115
$\left(\frac{8}{9}\right)^n$	0,000 007 67	0,000 002 36	0,000 000 727	0,000 001 31

n	116	117	118
$\left(\frac{8}{9}\right)^n$	0,000 001 16	0,000 001 04	0,000 000 92

Die nicht angemalte Fläche wird kleiner als $10^{-6} \cdot a^2$, wenn man $n > 117$ wählt.

Alternative:
Wer den Logarithmus zur Verfügung hat, der kann folgendermaßen rechnen:

$$\left(\tfrac{8}{9}\right)^n \cdot a^2 < 10^{-6} \cdot a^2$$
$$\left(\tfrac{8}{9}\right)^n < 10^{-6}$$
$$\log_{10}\left(\tfrac{8}{9}\right)^n < \log_{10}(10^{-6})$$
$$n \cdot \log_{10}\left(\tfrac{8}{9}\right) < -6$$
$$n > \frac{-6}{\log_{10}\left(\frac{8}{9}\right)}$$
$$n > 117{,}296\ldots$$

Zur Erinnerung:
Wenn man beide Seiten einer Ungleichung durch eine negative Zahl dividiert, muss man das Kleinerzeichen durch das Größerzeichen ersetzen (und umgekehrt).
Beispiel: $-2 < -1 \quad | :(-2)$
$1 > \frac{1}{2}$

3 (5 VP)
Bestimmung der jährlichen Änderung
Der jährliche Zuwachs besteht aus dem Zins auf das Kapital zum jeweiligen Jahresende. Dieses Kapital nach t Jahren wird mit B(t) bezeichnet. Der Zuwachs beträgt dann $\frac{5}{100} \cdot B(t)$.
Die jährliche Abnahme am Jahresanfang (also nach der Zinszahlung für das Vorjahr) beträgt konstant 8000,00 €.
Die jährliche Änderung beträgt demzufolge $\frac{5}{100} \cdot B(t) - 8000{,}00$ €. Diese Änderung ist nicht konstant. Daher liegt kein lineares Wachstum vor. Die Änderung ist aber auch nicht proportional zum jeweiligen Bestand. Folglich liegt auch kein exponentielles Wachstum vor.
Die Berechnung der Bestandsentwicklung kann also nur rekursiv erfolgen.

Rekursive Beschreibung
Es gilt:
$B(t+1) = B(t) + \frac{5}{100} \cdot B(t) - 8000{,}00$ €,
$B(0) = 90\,000{,}00$ €
$B(t+1) = 1{,}05 \cdot B(t) - 8000{,}00$ €,
$B(0) = 90\,000{,}00$ €

Bestandsentwicklung mit dem Taschenrechner

Anzahl der Jahre seit Anlagebeginn	Bestand B(t) nach t Jahren
0	90 000,00 €
1	86 500,00 €
2	82 825,00 €
3	78 966,25 €
4	74 914,56 €
5	70 660,29 €
6	66 193,30 €
7	61 502,97 €
8	56 578,12 €
9	**51 407,02 €**
10	45 977,37 €

Neun Jahre nach Anlagebeginn sind noch 51 407,02 € auf dem Sparkonto. Im folgenden Jahr würde der gewünschte Notgroschen angetastet werden. Somit kann die Rente neun Jahre lang auf die angegebene Weise aufgebessert werden.

4 (3 + 4 VP)

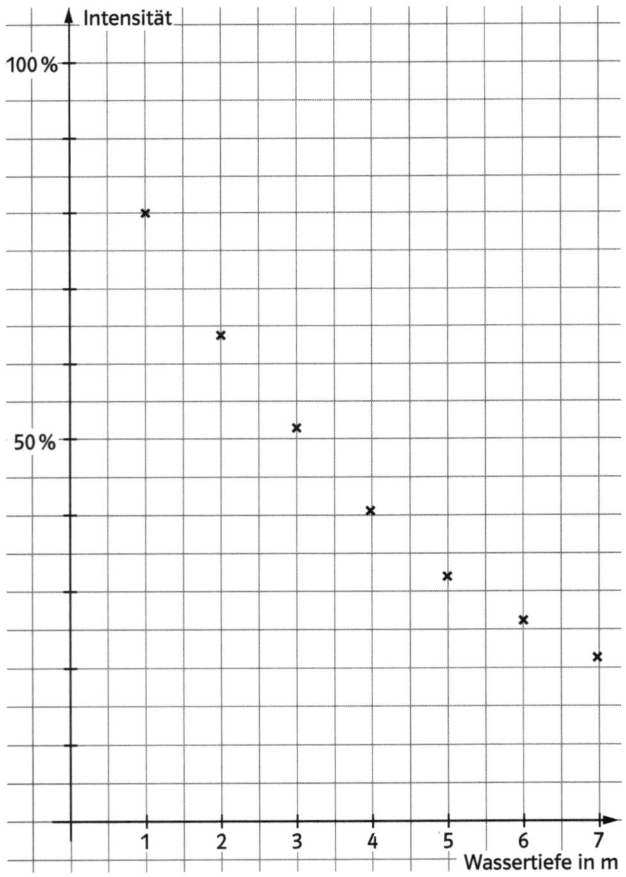

a) Nachweis der exponentiellen Abnahme
Die Anfangsintensität wird mit B (0) bezeichnet. t bezeichnet die Anzahl der Meterschritte in die Tiefe des Sees. B (t) ist die Intensität in der Tiefe t Meter.
Aus dem Graphen gewinnt man die folgende Wertetabelle.

t	B(t)
0	B(0)
1	$0{,}80 \cdot B(0)$
2	$0{,}64 \cdot B(0)$
3	$0{,}51 \cdot B(0)$
4	$0{,}41 \cdot B(0)$
5	$0{,}32 \cdot B(0)$
6	$0{,}26 \cdot B(0)$
7	$0{,}21 \cdot B(0)$

Eine exponentielle Abnahme liegt vor, wenn der Quotient aufeinander folgender Bestandswerte immer gleich ist.
Hier gilt:

t	$\frac{B(t+1)}{B(t)}$
0	$\frac{B(1)}{B(0)} \approx 0{,}80$
1	$\frac{B(2)}{B(1)} \approx 0{,}80$
2	$\frac{B(3)}{B(2)} \approx 0{,}80$
3	$\frac{B(4)}{B(3)} \approx 0{,}80$
4	$\frac{B(5)}{B(4)} \approx 0{,}78$
5	$\frac{B(6)}{B(5)} \approx 0{,}81$
6	$\frac{B(7)}{B(6)} \approx 0{,}81$

Der Quotient aufeinander folgender Bestandswerte beträgt etwa q = 0,8. Somit liegt exponentielles Wachstum vor. Das Wachstumsgesetz lautet:
$B(t) = B(0) \cdot 0{,}8^t$

Intensität in 10 m Tiefe
$B(10) = B(0) \cdot 0{,}8^{10}$
$B(10) \approx 0{,}107 \cdot B(0)$
In 10 m Tiefe hat die Intensität auf etwa 10,7 % abgenommen.

Alternative
Aus den ersten beiden Messwerten B (0) und B (1) = 0,8 · B (0) kann man auf den vermutlichen Wachstumsfaktor q = 0,8 schließen. Damit erhält man das Wachstumsgesetz $B(t) = B(0) \cdot 0{,}8^t$.
Jetzt muss man noch kontrollieren, ob sich für die weiteren Werte von t auch die entsprechenden Bestandswerte im Graphen ergeben.

t	B(t) Ablesung	B(t) Berechnung
0	$1 \cdot B(0)$	$1 \cdot B(0)$
1	$0{,}80 \cdot B(0)$	$0{,}80 \cdot B(0)$
2	$0{,}64 \cdot B(0)$	$0{,}64 \cdot B(0)$
3	$0{,}51 \cdot B(0)$	$0{,}51 \cdot B(0)$
4	$0{,}41 \cdot B(0)$	$0{,}41 \cdot B(0)$
5	$0{,}32 \cdot B(0)$	$0{,}33 \cdot B(0)$
6	$0{,}26 \cdot B(0)$	$0{,}26 \cdot B(0)$
7	$0{,}21 \cdot B(0)$	$0{,}21 \cdot B(0)$

Die berechneten Werte sind auf zwei Nachkommastellen gerundet und stimmen gut mit den abgelesenen Werten überein.

b) Berechnung der Wassertiefe
Einerseits gilt $B(t) = B(0) \cdot 0{,}6^t$.
Andererseits ist $B(t) = B(0) \cdot 0{,}30$ bekannt.
Somit:
$B(0) \cdot 0{,}6^t = B(0) \cdot 0{,}30$
$0{,}6^t = 0{,}30$
Diese Gleichung löst man mit einer Wertetabelle.

t	1	2	3	2,5	2,4	2,3
$0{,}6^t$	0,60	0,36	0,216	0,279	0,293	0,309

Man erkennt, dass in der Tiefe von etwa 2,3 m bis 2,4 m die Intensität auf 30 % der Intensität an der Wasseroberfläche abgenommen hat.

Abnahme der Intensität um 10 %
In der Tiefe t Meter ist die Intensität $B(0) \cdot 0{,}6^t$, in der Tiefe (t + 1) Meter ist die Intensität $B(0) \cdot 0{,}6^{t+1}$.
Die Intensitätsabnahme kann daher beschrieben werden durch:
$B(t) - B(t+1) = B(0) \cdot 0{,}6^t - B(0) \cdot 0{,}6^{t+1}$
$B(t) - B(t+1) = B(0) \cdot (0{,}6^t - 0{,}6^{t+1})$
Da die Abnahme 10 % der ursprünglichen Intensität ist, folgt:
$B(0) \cdot 0{,}10 = B(0) \cdot (0{,}6^t - 0{,}6^{t+1})$
Daraus ergibt sich:
$0{,}10 = 0{,}6^t - 0{,}6^{t+1}$
$0{,}10 = 0{,}6^t - 0{,}6^t \cdot 0{,}6$
$0{,}10 = 0{,}6^t \cdot (1 - 0{,}6)$
$0{,}10 = 0{,}6^t \cdot 0{,}4$
$0{,}6^t = \frac{0{,}10}{0{,}4}$
$0{,}6^t = 0{,}25$
Diese Gleichung wird mit einer Wertetabelle gelöst. Aus der oben vorliegenden Tabelle ist bereits zu erkennen, dass t zwischen 2 und 3 liegt.

t	2	2,5	2,6	2,7
$0{,}6^t$	0,36	0,279	0,265	0,252

Wenn man von der Tiefe 2,7 m aus 1 m tiefer geht, nimmt die Intensität um etwa 10 % der an der Wasseroberfläche vorhandenen Intensität ab.

Pinboard – Trigonometrie

Seitenverhältnisse in rechtwinkligen Dreiecken

Definition

Diejenige Kathete eines rechtwinkligen Dreiecks, die einem Winkel gegenüberliegt, heißt Gegenkathete dieses Winkels.
Die andere Kathete heißt Ankathete dieses Winkels.

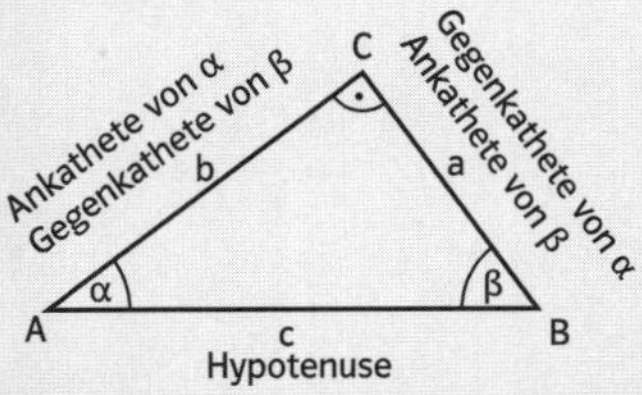

Definition

Wenn a die Länge der Gegenkathete eines Winkels der Weite α und c die Länge der Hypotenuse ist, dann nennt man das Verhältnis $\frac{a}{c}$ den **Sinus** von α und schreibt: $\sin(\alpha) = \frac{a}{c}$.

Wenn b die Länge der Ankathete eines Winkels der Weite α und c die Länge der Hypotenuse ist, dann nennt man das Verhältnis $\frac{b}{c}$ den **Kosinus** von α und schreibt: $\cos(\alpha) = \frac{b}{c}$.

Wenn a die Länge der Gegenkathete eines Winkels der Weite α und b die Länge der Ankathete ist, dann nennt man das Verhältnis $\frac{a}{b}$ den **Tangens** von α und schreibt: $\tan(\alpha) = \frac{a}{b}$.

Beispiele

Gegeben: $a = 2{,}7\,\text{cm}$, $c = 3{,}8\,\text{cm}$, $\gamma = 90°$
Gesucht: α, β, b
Lösung: $\sin(\alpha) = \frac{a}{c} = \frac{2{,}7\,\text{cm}}{3{,}8\,\text{cm}} \approx 0{,}7105$
$\alpha \approx 45{,}3°$
$\beta \approx 44{,}7°$
$\cos(\alpha) = \frac{b}{c}$
$b = c \cdot \cos(\alpha)$
$b = 3{,}8\,\text{cm} \cdot \cos(\alpha)$
$b \approx 2{,}7\,\text{cm}$

Gegeben: $a = 6{,}8\,\text{cm}$, $b = 4{,}9\,\text{cm}$, $\gamma = 90°$
Gesucht: α, β, c
Lösung: $\tan(\alpha) = \frac{a}{b} = \frac{6{,}8\,\text{cm}}{4{,}9\,\text{cm}} \approx 1{,}3878$
$\alpha \approx 54{,}2°$
$\beta \approx 35{,}8°$
$\sin(\alpha) = \frac{a}{c}$
$c = \frac{a}{\sin(\alpha)} = \frac{6{,}8\,\text{cm}}{\sin(\alpha)} \approx 8{,}4\,\text{cm}$

Gegeben: $\alpha = 26°$, $c = 6{,}2\,\text{cm}$, $\gamma = 90°$
Gesucht: β, a, b
Lösung: $\beta = 64°$
$\sin(\alpha) = \frac{a}{c}$
$a = c \cdot \sin(\alpha)$
$a = 6{,}2\,\text{cm} \cdot \sin(26°)$
$a \approx 2{,}7\,\text{cm}$
$\cos(\alpha) = \frac{b}{c}$
$b = c \cdot \cos(\alpha)$
$b = 6{,}2\,\text{cm} \cdot \cos(26°)$
$b \approx 5{,}6\,\text{cm}$

Wichtige Beziehungen

Wichtige Beziehungen zwischen Sinus-, Kosinus- und Tangenswerten

$\sin^2(\alpha) + \cos^2(\alpha) = 1$
$\tan(\alpha) = \frac{\sin(\alpha)}{\cos(\alpha)}$
$\sin(\alpha) = \cos(90° - \alpha)$
$\cos(\alpha) = \sin(90° - \alpha)$

Häufig vorkommende Sinus-, Kosinus- und Tangenswerte

α	0°	30°	45°	60°	90°
sin(α)	0	$\frac{1}{2}$	$\frac{1}{2}\sqrt{2}$	$\frac{1}{2}\sqrt{3}$	1
cos(α)	1	$\frac{1}{2}\sqrt{3}$	$\frac{1}{2}\sqrt{2}$	$\frac{1}{2}$	0
tan(α)	0	$\frac{1}{3}\sqrt{3}$	1	$\sqrt{3}$	

Tipp

Nicht immer sind die Seitenlängen und Winkelweiten mit den hier verwendeten Standardbezeichnungen versehen. Achte also bei der Verwendung anderer Variablennamen auf die Bedeutung der Buchstaben! Prüfe, ob es sich um Gegenkatheten oder Ankatheten der bezeichneten Winkel handelt.
Runde Sinus-, Kosinus- und Tangenswerte auf vier Nachkommastellen, Winkelweiten auf Zehntelgrad und Längen nicht genauer als in der Aufgabenstellung angegeben.

Das Bogenmaß eines Winkels

Definition

Zu jeder Winkelweite α (im Gradmaß) gehört die Länge x des zugehörigen Bogens auf dem Einheitskreis. Diese Länge x heißt das Bogenmaß von α.

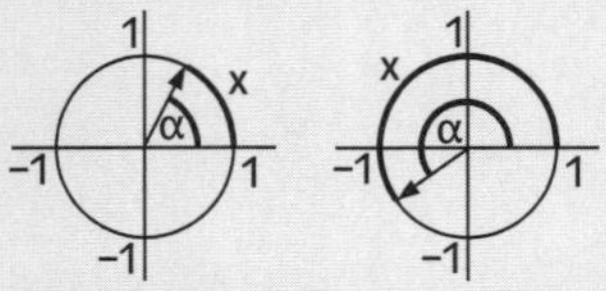

Zusamenhang zwischen α und x

Zu einem Winkel der Weite 360° gehört der Bogen der Länge $2 \cdot \pi$ (Umfang des Einheitskreises).
Zur Winkelweite 1° gehört daher das Bogenmaß $\frac{2\pi}{360°} = \frac{\pi}{180°}$.
Für die Winkelweite α folgt daraus: $x = \alpha \cdot \frac{\pi}{180°}$.
Üblicherweise gibt man das Bogenmaß als Vielfaches von π an.

Beispiele

Gegeben: $\alpha = 30°$
Gesucht: x
Lösung: $x = \alpha \cdot \frac{\pi}{180°}$
$x = 30° \cdot \frac{\pi}{180°}$
$x = \frac{\pi}{6}$

Gegeben: $x = 2$
Gesucht: α
Lösung: $x = \alpha \cdot \frac{\pi}{180°}$
$\alpha = x \cdot \frac{180°}{\pi}$
$\alpha = 2 \cdot \frac{180°}{\pi}$
$\alpha \approx 114{,}6°$

Merk-würdig

α	x
0°	0
30°	$\frac{\pi}{6}$
45°	$\frac{\pi}{4}$
60°	$\frac{\pi}{3}$
90°	$\frac{\pi}{2}$
120°	$\frac{2}{3}\pi$
135°	$\frac{3}{4}\pi$
150°	$\frac{5}{6}\pi$
180°	π

Achte darauf, dass der Taschenrechner im Gradmodus (DEG) eingestellt ist, wenn du mit den üblichen Winkelgraden rechnen willst.
Wenn du Werte trigonometrischer Funktionen berechnest, muss der Taschenrechner im Radianmodus (RAD) eingestellt sein!

Die Sinus- und die Kosinusfunktion

Definitionen	Veranschaulichung
Zum Bogenmaß x gehört ein Punkt X(u | v) auf dem Einheitskreis. Die erste Koordinate u dieses Punktes heißt Kosinus von x. Man schreibt dafür $u = \cos(x)$. Die zweite Koordinate v dieses Punktes heißt Sinus von x. Man schreibt dafür $v = \sin(x)$. Die Zuordnung, die jeder reellen Zahl x eine reelle Zahl sin(x) zuordnet, heißt Sinusfunktion. Man schreibt dann $f(x) = \sin(x)$. Die Zuordnung, die jeder reellen Zahl x eine reelle Zahl cos(x) zuordnet, heißt Kosinusfunktion. Man schreibt dann $f(x) = \cos(x)$.	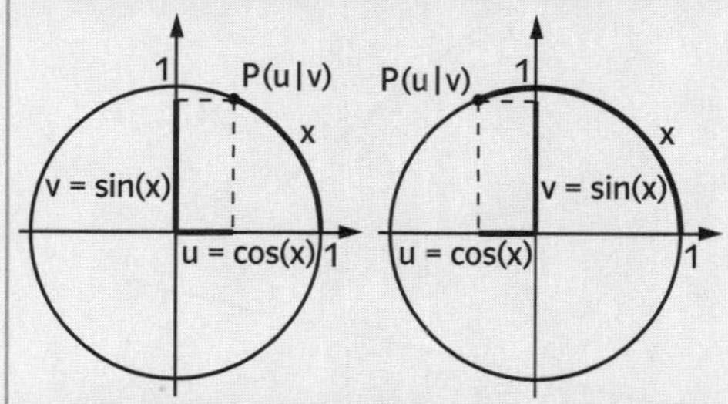

Lehrsätze	Veranschaulichung
Die Sinusfunktion ist periodisch mit der Periode 2π, denn es gilt für alle $x \in \mathbb{R}$ und $z \in \mathbb{Z}$: $\sin(x + 2\pi z) = \sin(x)$. Die Sinusfunktion hat die Nullstellen $x_z = z \cdot \pi$, $z \in \mathbb{Z}$. Der Graph der Sinusfunktion hat die Hochpunkte $H_z\left(\frac{1}{2}\pi + 2 \cdot \pi \cdot z \middle| 1\right)$ und die Tiefpunkte $T_z\left(\frac{3}{2}\pi + 2 \cdot \pi \cdot z \middle| -1\right)$, $z \in \mathbb{Z}$. Der Graph der Sinusfunktion ist punktsymmetrisch zum Koordinatenursprung.	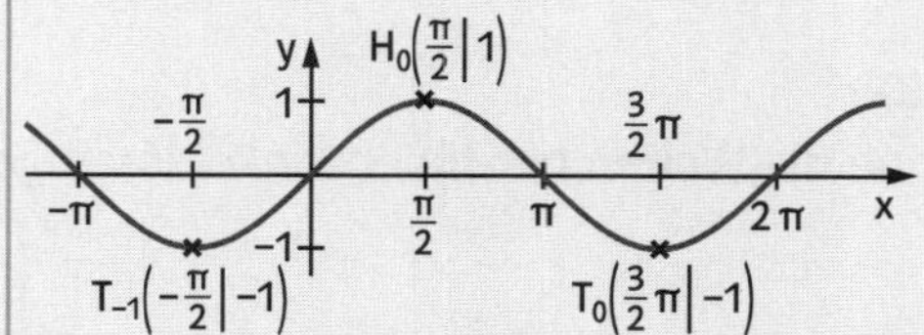
Die Kosinusfunktion ist periodisch mit der Periode 2π, denn es gilt für alle $x \in \mathbb{R}$ und $z \in \mathbb{Z}$: $\cos(x + 2\pi z) = \cos(x)$. Die Kosinusfunktion hat die Nullstellen $x_z = \frac{1}{2} \cdot \pi + z \cdot \pi$, $z \in \mathbb{Z}$. Der Graph der Kosinusfunktion hat die Hochpunkte $H_z(2 \cdot \pi \cdot z \mid 1)$ und die Tiefpunkte $T_z(\pi + 2 \cdot \pi \cdot z \mid -1)$, $z \in \mathbb{Z}$. Der Graph der Kosinusfunktion ist achsensymmetrisch zur y-Achse.	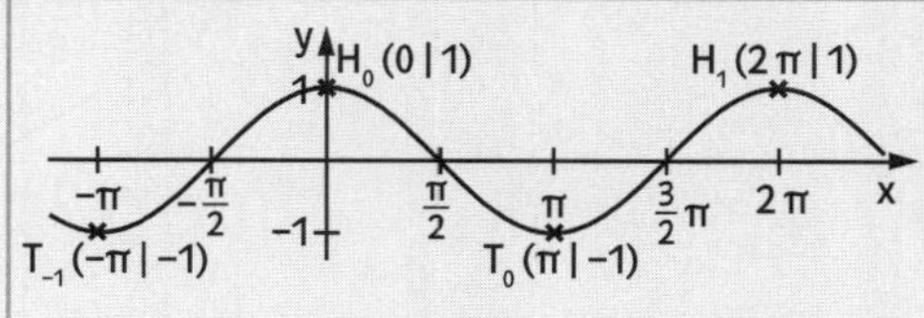

Siehe!

Für alle $x \in \mathbb{R}$ gilt:

$\sin(-x) = -\sin(x)$
$\cos(-x) = \cos(x)$

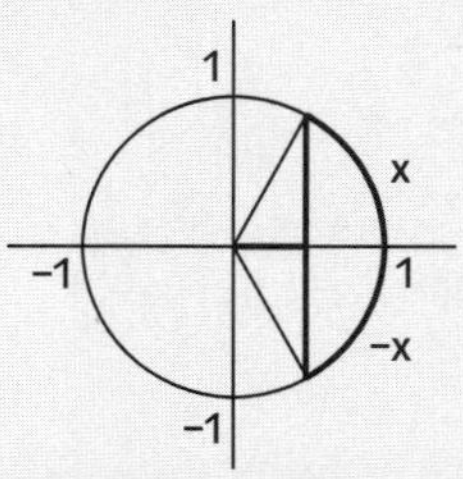

$\sin(\pi - x) = \sin(x)$
$\cos(\pi - x) = -\cos(x)$

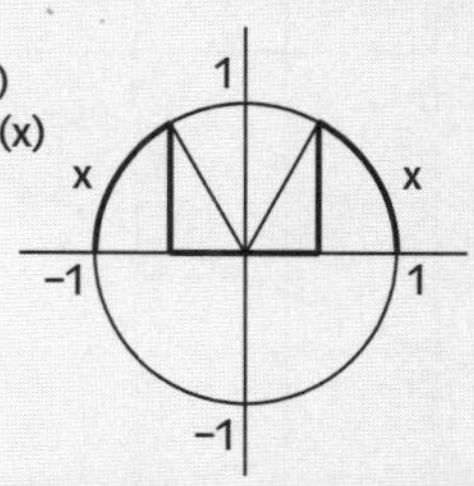

$\sin(\pi + x) = -\sin(x)$
$\cos(\pi + x) = -\cos(x)$

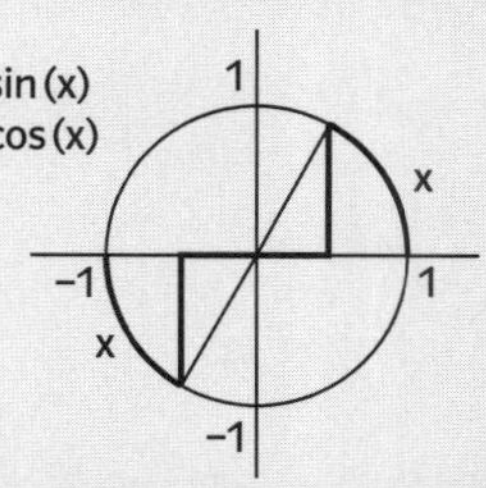

Bist du sicher?

1 Gegeben ist das Dreieck ABC.
Gib die richtigen Seitenverhältnisse an.
a) $\sin(\alpha)$, $\cos(\alpha)$, $\tan(\alpha)$
b) $\sin(\beta)$, $\cos(\beta)$, $\tan(\beta)$

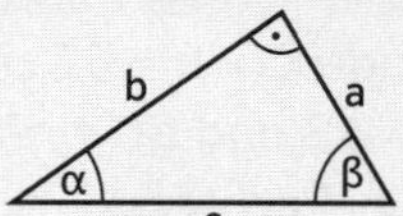

2 Gegeben ist das Dreieck UVW.
Drücke die Quotienten durch den Sinus, Kosinus oder Tangens geeigneter Winkel aus.

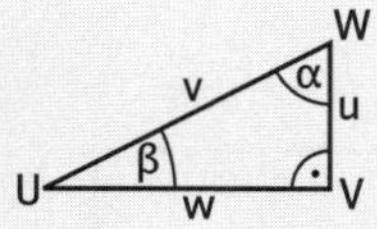

a) $\frac{u}{v}$ b) $\frac{w}{v}$ c) $\frac{u}{w}$ d) $\frac{w}{u}$

3 Berechne die fehlenden Seitenlängen und Winkelweiten im Dreieck ABC.

	a	b	c	α	β	γ
a)	5,0 cm			30°		90°
b)	6,4 cm				90°	57°
c)		3,8 cm	7,2 cm	90°		

4 Berechne x, α, β.

a)

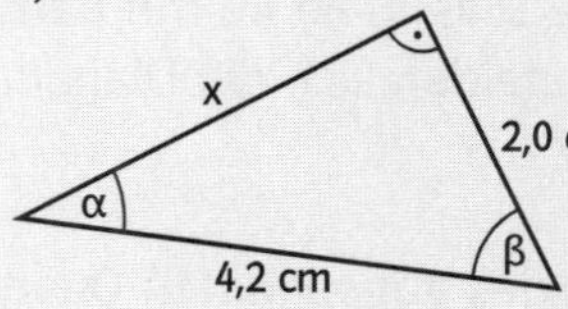

b)

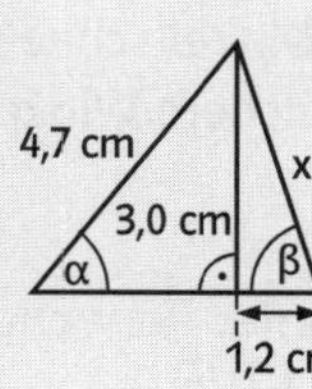

5 Gib im Bogenmaß x bzw. im Gradmaß α an.

α	20°	115°	210°			
x				$\frac{1}{18}\pi$	$\frac{3}{5}\pi$	1,4π

Lösungen

1 a) $\frac{a}{c}$; $\frac{b}{c}$; $\frac{a}{b}$ b) $\frac{b}{c}$; $\frac{a}{c}$; $\frac{b}{a}$ **2** a) $\sin(\beta) = \cos(\alpha)$ b) $\cos(\beta) = \sin(\alpha)$ c) $\tan(\beta)$ d) $\tan(\alpha)$ **3** a) b = 8,7 cm, c = 10,0 cm, β = 60° b) b = 11,8 cm, c = 9,9 cm, α = 33° c) a = 8,1 cm, β = 27,8°, γ = 62,2° **4** a) x ≈ 3,7 cm, $\sin(\alpha) = \frac{2}{4,2}$, daher α ≈ 28,4°, $\cos(\beta) = \frac{2}{4,2}$, daher β ≈ 61,6° b) x ≈ 3,2 cm, $\sin(\alpha) = \frac{3}{4,7}$, daher α ≈ 39,7°, $\tan(\beta) = \frac{3}{1,2}$, daher β ≈ 68,2° **5** $x = \frac{1}{9}\pi$, $x = \frac{23}{36}\pi$, $x = \frac{7}{6}\pi$, α = 10°, α = 108°, α = 252°

Anfangszeit: ________________ + 45 Minuten → Abgabe: ________________

1 (3 + 3 VP)
Berechne die fehlenden Seitenlängen und Winkelweiten in den abgebildeten Dreiecken.

a) 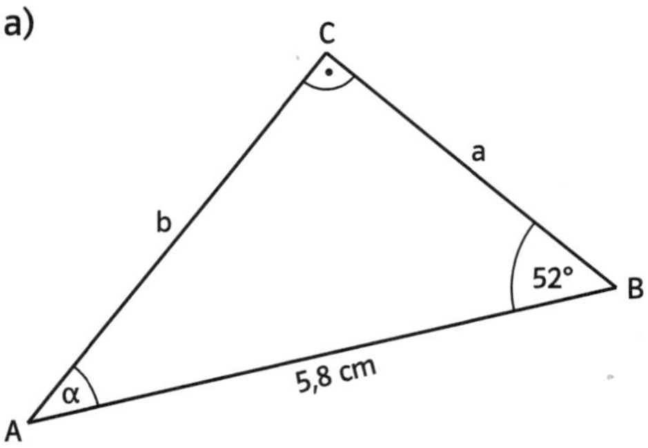

b) 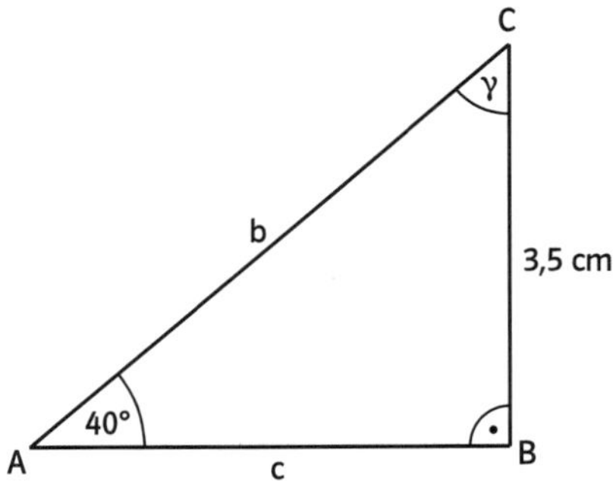

2 (4 VP)
Berechne die Weiten der Innenwinkel im abgebildeten Dreieck ABC.

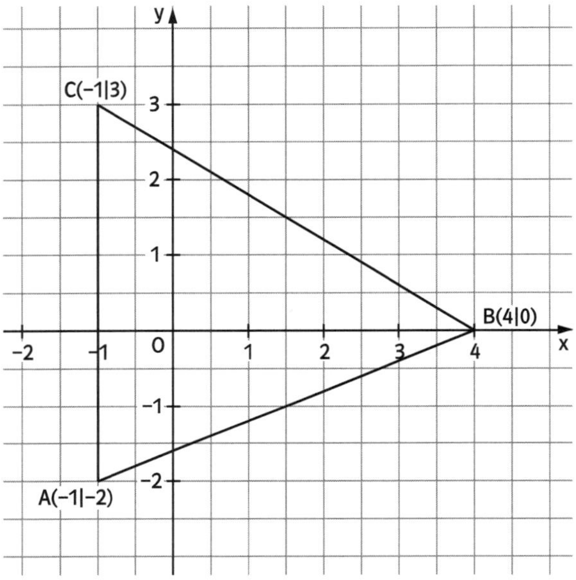

3 (2 + 2 VP)
Ein Rechteck ABCD hat die Seitenlängen $\overline{AB} = a = 7{,}5\,\text{cm}$ und $\overline{BC} = b = 5{,}8\,\text{cm}$.
a) Welche Winkel schließt die Diagonale AC mit den Seiten AB und BC ein?
b) Unter welchem Winkel schneiden sich die Diagonalen des Rechtecks?

4 (2 + 1 VP)
Begründe unter Verwendung des abgebildeten Quadrats:
a) $\sin(45°) = \frac{1}{2}\sqrt{2}$
b) $\tan(45°) = 1$

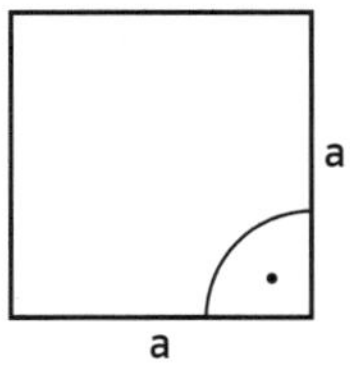

5 (4 VP)
Welche der folgenden Behauptungen bezüglich der abgebildeten Figur sind wahr, welche falsch?
Kreuze an!

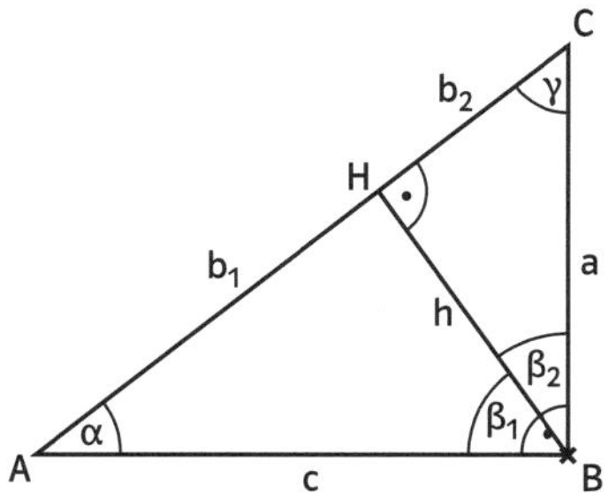

Behauptung	wahr	falsch
1. $\cos(\alpha) = \frac{b_1}{c}$		
2. $\frac{a}{c} = \tan(\alpha)$		
3. $\sin(\beta_1 + \beta_2) = 1$		
4. $\tan(\gamma) = \frac{\overline{AC}}{\overline{AB}}$		
5. $h = a \cdot \cos(\beta_2)$		
6. $\cos(\beta_1) = \sin(\alpha)$		
7. $\frac{b_1}{h} = \frac{h}{b_2}$		
8. $\sin(\alpha) = \frac{a}{c}$		

6 (3 VP)
Max Schlaumaier behauptet: „Es gibt rechtwinklige Dreiecke mit einem Innenwinkel der Weite α, für die gilt: $9 \cdot \sin(\alpha) \cdot \cos(\alpha) \cdot \tan(\alpha) = 1$."
Nimm Stellung zu dieser Behauptung.

Lerntipps

zu Aufgabe 1
Die Dreiecke sind rechtwinklig. Außer dem rechten Winkel ist ein weiterer Innenwinkel gegeben. Überlege jetzt: welche Dreiecksseite ist Hypotenuse, welche Gegenkathete, welche Ankathete des gegebenen Winkels?
Beachte dann:

$$\sin(\alpha) = \frac{\text{Länge der Gegenkathete}}{\text{Länge der Hypotenuse}}, \quad \cos(\alpha) = \frac{\text{Länge der Ankathete}}{\text{Länge der Hypotenuse}}, \quad \tan(\alpha) = \frac{\text{Länge der Gegenkathete}}{\text{Länge der Ankathete}}.$$

Vermeide hier und auch in den folgenden Aufgaben, mit errechneten Näherungswerten weiter zu rechnen. Wenn sich dies nicht umgehen lässt, bestimme die für das Weiterrechnen benötigten Näherungswerte mindestens eine Dezimale genauer als durch die Aufgabenstellung erforderlich, damit beim nächsten Schritt nicht große Rundungsfehler auftreten.

zu Aufgabe 2
Die x-Achse zerlegt das Dreieck ABC in zwei rechtwinklige Dreiecke.

zu Aufgabe 3
b) Das Dreieck ABE ist gleichschenklig.

zu Aufgabe 4
Eine Diagonale des Quadrats ist zugleich Winkelhalbierende der rechten Winkel.

zu Aufgabe 5
Suche zuerst ein rechtwinkliges Dreieck in der Figur, in dem der in der Behauptung angegebene Winkel vorkommt.

zu Aufgabe 6
Du kannst $\tan(\alpha)$ durch $\sin(\alpha)$ und $\cos(\alpha)$ ausdrücken.

Anfangszeit: ____________ + 45 Minuten → Abgabe: ____________

1 (3 + 2 VP)
a) Berechne die Längen der beiden Diagonalen im abgebildeten rechtwinkligen Drachenviereck ABCD.
b) In welchem Verhältnis teilt die Diagonale BD die Diagonale AC?

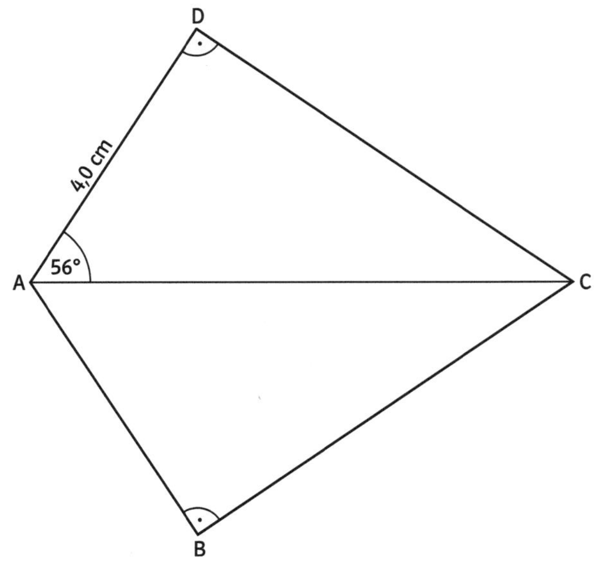

2 (4 VP)
Unter welchem Winkel schneiden sich die Raumdiagonalen eines Würfels?

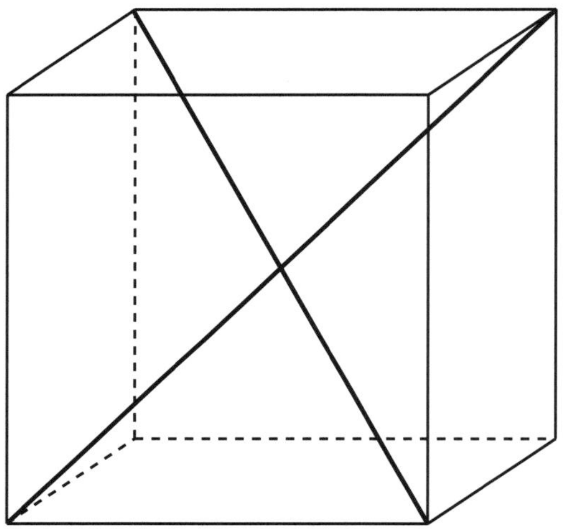

3 (5 VP)
Ein Ballonfahrer bestimmt bei nahezu Windstille die Winkelweiten $\alpha = 84°$ und $\beta = 60°$ zu zwei markanten Punkten A und B in der Landschaft, deren Abstand d = 1,4 km aus einer Karte bekannt ist.
Wie hoch ist der Ballon?

Skizze

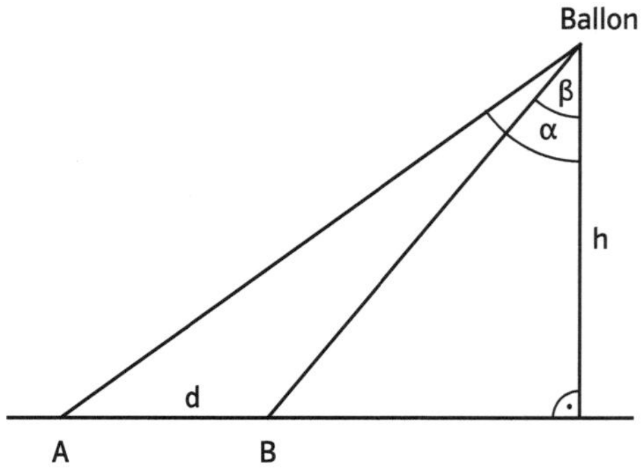

4 (2 + 2 VP)
Begründe unter Verwendung des abgebildeten gleichseitigen Dreiecks:

a) $\cos(30°) = \frac{1}{2}\sqrt{3}$

b) $\tan(30°) = \frac{1}{3}\sqrt{3}$

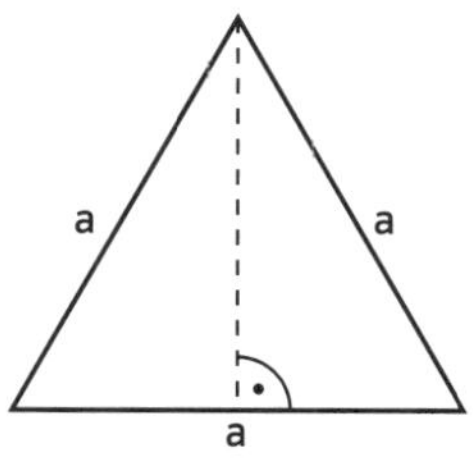

5 (1 + 1 VP)
a) Wie groß ist das Gefälle (in Winkelgrad), wenn am Straßenrand dieses Verkehrsschild warnt?

b) Eine Straße steigt gleichmäßig unter einem Winkel der Weite 16° an.
Wie groß ist die Steigung der Straße?

6 (4 VP)
Knobelix behauptet: „Die Strecken AM_1 und AM_2 zu den Mittelpunkten M_1 und M_2 der Seiten BC und CD teilen den 90°-Winkel bei A in drei gleich weite Winkel."
Knobelinchen behauptet: „Ich kann Punkte N_1 und N_2 auf den Seiten BC und CD bestimmen, so dass die Strecken AN_1 und AN_2 den 90°-Winkel bei A in drei gleiche Teile zerlegen."
Wer hat recht? Begründe deine Antwort durch geeignete Rechnungen.

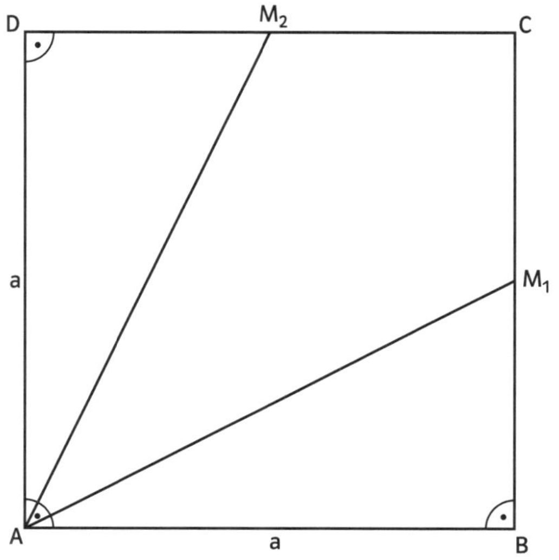

Anfangszeit: ____________________ + 45 Minuten → Abgabe: ____________________

1 (1 + 4 VP)
Das Dach eines Kirchturms hat die Form einer quadratischen, senkrechten Pyramide mit der Grundkantenlänge 8,0 m und der Höhe 12,0 m.
a) Zeichne ein beschriftetes Schrägbild dieser Pyramide.
Ergänze deine Zeichnung erforderlichenfalls für die Lösungen der folgenden Teilaufgaben.
b) Wie lang ist jede Kante von einer Ecke der Grundfläche der Pyramide zur Pyramidenspitze?
Welchen Winkel bildet jede dieser Kanten mit der Grundfläche?

2 (2 + 2 VP)
Gegeben sind die Geraden g: $y = \frac{5}{2}x - 1$, h: $y = -\frac{3}{4}x + 3$, k: $y = \frac{2}{3}x$.
a) Unter welchem Winkel schneiden g bzw. h die x-Achse?
b) Berechne den Schnittwinkel der Geraden h und k.

3 (2 + 3 VP)
Das Parallelogramm ABCD mit den Seitenlängen a und b und der Winkelweite α (0° < α < 90°) ist gegeben.

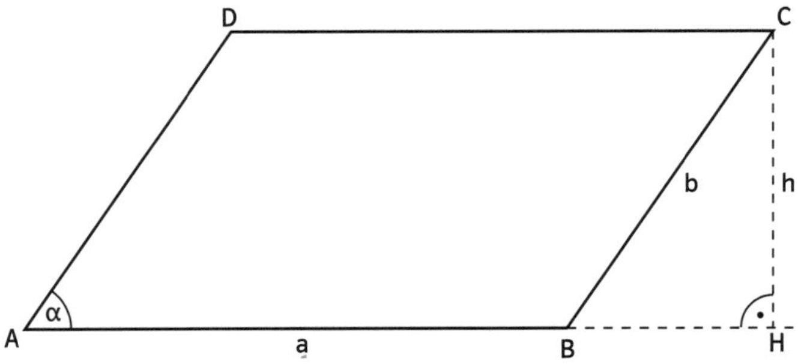

a) Berechne die Länge h der Höhe CH.
b) Stelle die Länge e der Diagonalen AC in Abhängigkeit von a, b und α dar.

4 (2 + 4 + 2 VP)
Bereits vor mehr als 2000 Jahren hat man zur Wasserversorgung von Städten Tunnel durch Hügel gebaut. Den vereinfachten Querschnitt durch einen solchen Hügel zeigt die Abbildung (nicht maßstabsgerecht). Die Tunneleingänge liegen bei A und B. Der Erhebungswinkel bei A zum sichtbaren Punkt C auf dem Gipfel hat die Weite α = 40°, der entsprechende Winkel bei B die Weite β = 32°. Die Abstände $\overline{AC} = 155$ m und $\overline{BC} = 112$ m sind bekannt.

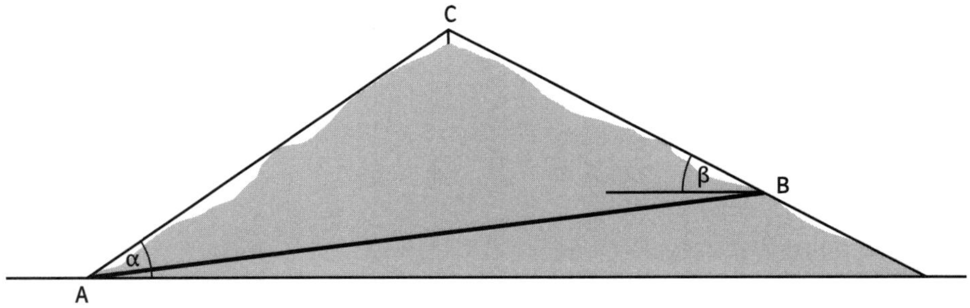

a) Wie groß ist der Höhenunterschied der beiden Tunneleingänge?
b) Welche Länge hat der geradlinige Tunnel?
c) Wie viel Prozent beträgt die Steigung im Tunnel?

5 (2 VP)
Zeichne den Graphen der Funktion f mit $f(x) = 2 \cdot \sin(x)$, $-\pi \leqq x \leqq +\pi$.

Anfangszeit: ____________ + 45 Minuten → Abgabe: ____________

1 (0,5 + 0,5 + 0,5 + 0,5 + 0,5 + 0,5 VP)
Bestimme die auf vier Dezimalen gerundeten Werte.

a) $\sin(40°)$ b) $\cos(125°)$ c) $\tan(308°)$

d) $\sin\left(\frac{\pi}{6}\right)$ e) $\cos(2{,}7)$ f) $\tan(5{,}3)$

2 (1 + 1 + 1 + 1 VP)
Bestimme jeweils die Winkelweite α, $0° \leqq \alpha \leqq 360°$.

a) $\sin(\alpha) = 0{,}6997$ b) $\cos(\alpha) = 0{,}3090$ c) $\tan(\alpha) = 0{,}8098$ d) $\frac{\cos(\alpha)}{\sin(\alpha)} = \sqrt{3}$

3 (4 + 1 VP)
a) Zeichne die Graphen der Funktionen f mit $f(x) = 3 \cdot \sin(2x)$ und g mit $g(x) = 2 \cdot \sin\left(\frac{1}{2}x\right) - 1$, $0 \leqq x \leqq 2\pi$.

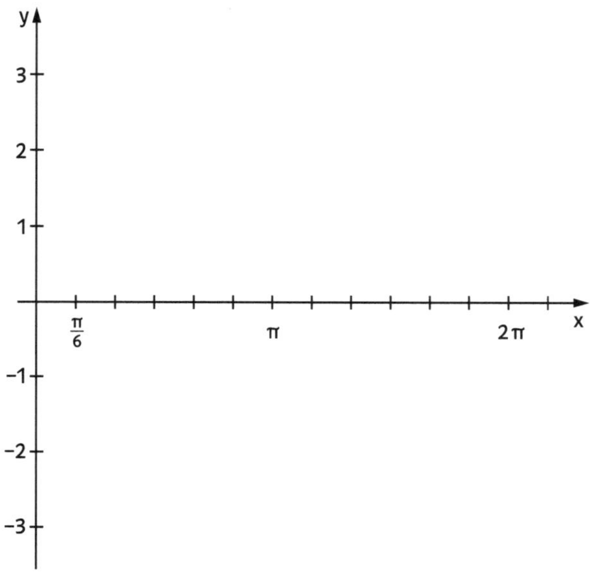

b) Gib die Funktionsgleichung der Funktion f an, die zum abgebildeten Graphen passt.

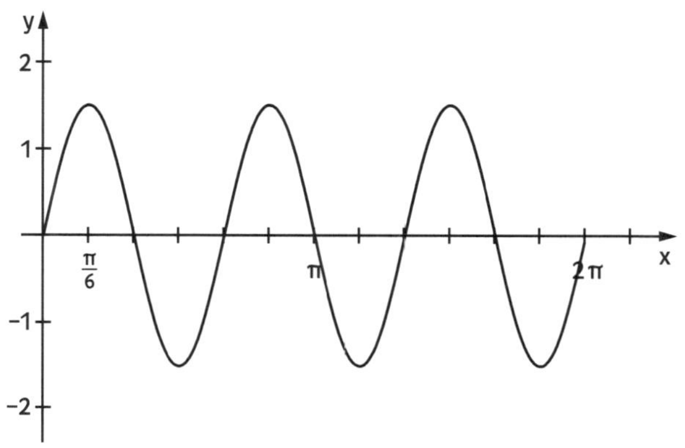

4 (3 + 3 VP)
Herr Peters will an einer Hauswand einen Schuppen als Holzlager anbauen. Die Balken für das Dach sollen wie in der Skizze auf der niedrigeren Mauer aufliegen und an der Hauswand anliegen.

a) Wie müssen Balkenhöhe d und Balkenlänge s gewählt werden?

b) In welcher Höhe h liegt die Balkenoberkante an der Hauswand?
Wie groß könnte die Dachneigung höchstens sein, wenn h nicht größer als 3,00 m sein dürfte?

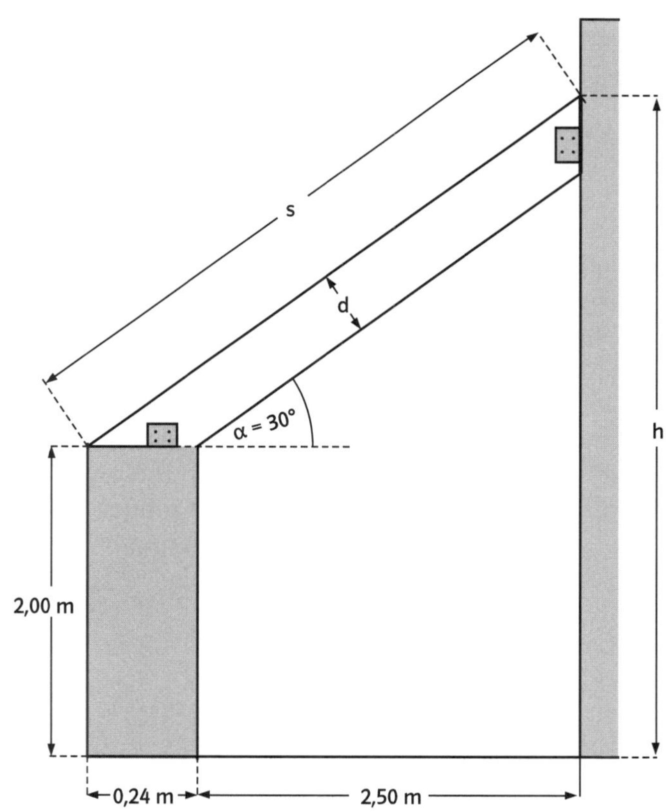

5 (6 VP)
Mithilfe eines Förderbands werden in einer Gießerei glühende Gussteile um 4,00 m nach oben transportiert. Der Steigungswinkel beträgt 25°. Die Antriebswalzen haben einen Radius von 0,10 m.
Wie lang muss das Förderband insgesamt sein?

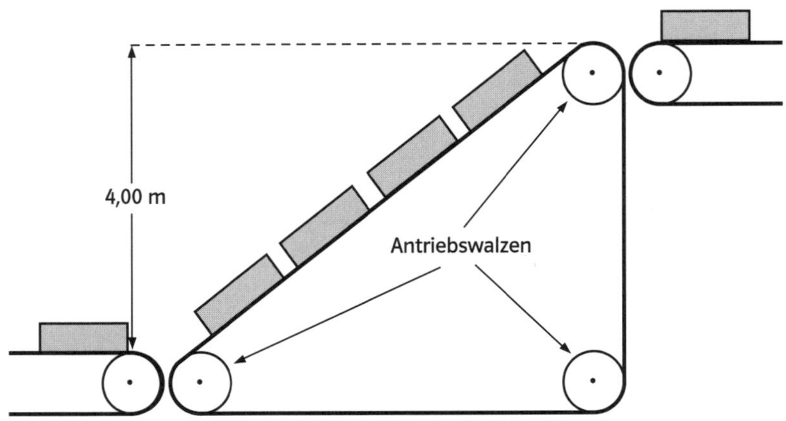

Lerntipps

Verallgemeinern

Beobachten	Fragen	Einsehen
Legt man um ein Quadrat ein „Band", das von allen Punkten des Quadrats den gleichen Abstand d hat, dann bilden die vier Kreisbögen um die Ecken des Quadrats zusammen einen einzigen Kreis. Die Bandlänge ist folglich um den Umfang dieses Kreises größer als der Quadratumfang. 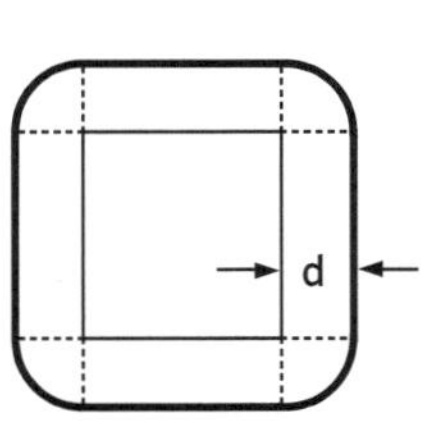	Liegt dies daran, dass es sich um ein Quadrat handelt? Für ein beliebiges Fünfeck kann man entsprechend feststellen, dass die fünf Kreisbögen an den Ecken zusammen einen einzigen Kreis bilden. Die Bandlänge ist also auch beim Fünfeck um den Umfang dieses Kreises größer als der Fünfecksumfang. 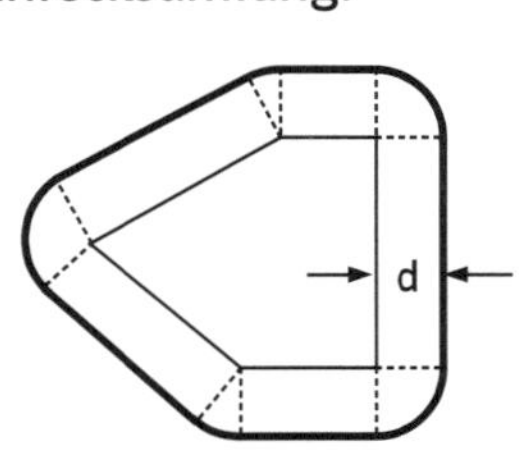	Das muss immer so sein! Entsprechende Überlegungen kann man beim beliebigen n-Eck anstellen! Die n Kreisbögen an den Ecken bilden zusammen einen einzigen Kreis. Die Bandlänge ist also immer um den Umfang dieses Kreises größer als der Umfang des n-Ecks. 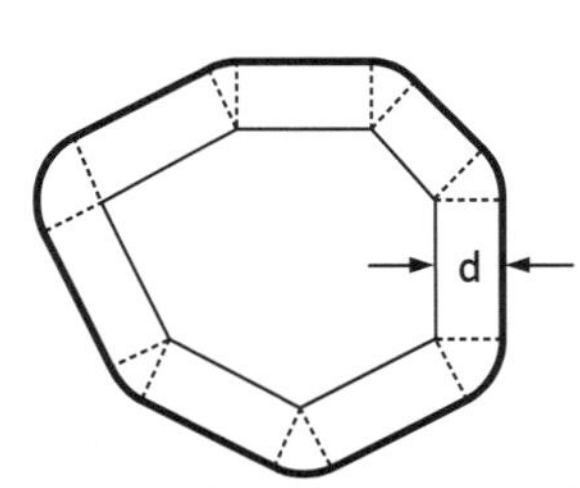

Klassenarbeit 6.1

1 (3 + 3 VP)

a)

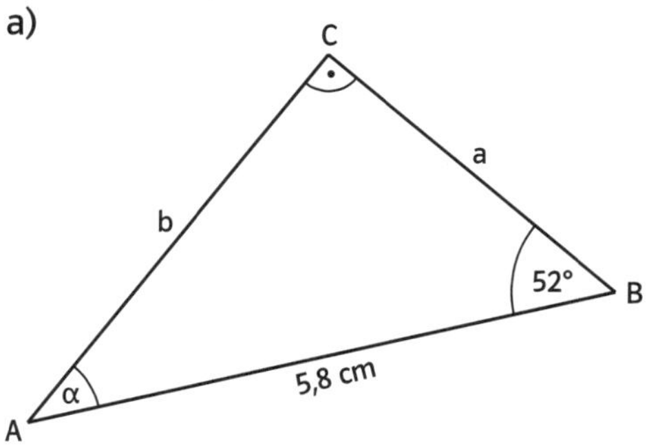

Berechnung von a = $\overline{BC}$

$\cos(52°) = \frac{\overline{BC}}{\overline{AB}}$

$\overline{BC} = \overline{AB} \cdot \cos(52°)$

$a = 5{,}8\,cm \cdot \cos(52°)$

$a = 3{,}57\ldots\,cm$

$a \approx 3{,}6\,cm$

Berechnung von b = $\overline{AC}$

$\sin(52°) = \frac{\overline{AC}}{\overline{AB}}$

$\overline{AC} = \overline{AB} \cdot \sin(52°)$

$b = 5{,}8\,cm \cdot \sin(52°)$

$b = 4{,}57\ldots\,cm$

$b \approx 4{,}6\,cm$

Berechnung von α

$\alpha + 52° + 90° = 180°$

$\alpha = 38°$

Alternativen
Die Seitenlänge b kann nach der Bestimmung von a auch mithilfe des Satzes von Pythagoras berechnet werden.

$\overline{AB}^2 = \overline{BC}^2 + \overline{AC}^2$

$\overline{AB}^2 = a^2 + b^2$

$b^2 = \overline{AB}^2 - a^2$

$b = \sqrt{\overline{AB}^2 - a^2}$

$b \approx \sqrt{(5{,}8\,cm)^2 - (3{,}6\,cm)^2}$

$b \approx 4{,}5\,cm$

Allerdings entsteht hier durch die Verwendung des bereits gerundeten Werts für a ein etwas anderes Ergebnis.
Beachte daher die Lerntipps!

Man kann auch zuerst die Winkelweite α berechnen, was den exakten Wert α = 38° ergibt. Dann gilt z. B. für die Berechnung von a = $\overline{BC}$:

$\sin(38°) = \frac{\overline{BC}}{\overline{AB}}$

$\overline{BC} = \overline{AB} \cdot \sin(38°)$

$a = 5{,}8\,cm \cdot \sin(38°)$

$a = 3{,}57\ldots\,cm$

$a \approx 3{,}6\,cm$

Entsprechend gilt für die Berechnung von b = $\overline{AC}$:

$\cos(38°) = \frac{\overline{AC}}{\overline{AB}}$

$\overline{AC} = \overline{AB} \cdot \cos(38°)$

$b = 5{,}8\,cm \cdot \cos(38°)$

$b = 4{,}57\ldots\,cm$

$b \approx 4{,}6\,cm$

b)

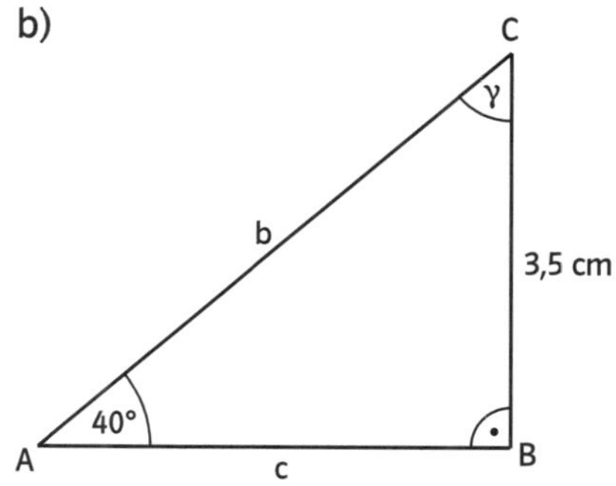

Berechnung von b = $\overline{AC}$

$\sin(40°) = \frac{\overline{BC}}{\overline{AC}}$

$\overline{AC} = \frac{\overline{BC}}{\sin(40°)}$

$b = \frac{3{,}5\,cm}{\sin(40°)}$

$b = 5{,}44\ldots\,cm$

$b \approx 5{,}4\,cm$

Berechnung von c = $\overline{AB}$

$\tan(40°) = \frac{\overline{BC}}{\overline{AB}}$

$\overline{AB} = \frac{\overline{BC}}{\tan(40°)}$

$c = \frac{3{,}5\,cm}{\tan(40°)}$

$c = 4{,}17\ldots\,cm$

$c \approx 4{,}2\,cm$

Berechnung von γ

$40° + 90° + \gamma = 180°$

$\gamma = 50°$

Alternative
Auch hier kann man nach der Berechnung von b die Seitenlänge c mit dem Satz von Pythagoras bestimmen.
Beachte jedoch auch in diesem Fall die Lerntipps!

2 (4 VP)

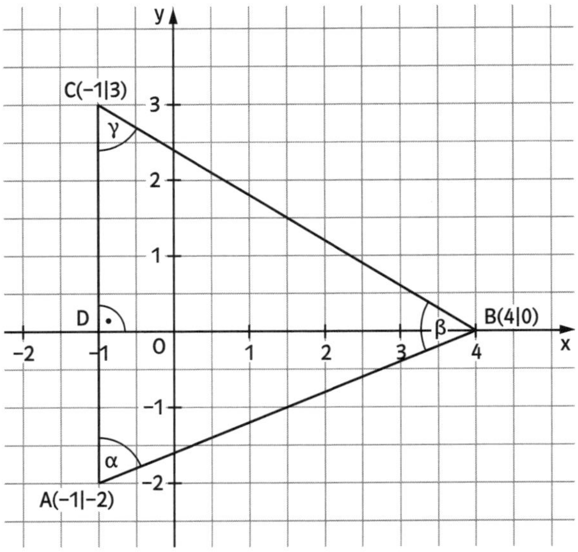

Beachte, dass AC orthogonal zur x-Achse ist und das Dreieck ABC daher in zwei rechtwinklige Teildreiecke ABD und BCD zerlegt wird. In jedem dieser Teildreiecke sind durch die angegebenen Punktekoordinaten zwei Seitenlängen bekannt.

Berechnung von α

Im rechtwinkligen Dreieck ABD gilt:

$\tan(\alpha) = \frac{\overline{DB}}{\overline{AD}}$

$\tan(\alpha) = \frac{x_B - x_D}{y_D - y_A}$

$\tan(\alpha) = \frac{4 - (-1)}{0 - (-2)}$

$\tan(\alpha) = \frac{5}{2}$

$\alpha \approx 68{,}2°$

Berechnung von γ

Im rechtwinkligen Dreieck BCD gilt:

$\tan(\gamma) = \frac{\overline{DB}}{\overline{CD}}$

$\tan(\gamma) = \frac{x_B - x_D}{y_C - y_D}$

$\tan(\gamma) = \frac{4 - (-1)}{3 - 0}$

$\tan(\gamma) = \frac{5}{3}$

$\gamma \approx 59{,}0°$

Berechnung von β

Mit dem Winkelsummensatz gilt:

$\alpha + \beta + \gamma = 180°$

$\beta = 180° - \alpha - \gamma$

$\beta \approx 180° - 68{,}2° - 59°$

$\beta \approx 52{,}8°$

Alternative

Man kann den Winkel der Weite β auch in zwei Teilwinkel ∢DBA und ∢CBD zerlegt denken und die Winkelweiten β_1 und β_2 dieser Teilwinkel getrennt berechnen.

$\tan(\beta_1) = \frac{\overline{DA}}{\overline{DB}}$

$\tan(\beta_2) = \frac{2}{5}$

$\beta_1 \approx 21{,}80°$

$\tan(\beta_2) = \frac{\overline{DC}}{\overline{DB}}$

$\tan(\beta_2) = \frac{3}{5}$

$\beta_2 \approx 30{,}96°$

$\beta = \beta_1 + \beta_2$

$\beta \approx 52{,}8°$

3 (2 + 2 VP)

a) *Fertige eine Skizze an und trage alle erforderlichen Bezeichnungen ein.*

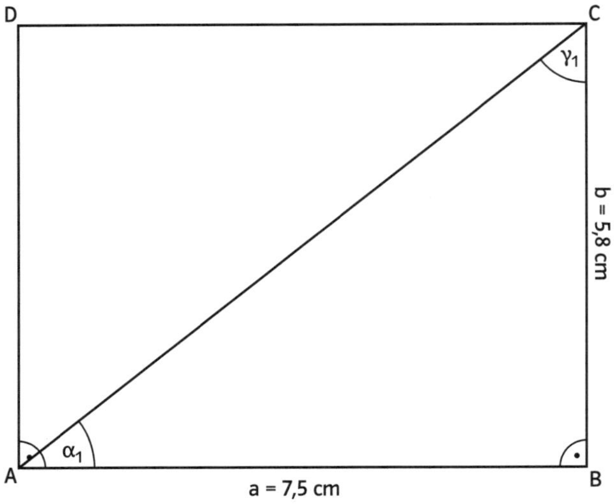

Berechnung von α_1

$\tan(\alpha_1) = \frac{\overline{BC}}{\overline{AB}}$

$\tan(\alpha_1) = \frac{5{,}8\,\text{cm}}{7{,}5\,\text{cm}}$

$\alpha_1 \approx 37{,}7°$

Berechnung von γ_1

Mit dem Winkelsummensatz ergibt sich:

$\alpha_1 + 90° + \gamma_1 = 180°$

$\gamma_1 = 90° - \alpha_1$

$\gamma_1 \approx 52{,}3°$

b) Vorüberlegung

Der Diagonalenschnittpunkt heiße E. Da die Diagonalen eines Rechtecks gleich lang sind und sich gegenseitig halbieren, gilt: $\overline{AE} = \overline{BE}$

Das Dreieck ABE ist daher gleichschenklig mit der Basis AB.

In jedem gleichschenkligen Dreieck sind die Basiswinkel gleich weit. Daher gilt in der Abbildung:

$\alpha_1 = \beta_1$

Aus Teilaufgabe a) ist α_1 bekannt. Somit:

$\alpha_1 = \beta_1 \approx 37{,}7°$

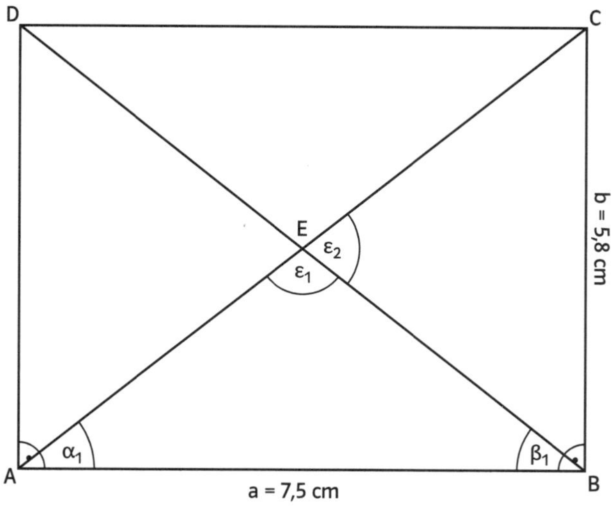

Berechnung der Schnittwinkelweite ε_1
Mit dem Winkelsummensatz gilt:

$\alpha_1 + \beta_1 + \varepsilon_1 = 180°$

$\varepsilon_1 = 180° - \alpha_1 - \beta_1$

$\varepsilon_1 \approx 104{,}6°$

Berechnung der Winkelweite ε_2

$\varepsilon_1 + \varepsilon_2 = 180°$

$\varepsilon_2 = 180° - \varepsilon_1$

$\varepsilon_2 \approx 75{,}4°$

Bemerkung
Achte bei deiner Lösung darauf, dass du für die einzelnen Schritte auch Begründungen angibst, etwa indem du wie oben die entsprechenden Lehrsätze zitierst. Damit ist der Gang deiner Überlegungen erkennbar.

4 (2 + 1 VP)

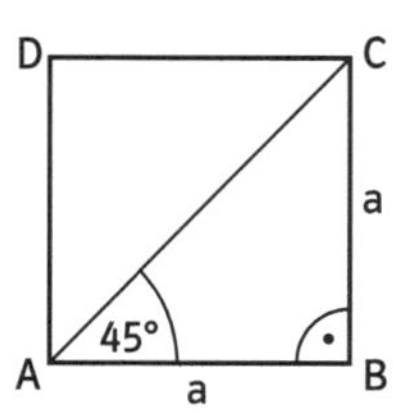

Die Diagonale AC zerlegt das Quadrat in zwei rechtwinklige Dreiecke mit 45°-Winkeln. Jetzt kannst du Winkelfunktionen anwenden.

a) Berechnung von sin (45°)
Die Diagonale AC des Quadrats mit der Seitenlänge a hat die Länge $a\sqrt{2}$.
Im Dreieck ABC gilt daher:

$\sin(45°) = \frac{\overline{BC}}{\overline{AC}}$

$\sin(45°) = \frac{a}{a\sqrt{2}}$

$\sin(45°) = \frac{1}{\sqrt{2}}$

Erweitern mit $\sqrt{2}$ ergibt:

$\sin(45°) = \frac{1 \cdot \sqrt{2}}{\sqrt{2} \cdot \sqrt{2}}$

$\sin(45°) = \frac{1}{2}\sqrt{2}$

b) Berechnung von tan (45°)

$\tan(45°) = \frac{\overline{BC}}{\overline{AB}}$

$\tan(45°) = \frac{a}{a}$

$\tan(45°) = 1$

5 (4 VP)

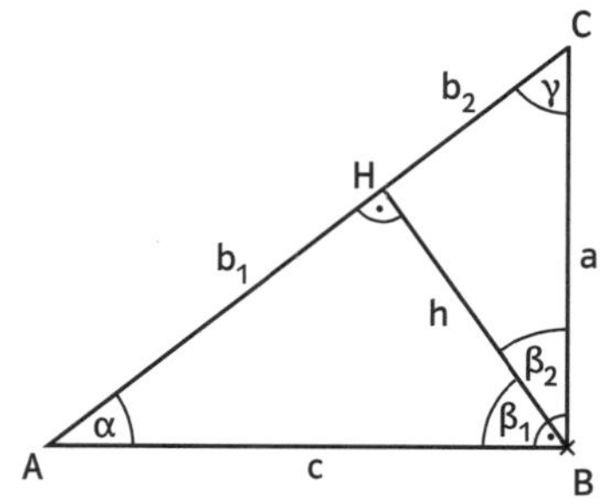

Behauptung	wahr	falsch
1. $\cos(\alpha) = \frac{b_1}{c}$	X	
2. $\frac{a}{c} = \tan(\alpha)$	X	
3. $\sin(\beta_1 + \beta_2) = 1$	X	
4. $\tan(\gamma) = \frac{\overline{AC}}{\overline{AB}}$		X
5. $h = a \cdot \cos(\beta_2)$	X	
6. $\cos(\beta_1) = \sin(\alpha)$	X	
7. $\frac{b_1}{h} = \frac{h}{b_2}$	X	
8. $\sin(\alpha) = \frac{a}{c}$		X

Begründungen
1. *Dreieck ABH*
   $\cos(\alpha) = \frac{\overline{AH}}{\overline{AB}} = \frac{b_1}{c}$
2. *Dreieck ABC*
   $\tan(\alpha) = \frac{\overline{BC}}{\overline{AB}} = \frac{a}{c}$
3. *Winkel CBA*
   $\beta_1 + \beta_2 = 90°$
   $\sin(90°) = 1$
4. *Dreieck ABC*
   $\tan(\gamma) = \frac{\overline{AB}}{\overline{BC}} \neq \frac{\overline{AC}}{\overline{AB}}$
5. *Dreieck BCH*
   $\cos(\beta_2) = \frac{\overline{BH}}{\overline{BC}} = \frac{h}{a}$
   $h = a \cdot \cos(\beta_2)$

6. Dreieck ABH

$cos(\beta_1) = \frac{\overline{BH}}{\overline{AB}}$

$sin(\alpha) = \frac{\overline{BH}}{\overline{AB}}$

7. Dreieck ABH

$tan(\beta_1) = \frac{\overline{AH}}{\overline{BH}} = \frac{b_1}{h}$

Dreieck BCH

$tan(\gamma) = \frac{\overline{BH}}{\overline{CH}} = \frac{h}{b_2}$

Da $\beta_1 = \gamma$*, folgt* $\frac{b_1}{h} = \frac{h}{b_2}$.

8. Dreieck ABC

$sin(\alpha) = \frac{\overline{BC}}{\overline{AC}} = \frac{a}{b_1 + b_2} \neq \frac{a}{c}$

6 (3 VP)

Überprüfung der Behauptung

Eine Umformung des Terms auf der linken Seite der Gleichung ergibt:

$$9 \cdot \sin(\alpha) \cdot \cos(\alpha) \cdot \tan(\alpha) = 1$$
$$9 \cdot \sin(\alpha) \cdot \cos(\alpha) \cdot \frac{\sin(\alpha)}{\cos(\alpha)} = 1$$
$$9 \cdot \sin(\alpha) \cdot \sin(\alpha) = 1$$
$$[\sin(\alpha)]^2 = \frac{1}{9}$$
$$\sin(\alpha) = \frac{1}{3} \quad \text{oder} \quad \sin(\alpha) = -\frac{1}{3}$$

Da α die Winkelweite in einem rechtwinkligen Dreieck sein soll, muss $0° < \alpha < 90°$ gelten.

Die Gleichung $\sin(\alpha) = \frac{1}{3}$ hat die einzige Lösung $\alpha \approx 19{,}5°$.

Die Gleichung $\sin(\alpha) = -\frac{1}{3}$ hat keine Lösung für $0° < \alpha < 90°$.

Es gibt also ein solches Dreieck und die Behauptung ist wahr.

Klassenarbeit 6.2

1 (3 + 2 VP)

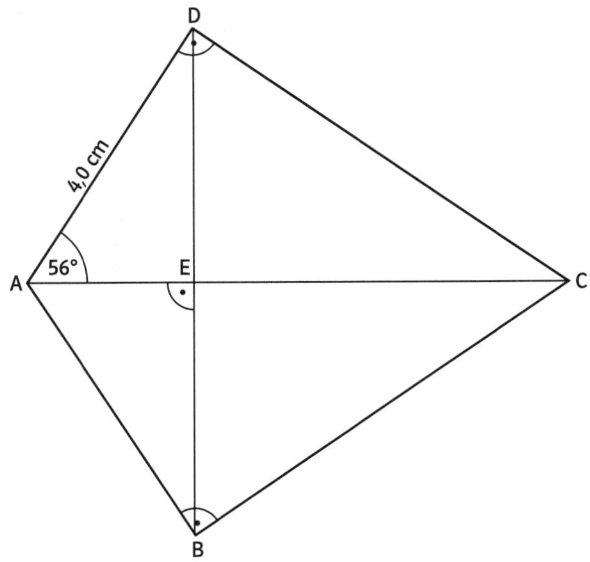

a) Berechnung der Diagonalenlänge $\overline{AC}$

Im rechtwinkligen Dreieck ACD gilt:

$$\cos(56°) = \frac{\overline{AD}}{\overline{AC}}$$
$$\overline{AC} = \frac{\overline{AD}}{\cos(56°)}$$
$$\overline{AC} = \frac{4\,\text{cm}}{\cos(56°)}$$
$$\overline{AC} \approx 7{,}2\,\text{cm}$$

Berechnung der Diagonalenlänge $\overline{BD}$

In jedem Drachenviereck sind die Diagonalen zueinander orthogonal. Daher gilt hier $BD \perp AC$.

Der Diagonalenschnittpunkt wird mit E bezeichnet.

In jedem Drachenviereck ist eine Diagonale Symmetrieachse. Daher gilt hier $\overline{BE} = \overline{ED}$ und folglich $\overline{BD} = 2 \cdot \overline{ED}$.

Im rechtwinkligen Dreieck AED erhält man:

$$\sin(56°) = \frac{\overline{ED}}{\overline{AD}}$$
$$\overline{ED} = \overline{AD} \cdot \sin(56°)$$
$$\overline{ED} = 4\,\text{cm} \cdot \sin(56°)$$

Somit ergibt sich für die Diagonalenlänge $\overline{BD}$:

$$\overline{BD} = 2 \cdot \overline{ED}$$
$$\overline{BD} = 2 \cdot 4\,\text{cm} \cdot \sin(56°)$$
$$\overline{BD} \approx 6{,}6\,\text{cm}$$

b) *Zur Berechnung der Verhältnisse werden die erforderlichen Streckenlängen auf drei Nachkommastellen gerundet angegeben, damit sich nicht mehrere Rundungsfehler auf das Endergebnis auswirken.*

Länge der Strecke AE

Im rechtwinkligen Dreieck AED gilt:

$\cos(56°) = \frac{\overline{AE}}{\overline{AD}}$
$\overline{AE} = \overline{AD} \cdot \cos(56°)$
$\overline{AE} = 4\,cm \cdot \cos(56°)$
$\overline{AE} \approx 2{,}237\,cm$

Länge der Strecke CE
Mit dem genaueren Wert $\overline{AC} \approx 7{,}153\,cm$ aus der Teilaufgabe a) erhält man:
$\overline{CE} = \overline{AC} - \overline{AE}$
$\overline{CE} \approx 4{,}916\,cm$

Teilung der Diagonale AC
Mit den berechneten Näherungswerten für die Streckenlängen gilt:
$\overline{AE} : \overline{EC} = 2{,}237\,cm : 4{,}916\,cm$
$\overline{AE} : \overline{EC} \approx 0{,}455$
Die Diagonale BD teilt die Diagonale AC etwa im Verhältnis 46 : 100.

Bemerkung
Eine genaue Rechnung ohne Verwendung der gerundeten Werte ergibt:

$\frac{\overline{AE}}{\overline{CE}} = \frac{\overline{AE}}{\overline{AC} - \overline{AE}}$

$\frac{\overline{AE}}{\overline{CE}} = \frac{4\,cm \cdot \cos(56°)}{\frac{4\,cm}{\cos(56°)} - 4\,cm \cdot \cos(56°)}$

$\frac{\overline{AE}}{\overline{CE}} = \frac{\cos(56°)}{\frac{1}{\cos(56°)} - \cos(56°)}$

$\frac{\overline{AE}}{\overline{CE}} \approx 0{,}455$

2 (4 VP)

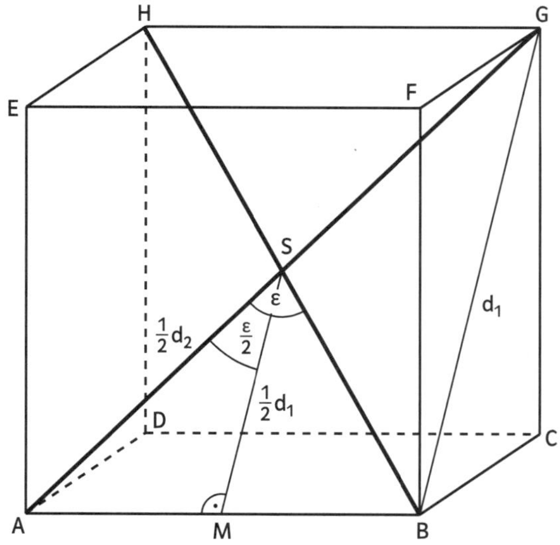

Der Würfel habe die Kantenlänge a. Das Lot vom Würfelmittelpunkt S (dem Schnittpunkt der Raumdiagonalen) auf die Würfelkante AB schneidet diese im Mittelpunkt M dieser Kante. Die Lotstrecke MS ist parallel zur Flächendiagonalen BG des Quadrats BCGF und halb so lang wie BG:

$\overline{MS} = \frac{1}{2} \cdot \overline{BG}$
$\overline{MS} = \frac{1}{2} \cdot d_1$
$\overline{MS} = \frac{1}{2} \cdot a \cdot \sqrt{2}$

Da sich die Raumdiagonalen des Würfels gegenseitig halbieren, gilt $\overline{AS} = \overline{BS}$. Das Dreieck ABS ist daher gleichschenklig. In diesem Dreieck ist SM also die Höhe auf die Basis AB und zugleich die Winkelhalbierende des Winkels ASB.
Im rechtwinkligen Dreieck AMS gilt daher:

$\tan\left(\frac{\varepsilon}{2}\right) = \frac{\overline{AM}}{\overline{MS}}$

$\tan\left(\frac{\varepsilon}{2}\right) = \frac{\frac{1}{2} \cdot a}{\frac{1}{2} \cdot a \cdot \sqrt{2}}$

$\tan\left(\frac{\varepsilon}{2}\right) = \frac{1}{\sqrt{2}}$

$\frac{\varepsilon}{2} \approx 35{,}26°$

Die Raumdiagonalen des Würfels schneiden sich folglich unter einem Winkel der Weite ε von etwa 70,5°.

Alternative Kurzlösungen
Da (SM) parallel zu (BG) ist, hat der Winkel ∢ AGB dieselbe Weite $\frac{\varepsilon}{2}$ wie der Winkel ∢ ASM.
Im rechtwinkligen Dreieck ABG gilt daher:

$\tan\left(\frac{\varepsilon}{2}\right) = \frac{\overline{AB}}{\overline{BG}}$

$\tan\left(\frac{\varepsilon}{2}\right) = \frac{a}{a \cdot \sqrt{2}}$

$\tan\left(\frac{\varepsilon}{2}\right) = \frac{1}{\sqrt{2}}$

Daraus folgt wie oben $\varepsilon \approx 70{,}5°$.

Im Dreieck ABG kann man auch mithilfe des Sinus argumentieren, wenn man die Länge der Raumdiagonalen AG kennt:
Es gilt:

$\sin\left(\frac{\varepsilon}{2}\right) = \frac{\overline{AB}}{\overline{AG}}$

$\sin\left(\frac{\varepsilon}{2}\right) = \frac{a}{a \cdot \sqrt{3}}$

$\sin\left(\frac{\varepsilon}{2}\right) = \frac{1}{\sqrt{3}}$

Daraus ergibt sich wieder $\varepsilon \approx 70{,}5°$.

Man kann im Dreieck AMS auch zuerst den Winkel ∢ MAS berechnen. Bezeichnet man seine Weite mit δ, so gilt z. B.:

$\cos(\delta) = \frac{\overline{AM}}{\overline{AS}}$

$\cos(\delta) = \frac{\frac{1}{2} \cdot a}{\frac{1}{2} \cdot a \cdot \sqrt{3}}$

$\cos(\delta) = \frac{1}{\sqrt{3}}$

$\delta \approx 54{,}74°$

Mit dem Winkelsummensatz im rechtwinkligen Dreieck AMS folgt daraus $\frac{\varepsilon}{2} \approx 35{,}26°$*, wobei sich wieder* $\varepsilon \approx 70{,}5°$ *ergibt.*

3 (5 VP)
Höhe des Ballons

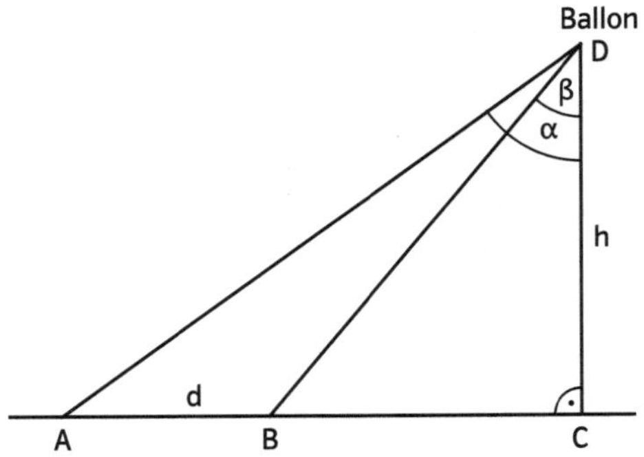

Im rechtwinkligen Dreieck ACD gilt:

$\tan(\alpha) = \frac{\overline{AC}}{\overline{CD}}$

$\overline{AC} = \overline{CD} \cdot \tan(\alpha)$

Im rechtwinkligen Dreieck BCD gilt:

$\tan(\beta) = \frac{\overline{BC}}{\overline{CD}}$

$\overline{BC} = \overline{CD} \cdot \tan(\beta)$

Mit $\overline{AB} = \overline{AC} - \overline{BC}$ folgt:

$\overline{AB} = \overline{CD} \cdot \tan(\alpha) - \overline{CD} \cdot \tan(\beta)$

$d = h \cdot \tan(\alpha) - h \cdot \tan(\beta)$

$d = h \cdot (\tan(\alpha) - \tan(\beta))$

$h = \frac{d}{\tan(\alpha) - \tan(\beta)}$

Mit den gegebenen Winkelweiten und der Streckenlänge d erhält man:

$h = \frac{1{,}4\,\text{km}}{\tan(84°) - \tan(60°)}$

$h \approx 180\,\text{m}$

Der Ballon ist etwa 180 m hoch.

4 (2 + 2 VP)

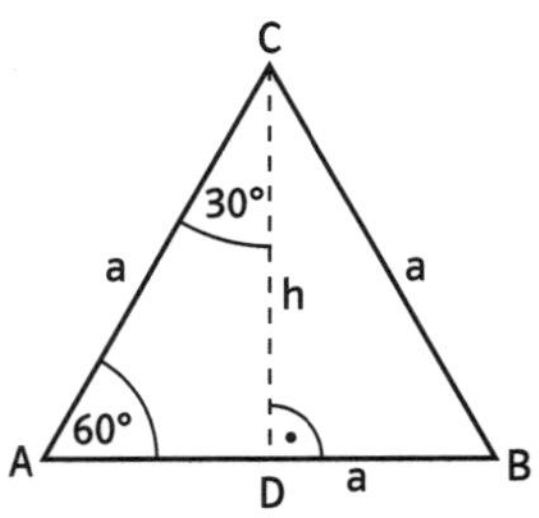

Alle Innenwinkel im gleichseitigen Dreieck haben die Weite 60°. Die Höhe CD des gleichseitigen Dreiecks halbiert die zugehörige Grundseite AB. Sie ist zugleich Winkelhalbierende des Winkels ∢ACB.

a) Berechnung der Länge von CD

Die Länge h der Höhe CD wird mit dem Satz von Pythagoras berechnet:

$\overline{AC}^2 = \overline{AD}^2 + \overline{CD}^2$

$a^2 = \left(\frac{1}{2}a\right)^2 + h^2$

$h^2 = \frac{3}{4}a^2$

$h = \frac{1}{2}\sqrt{3} \cdot a$

Berechnung von cos (30°)

Im Dreieck ADC gilt:

$\cos(30°) = \frac{\overline{CD}}{\overline{AC}}$

$\cos(30°) = \frac{h}{a}$

$\cos(30°) = \frac{\frac{1}{2}\sqrt{3} \cdot a}{a}$

$\cos(30°) = \frac{1}{2}\sqrt{3}$

b) Berechnung von tan (30°)

Im Dreieck ADC gilt:

$\tan(30°) = \frac{\overline{AD}}{\overline{CD}}$

$\tan(30°) = \frac{\frac{1}{2}a}{h}$

$\tan(30°) = \frac{\frac{1}{2}a}{\frac{1}{2}\sqrt{3} \cdot a}$

$\tan(30°) = \frac{1}{\sqrt{3}}$

Nach Erweitern mit $\sqrt{3}$ erhält man:

$\tan(30)° = \frac{1 \cdot \sqrt{3}}{\sqrt{3} \cdot \sqrt{3}}$

$\tan(30°) = \frac{1}{3}\sqrt{3}$

5 (1 + 1 VP)

a) Wenn der Neigungswinkel der Straße die Weite α hat, dann gilt hier:

$\tan(\alpha) = \frac{16}{100}$

$\alpha \approx 9{,}1°$

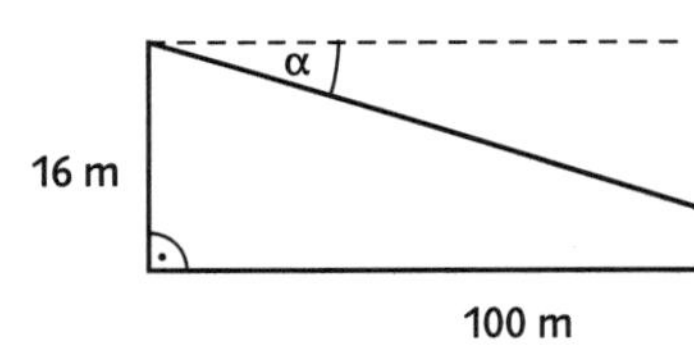

Bemerkung
Daraus ergibt sich z. B., dass ein Steilhang mit 100 % Steigung mit der Horizontalen einen Winkel von „nur" 45° bildet.

b) Steigung m der Straße

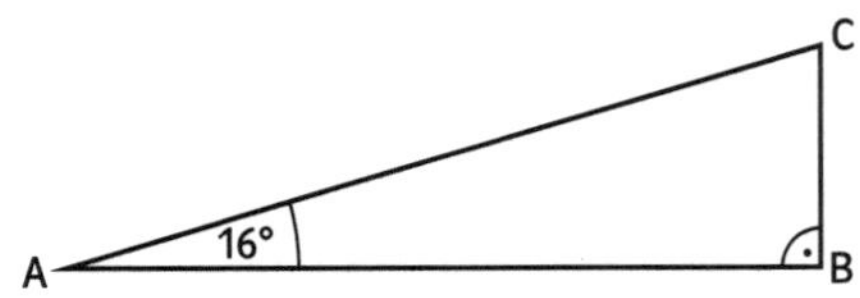

Unter der Steigung versteht man den Quotienten $\frac{\overline{BC}}{\overline{AB}}$. Dies ist der Tangens des Steigungswinkels.

$m = \tan(16°)$

$m = 0{,}2867\ldots$

Die Steigung beträgt etwa 29%.

6 (4 VP)

Überprüfung der Behauptung von Knobelix

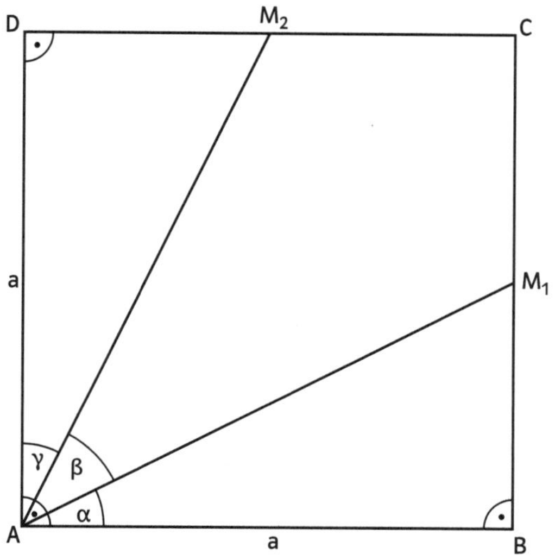

Knobelix hat recht, wenn der Winkel $\sphericalangle BAM_1$ die Weite $\alpha = 30°$ hat. Denn dann hat aus Symmetriegründen auch der Winkel $\sphericalangle M_2AD$ die Weite $\gamma = 30°$. Folglich ist auch der Winkel $\sphericalangle M_1AM_2$ ein Winkel der Weite $\beta = 30°$.

Berechnung von α

Im rechtwinkligen Dreieck ABM_1 gilt:

$$\tan(\alpha) = \frac{\overline{BM_1}}{\overline{AB}}$$

$$\tan(\alpha) = \frac{\frac{1}{2}a}{a}$$

$$\tan(\alpha) = \frac{1}{2}$$

$$\alpha \approx 26{,}6°$$

Die Winkelweite ist nicht 30°. Folglich ist die Behauptung falsch.

Überprüfung der Behauptung von Knobelinchen

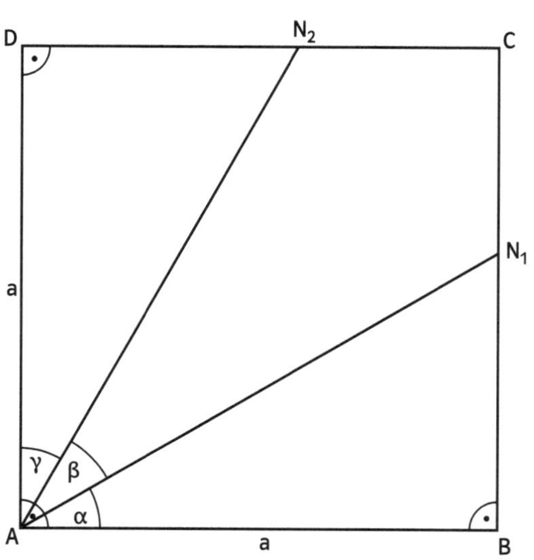

Bestimmung der Lage von N_1

Wenn der Winkel $\sphericalangle BAN_1$ die Weite $\alpha = 30°$ haben soll, dann muss N_1 auf BC so gewählt werden, dass gilt:

$$\tan(30°) = \frac{\overline{BN_1}}{\overline{AB}}$$

$$\overline{BN_1} = \overline{AB} \cdot \tan(30°)$$

$$\overline{BN_1} = a \cdot \tfrac{1}{3}\sqrt{3}$$

$$\overline{BN_1} = \tfrac{1}{3}\sqrt{3} \cdot a$$

Aus Symmetriegründen gilt entsprechend

$\overline{DN_2} = \frac{1}{3}\sqrt{3} \cdot a$.

Damit sind Punkte N_1 und N_2 ihrer Lage nach bestimmt. Die Behauptung von Knobelinchen ist zutreffend.

Klassenarbeit 6.3

1 (1 + 4 VP)

a) Schrägbild einer Pyramide im Maßstab 1:200

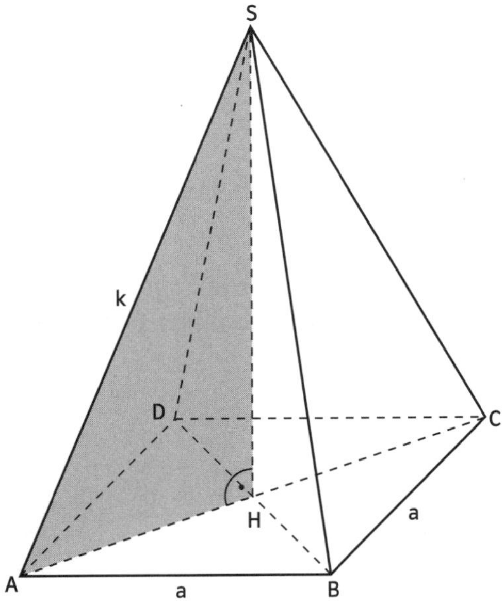

b) Berechnung der Kantenlänge $k = \overline{AS}$

Das Dreieck AHS ist rechtwinklig bei H. Da es sich um eine senkrechte quadratische Pyramide handelt, ist der Höhenfußpunkt zugleich der Schnittpunkt der Diagonalen AC und BD der Grundfläche. Die Quadratdiagonalen halbieren sich gegenseitig.

Die Strecke AH hat die Länge $\overline{AH} = \frac{a}{2}\sqrt{2} = 4\sqrt{2}\,\text{m}$.

Im Dreieck AHS gilt mit dem Satz von Pythagoras:

$k^2 = \overline{AS}^2 = \overline{AH}^2 + \overline{HS}^2$

$k = \sqrt{\overline{AH}^2 + \overline{HS}^2}$

$k = \sqrt{(4\sqrt{2}\,\text{m})^2 + (12\,\text{m})^2}$

$k = \sqrt{32\,\text{m}^2 + 144\,\text{m}^2}$

$k = \sqrt{176}\,\text{m}$

$k = 13{,}266\ldots\,\text{m}$

Die Kante AS hat etwa die Länge 13,3 m. Aus Symmetriegründen haben die Kanten BS, CS und DS ebenfalls die Länge 13,3 m.

Winkelberechnung

Der Winkel zwischen der Kante AS und der Grundfläche ist der Winkel zwischen AS und der Diagonalen AC. Dies ist der Innenwinkel ∢HAS im Dreieck AHS.

Für seine Weite α gilt:

$\tan(\alpha) = \frac{\overline{HS}}{\overline{AH}}$

$\tan(\alpha) = \frac{12\,\text{m}}{4\sqrt{2}\,\text{m}}$

$\tan(\alpha) = \frac{3}{2}\sqrt{2}$

$\alpha \approx 64{,}8°$

2 (2 + 2 VP)

Veranschaulichung

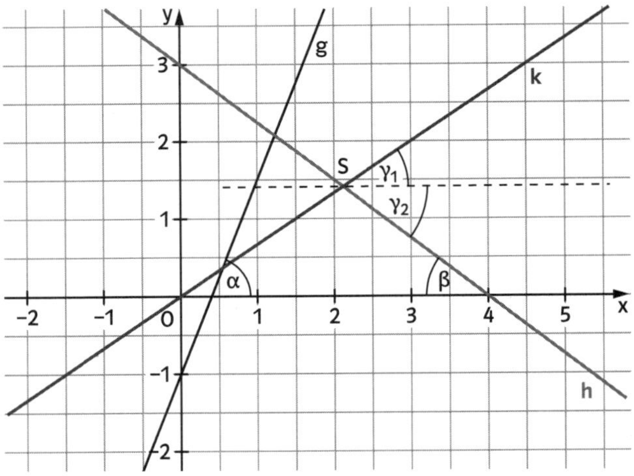

Der Schnittwinkel zwischen zwei sich schneidenden Geraden ist vereinbarungsgemäß der kleinere der beiden Winkel, den die Geraden einschließen.

a) Berechnung von α

Die Steigung der Geraden g entspricht dem Tangens des Schnittwinkels mit der x-Achse.

$\tan(\alpha) = \frac{5}{2}$

$\alpha \approx 68{,}2°$

Berechnung von β

Die Steigung der Geraden h ist negativ. In diesem Fall entspricht der Betrag der Steigung dem Tangens des Schnittwinkels mit der x-Achse.

$\tan(\beta) = \frac{3}{4}$

$\beta \approx 36{,}9°$

b) Die Parallele zur x-Achse durch den Schnittpunkt S der Geraden h und k zerlegt den Schnittwinkel in zwei Winkel der Weiten γ_1 und γ_2.

Berechnung von γ_1

Es gilt:

$\tan(\gamma_1) = \frac{2}{3}$

$\gamma_1 \approx 33{,}7°$

Berechnung von γ_2

Die Winkel mit den Weiten γ_2 und β sind Wechselwinkel an Parallelen und daher gleich weit. Mit Teilaufgabe a) ist bekannt:

$\gamma_2 \approx 36{,}9°$

Berechnung des Schnittwinkels

Für den Schnittwinkel der Weite γ gilt:

$\gamma = \gamma_1 + \gamma_2$

$\gamma \approx 33{,}7° + 36{,}9°$

$\gamma \approx 70{,}6°$

3 (2 + 3 VP)

a)

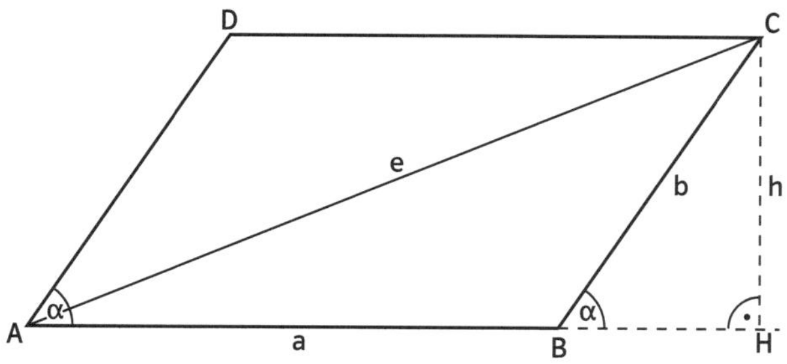

Die Winkel ∢BAD und ∢HBC sind Stufenwinkel an den Parallelen (AD) und (BC) und haben daher die gleiche Weite α.

Berechnung der Höhe h

Im rechtwinkligen Dreieck BHC gilt:

$\sin(\alpha) = \frac{\overline{CH}}{\overline{BC}}$

$\overline{CH} = \overline{BC} \cdot \sin(\alpha)$

$h = b \cdot \sin(\alpha)$

b) Berechnung der Diagonalenlänge e

Im rechtwinkligen Dreieck AHC gilt mit dem Satz von Pythagoras:

$\overline{AC}^2 = \overline{AH}^2 + \overline{CH}^2$

$\overline{AC}^2 = (\overline{AB} + \overline{BH})^2 + \overline{CH}^2$

Im rechtwinkligen Dreieck BHC gilt:

$\cos(\alpha) = \frac{\overline{BH}}{\overline{BC}}$

$\overline{BH} = \overline{BC} \cdot \cos(\alpha)$

$\overline{BH} = b \cdot \cos(\alpha)$

Somit:

$e^2 = (a + b \cdot \cos(\alpha))^2 + h^2$

(*) $e^2 = (a + b \cdot \cos(\alpha))^2 + (b \cdot \sin(\alpha))^2$

$e^2 = a^2 + 2ab \cdot \cos(\alpha) + b^2 \cdot (\cos(\alpha))^2 + b^2 \cdot (\sin(\alpha))^2$

$e^2 = a^2 + 2ab \cdot \cos(\alpha) + b^2 \cdot [(\cos(\alpha))^2 + (\sin(\alpha))^2]$

$e^2 = a^2 + 2ab \cdot \cos(\alpha) + b^2 \cdot 1$

$e^2 = a^2 + b^2 + 2ab \cdot \cos(\alpha)$

$e = \sqrt{a^2 + b^2 + 2ab \cdot \cos(\alpha)}$

Bemerkungen

Die Teilaufgabe gilt als vollständig gelöst, wenn du bis zur Gleichung (*) gerechnet hast, da in dieser Gleichung e in Abhängigkeit von den Größen a, b und α bestimmt ist.

Die weitere Umformung zeigt, dass sich mithilfe von $(\sin(\alpha))^2 + (\cos(\alpha))^2 = 1$ eine Vereinfachung des Terms auf der rechten Seite erreichen lässt.

Man erkennt daraus, dass sich die Seitenlänge eines Dreiecks berechnen lässt, wenn man die anderen beiden Seiten und den von ihnen eingeschlossenen Winkel kennt.

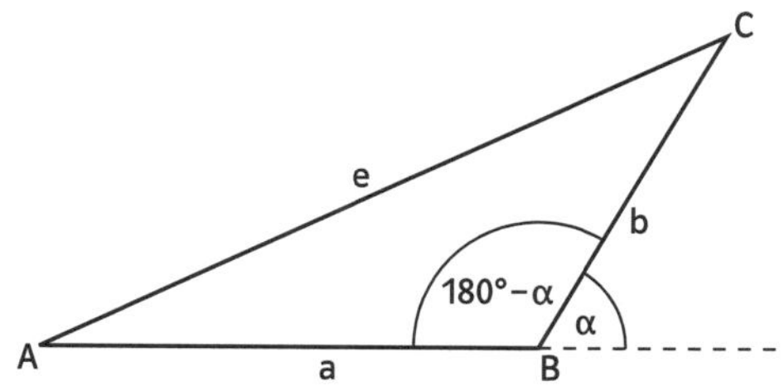

Es gilt nämlich:

$\cos(180° - \alpha) = -\cos(\alpha)$

Daraus folgt:

$e^2 = a^2 + b^2 + 2ab \cdot (-\cos(180° - \alpha))$

$e^2 = a^2 + b^2 - 2ab \cdot \cos(180° - \alpha)$

Allgemein:

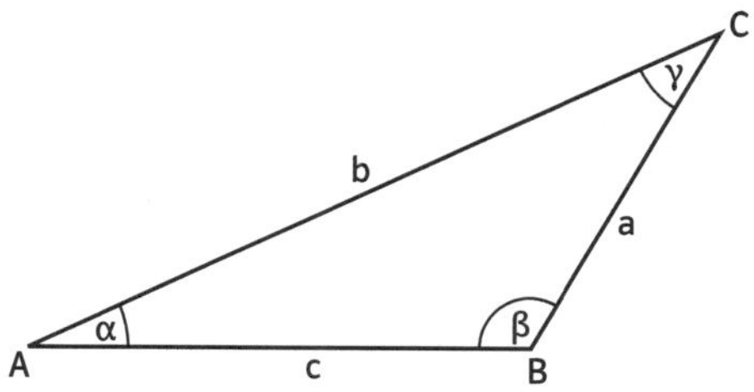

$a^2 = b^2 + c^2 - 2bc \cdot \cos(\alpha)$

$b^2 = a^2 + c^2 - 2ac \cdot \cos(\beta)$

$c^2 = a^2 + b^2 - 2ab \cdot \cos(\gamma)$

Dies ist der Kosinussatz der Trigonometrie (siehe Formelsammlung). Wie man sofort erkennt, handelt es sich hier um eine Verallgemeinerung des Satzes von Pythagoras für nicht-rechtwinklige Dreiecke. Spezialisiert man z. B. für $\gamma = 90°$, so folgt wegen $\cos(90°) = 0$: $c^2 = a^2 + b^2$:

4 (2 + 4 + 2 VP)

a)

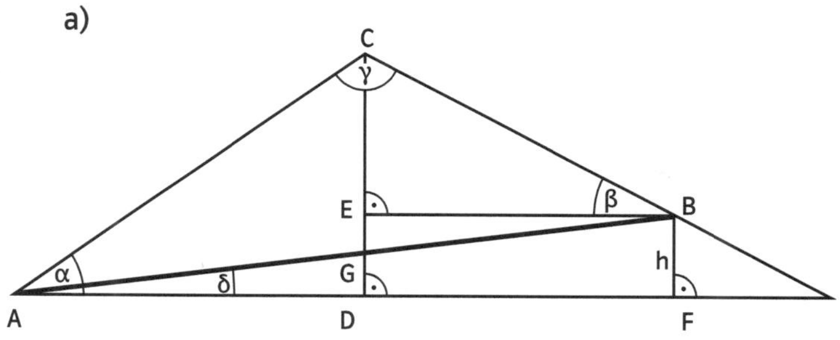

Höhenunterschied h der beiden Tunneleingänge

Die Länge der Strecke DE entspricht dem Höhenunterschied der beiden Tunneleingänge.

Es gilt:

$h = \overline{DE}$

$h = \overline{CD} - \overline{CE}$

Die Streckenlängen $\overline{CD}$ und $\overline{CE}$ können in den rechtwinkligen Dreiecken ADC und BCE berechnet werden:

$\sin(\alpha) = \frac{\overline{CD}}{\overline{AC}}$

$\overline{CD} = \overline{AC} \cdot \sin(\alpha)$

$\sin(\beta) = \frac{\overline{CE}}{\overline{BC}}$

$\overline{CE} = \overline{BC} \cdot \sin(\beta)$

Somit:

$h = \overline{CD} - \overline{CE}$

$h = \overline{AC} \cdot \sin(\alpha) - \overline{BC} \cdot \sin(\beta)$

$h = 155\,m \cdot \sin(40°) - 112\,m \cdot \sin(32°)$

$h \approx 40\,m$

Der Höhenunterschied der Tunneleingänge beträgt etwa 40 m.

b) Länge s des geradlinigen Tunnels

Die Länge $s = \overline{AB}$ kann im Dreieck AFB mit dem Satz des Pythagoras berechnet werden, wenn man neben $h = \overline{BF}$ auch die Streckenlänge $\overline{AF}$ kennt.

Für $\overline{AF}$ gilt:

$\overline{AF} = \overline{AD} + \overline{DF}$

$\overline{AF} = \overline{AD} + \overline{EB}$

Im Dreieck ADC erhält man:

$\cos(\alpha) = \frac{\overline{AD}}{\overline{AC}}$

$\overline{AD} = \overline{AC} \cdot \cos(\alpha)$

Im Dreieck BCE erhält man:

$\cos(\beta) = \frac{\overline{EB}}{\overline{BC}}$

$\overline{EB} = \overline{BC} \cdot \cos(\beta)$

Der Satz des Pythagoras im Dreieck AFB ergibt:

$\overline{AB}^2 = \overline{AF}^2 + \overline{BF}^2$

$s^2 = (\overline{AD} + \overline{EB})^2 + h^2$

$s^2 = (\overline{AC} \cdot \cos(\alpha) + \overline{BC} \cdot \cos(\beta))^2$
$+ (\overline{AC} \cdot \sin(\alpha) - \overline{BC} \cdot \sin(\beta))^2$

$s^2 = \overline{AC}^2 \cdot \cos^2(\alpha) + 2 \cdot \overline{AC} \cdot \overline{BC} \cdot \cos(\alpha)\cos(\beta)$
$+ \overline{BC}^2 \cdot \cos^2(\beta)$
$+ \overline{AC}^2 \cdot \sin^2(\alpha) - 2 \cdot \overline{AC} \cdot \overline{BC} \cdot \sin(\alpha)\sin(\beta)$
$+ \overline{BC}^2 \cdot \sin^2(\beta)$

$s^2 = \overline{AC}^2 + \overline{BC}^2$
$+ 2 \cdot \overline{AC} \cdot \overline{BC} \cdot (\cos(\alpha)\cos(\beta) - \sin(\alpha)\sin\beta))$

Einsetzen der gegebenen Werte $\overline{AC} = 155\,m$, $\overline{BC} = 112\,m$, $\alpha = 40°$ und $\beta = 32°$ und Wurzelziehen ergibt $s \approx 217\,m$.

Der Tunnel ist etwa 217 m lang.

Alternative

Wer den Kosinussatz zur Verfügung hat (Formelsammlung!), der kommt rascher ans Ziel.

Es gilt im Dreieck ABC:

$\gamma = 180° - (\alpha + \beta)$

$\gamma = 180° - (40° + 32°)$

$\gamma = 108°$

Der Kosinussatz besagt:

$\overline{AB}^2 = \overline{AC}^2 + \overline{BC}^2 - 2 \cdot \overline{AC} \cdot \overline{BC} \cdot \cos(\gamma)$

$\overline{AB} = \sqrt{\overline{AC}^2 + \overline{BC}^2 - 2 \cdot \overline{AC} \cdot \overline{BC} \cdot \cos(\gamma)}$

$\overline{AB} = \sqrt{155^2 + 112^2 - 2 \cdot 155 \cdot 112 \cdot \cos(108°)}\,m$

$\overline{AB} \approx 217\,m$

c) Steigung im Tunnel

Die Steigung im Tunnel ist der Tangens des Neigungswinkels δ.

Zunächst erhält man:

$\sin(\delta) = \frac{\overline{BF}}{\overline{AB}}$

$\sin(\delta) \approx \frac{40\,m}{217\,m}$

$\delta \approx 10{,}6°$

Daraus folgt:

$\tan(10{,}6°) \approx 0{,}19$

Die Tunnelsteigung beträgt etwa 19 %.

5 (2 VP)

Graph zu f mit $f(x) = 2 \cdot \sin(x)$, $-\pi \leqq x \leqq \pi$.

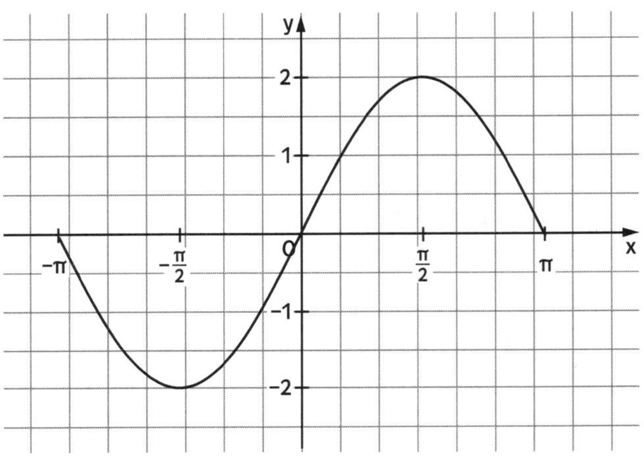

Klassenarbeit 6.4

1 (0,5 + 0,5 + 0,5 + 0,5 + 0,5 + 0,5 VP)

a) $\sin(40°) \approx 0{,}6428$

b) $\cos(125°) \approx -0{,}5736$

c) $\tan(308°) \approx -1{,}2800$

d) $\sin\left(\frac{\pi}{6}\right) = 0{,}5000$

e) $\cos(2{,}7) \approx -0{,}9041$

f) $\tan(5{,}3) \approx -1{,}5013$

2 (1 + 1 + 1 + 1 VP)

a) $\sin(\alpha) = 0{,}6997$

$\alpha_1 \approx 44{,}4°$

$\alpha_2 = 180° - \alpha_1 \approx 135{,}6°$

b) $\cos(\alpha) = 0{,}3090$

$\alpha_1 \approx 72{,}0°$

$\alpha_2 = 360° - \alpha_1 \approx 288{,}0°$

c) $\tan(\alpha) = 0{,}8098$

$\alpha_1 \approx 39{,}0°$

$\alpha_2 = 180° + \alpha_1 \approx 219{,}0°$

d) $\frac{\cos(\alpha)}{\sin(\alpha)} = \sqrt{3}$

$\frac{\sin(\alpha)}{\cos(\alpha)} = \frac{1}{\sqrt{3}} = \frac{1}{3}\sqrt{3}$

$\alpha_1 = 30°$

$\alpha_2 = 180° + \alpha_1 = 210°$

Bemerkung
Mithilfe des Taschenrechners lassen sich die in den Lösungen genannten Winkelweiten α_1 berechnen. Die zweiten Lösungen im Intervall [0°; 360°] erhält man durch eine graphische Veranschaulichung mit Symmetriebetrachtung.

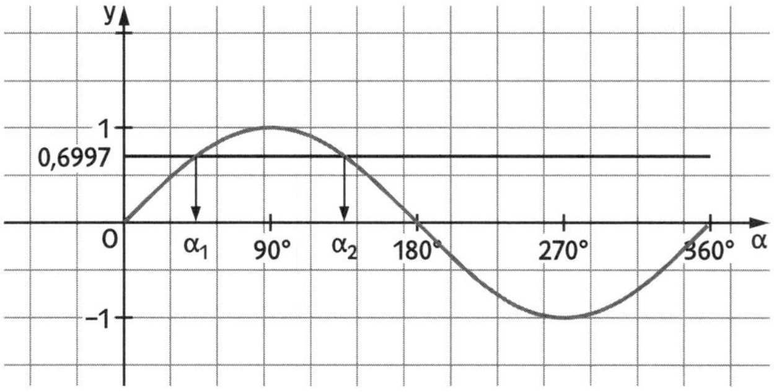

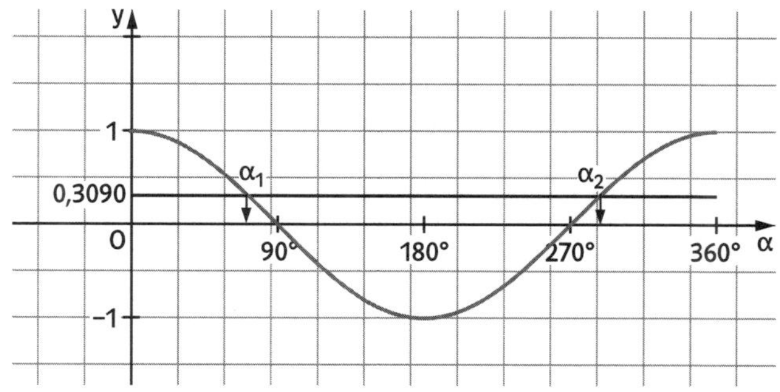

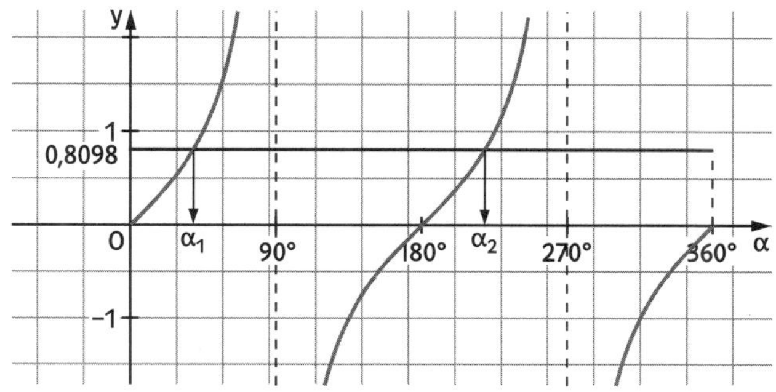

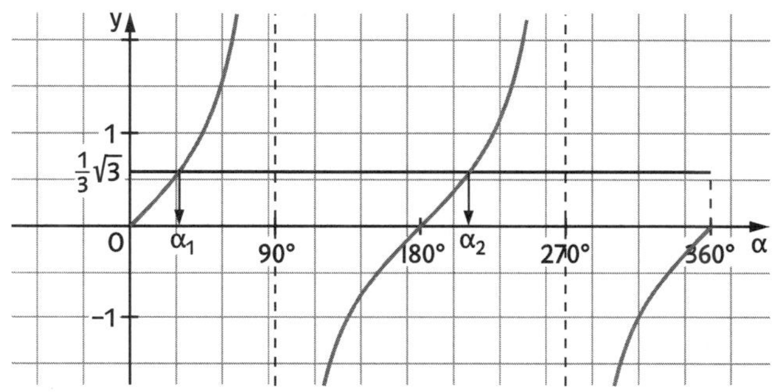

3 (4 + 1 VP)

a) Graph zu f mit $f(x) = 3 \cdot \sin(2x)$, $0 \leqq x \leqq 2\pi$
Die Amplitude ist 3, die Periode ist π.

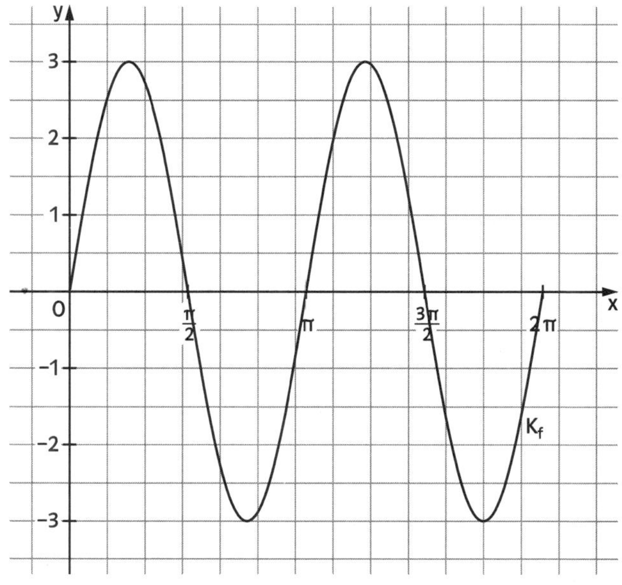

Graph zu g mit $g(x) = 2 \cdot \sin\left(\frac{1}{2}x\right) - 1,\ 0 \leqq x \leqq 2\pi$
Die Amplitude ist 2, die Periode ist 4π. Der Graph entsteht durch Verschiebung des Graphen zu h mit $h(x) = 2 \cdot \sin\left(\frac{1}{2} \cdot x\right)$ um eine Einheit nach unten.

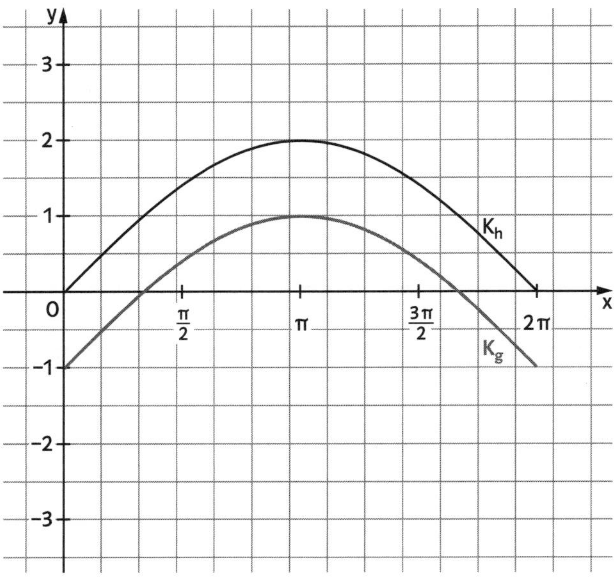

b)

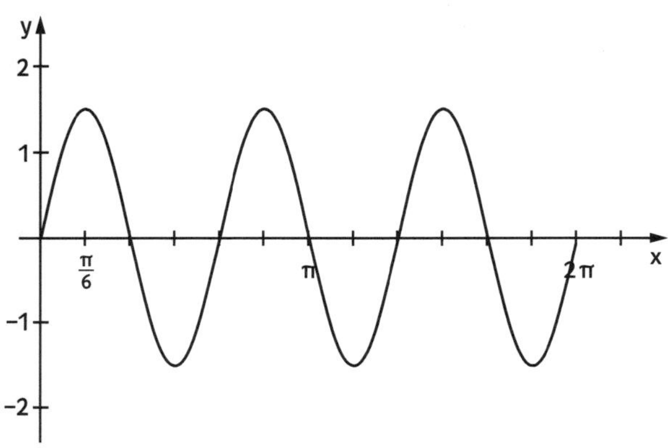

Die Amplitude ist 1,5, die Periode ist $\frac{2}{3}\pi$.
Daher gilt: $f(x) = 1{,}5 \cdot \sin(3 \cdot x)$

4 (3 + 3 VP)
a) Balkenhöhe d

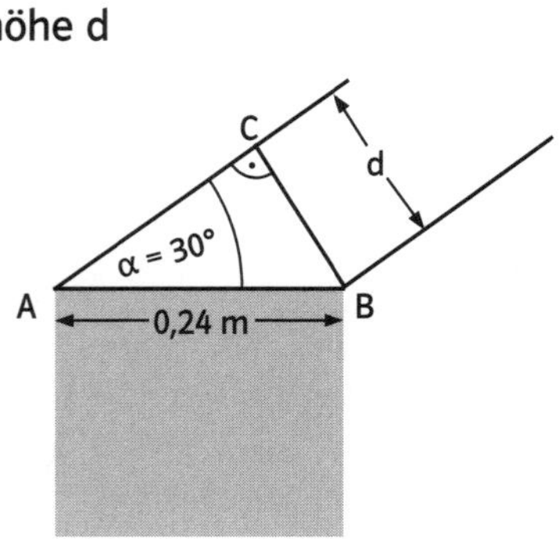

Im rechtwinkligen Dreieck ABC gilt:

$\sin(\alpha) = \frac{d}{\overline{AB}}$

$\sin(30°) = \frac{d}{0{,}24\,m}$

Folglich: $d = 0{,}24\,m \cdot \sin(30°)$

$d = 0{,}24\,m \cdot \frac{1}{2}$

$d = 0{,}12\,m$

Der Balken muss 0,12 m hoch sein.

Balkenlänge s

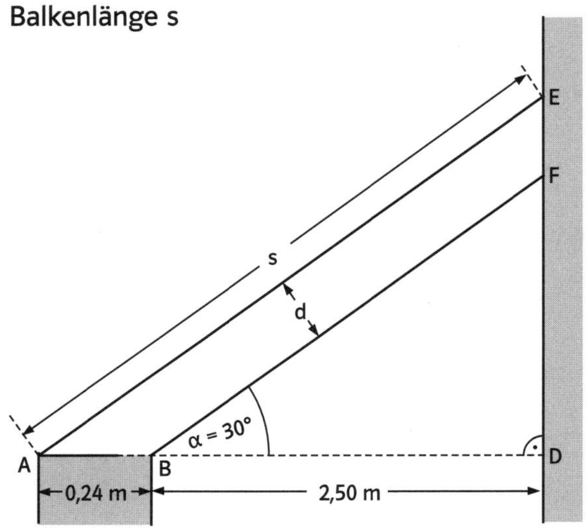

Im rechtwinkligen Dreieck ADE gilt:

$\cos(\alpha) = \frac{\overline{AD}}{s}$

$s = \frac{\overline{AD}}{\cos(\alpha)}$

$s = \frac{0{,}24\,m + 2{,}50\,m}{\cos(30°)}$

$s = \frac{2{,}74\,m}{\frac{1}{2}\sqrt{3}}$

$s \approx 3{,}16\,m$

Der Balken muss etwa 3,16 m lang sein.

b) Für die Höhe h gilt:
$h = 2{,}00\,m + \overline{DE}$
Für $\overline{DE}$ erhält man im rechtwinkligen Dreieck ADE:

$\tan(\alpha) = \frac{\overline{DE}}{\overline{AD}}$

$\overline{DE} = \overline{AD} \cdot \tan(\alpha)$

Folglich: $h = 2{,}00\,m + \overline{AD} \cdot \tan(\alpha)$

$h = 2{,}00\,m + 2{,}74\,m \cdot \tan(30°)$

$h \approx 3{,}58\,m$

Die Balkenoberkante liegt etwa 3,58 m über dem Boden.

Maximale Weite β des Neigungswinkels
Wie oben gilt:

$$h = 2{,}00\,m + \overline{AD} \cdot \tan(\beta)$$

$$\tan(\beta) = \frac{h - 2{,}00\,m}{\overline{AD}}$$

$$\tan(\beta) = \frac{3{,}00\,m - 2{,}00\,m}{2{,}74\,m}$$

$$\tan(\beta) = \frac{1}{2{,}74}$$

$$\beta \approx 20°$$

Bei einer Dachneigung von höchstens 20° liegt die Balkenoberkante nicht höher als 3,00 m über dem Boden.

5 (6 VP)
Länge der Bandabschnitte

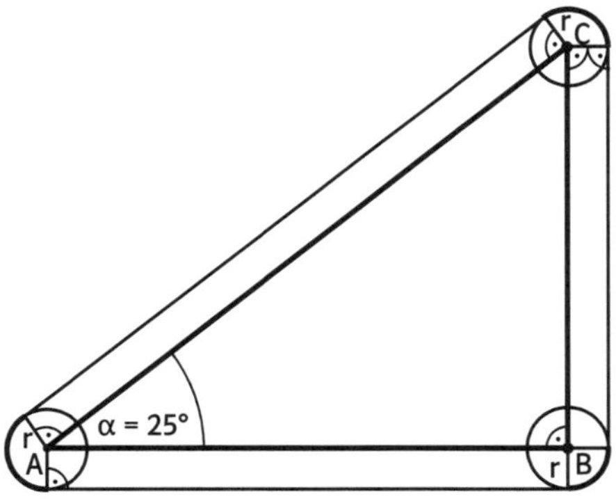

Das Band setzt sich aus den drei geradlinigen Abschnitten AB, BC und AC sowie den drei Kreisbögen zusammen. Die Kreisbögen zusammen bilden einen Kreis mit dem Radius r = 0,10 m.
Mit $\overline{BC} = 4{,}00\,m$, $\alpha = 25°$ folgt:

$$\sin(\alpha) = \frac{\overline{BC}}{\overline{AC}}$$

$$\overline{AC} = \frac{\overline{BC}}{\sin(\alpha)}$$

$$\tan(\alpha) = \frac{\overline{BC}}{\overline{AB}}$$

$$\overline{AB} = \frac{\overline{BC}}{\tan(\alpha)}$$

Bandlänge s

$$s = \overline{AB} + \overline{BC} + \overline{AC} + U$$

$$s = \frac{\overline{BC}}{\tan(\alpha)} + \overline{BC} + \frac{\overline{BC}}{\sin(\alpha)} + 2\pi \cdot r$$

$$s = \frac{4{,}00\,m}{\tan(25°)} + 4{,}00\,m + \frac{4{,}00\,m}{\sin(25°)} + 2\pi \cdot 0{,}10\,m$$

$$s \approx 22{,}67\,m$$

Das Band muss etwa 22,67 m lang sein.

Alternative
Wenn $\overline{AC}$ wie oben berechnet ist, dann lässt sich $\overline{AB}$ auch mit dem Satz des Pythagoras berechnen.

Vorbemerkung zu den Jahrgangsarbeiten

Eine Jahrgangsarbeit enthält Aufgaben zu den verschiedenen Themenbereichen, die du in diesem Schuljahr kennen gelernt hast. Damit erhältst du die Möglichkeit zu überprüfen, wie gut du den Stoff verstanden hast. Die Arbeitszeit beträgt 45 Minuten. Trage deine Lösungswege und Ergebnisse auf den Aufgabenblättern ein.
Zur Korrektur verwendest du die ausführlichen Lösungen. Beachte die Verrechnungspunktezahlen zu jeder Teilaufgabe. Mit der Umrechnungstabelle auf Seite 10 kannst du dir eine Note geben und damit deinen Leistungsstand einschätzen.

1 (1 + 1 + 1 VP)
Vereinfache die Rechenausdrücke soweit wie möglich.

a) $\left(2^6 \cdot \left(\frac{1}{2}\right)^{-4}\right) : 4^5$

b) $(-3^2)^3 : 3$

c) $(0{,}03^2 \cdot 0{,}01^5) : 0{,}3^2$

2 (2 + 2 VP)
Bestimme x.

a) $2^{x+2} - 2^x = 12$

b) $5^x - 7 \cdot 5^{x-2} = 90$

3 (1 + 2 VP)

Info
Lichtgeschwindigkeit
$c = 3{,}0 \cdot 10^5\ \frac{km}{s}$
Masse der Sonne
$m = 2{,}0 \cdot 10^{30}\,kg$

Die Galaxie Messier 104 ist eines der massereichsten Objekte im Galaxienhaufen Virgo. Ihre Masse beträgt etwa 800 Milliarden Sonnenmassen. Der Abstand zur Erde ist etwa 28 Millionen Lichtjahre. Ihr Durchmesser beträgt 50 000 Lichtjahre.

a) Wie groß ist die Masse der Galaxie?

b) Gib den Abstand der Galaxie zur Erde in Kilometern an.

4 (2 + 2 VP)

a) Berechne die Flächeninhalte der Dreiecke ABC und AMC.

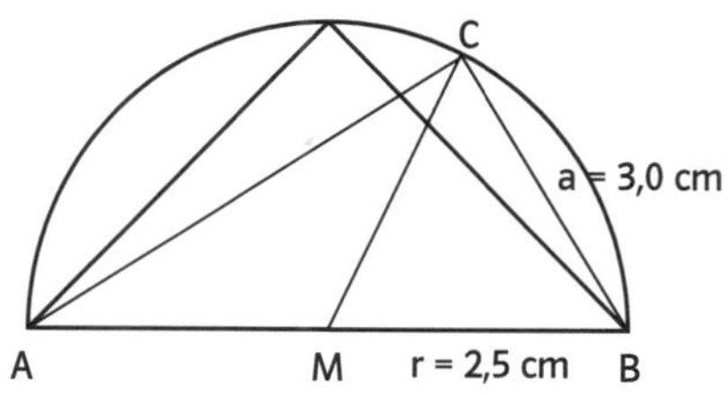

b) Wie groß sind die Winkel ∢ BAC und ∢ MCB?

5 (1 + 3 + 3 VP)

Ein Trichter hat die Form eines geraden Kreiskegels.

a) Wie groß ist das Fassungsvermögen des Trichters?

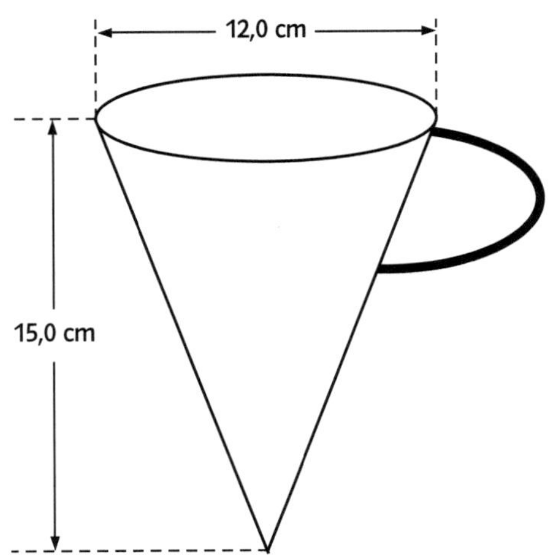

b) Wie viel Flüssigkeit ist im Trichter, wenn der Flüssigkeitsspiegel 3,0 cm unterhalb der Trichteroberkante liegt?

c) An welcher Stelle müsste eine Markierung angebracht werden, die erkennen lässt, dass der Trichter zu einem Viertel gefüllt ist?

6 (2 + 1 VP)

a) Ein Ehepaar legt bei der Geburt ihres Kindes ein Sparkonto an und zahlt 2000,00 € ein. Nach sieben Jahren ist das Kapital auf 2721,72 € angewachsen. Berechne den durchschnittlichen Zinssatz.

b) Wie lange würde es dauern, bis das Kapital von 2000,00 € bei einem gleich bleibenden Zinssatz von 4,5 % je Jahr auf 3000,00 € angewachsen wäre?

1 (2 + 1 + 1 + 2 VP)

Aus einem Biologiebuch
Erwachsene haben etwa 25 Billionen rote Blutkörperchen (Erythrozyten) im Blut, von denen jedes nur etwa 120 Tage „lebt".
Daher müssen ständig neue Blutkörperchen gebildet werden.

Steckbrief für rote Blutkörperchen

Größe	
Durchmesser	$2{,}7 \cdot 10^{-6}\,\text{m}$
Randdicke	$2{,}5 \cdot 10^{-6}\,\text{m}$
Masse	$3{,}0 \cdot 10^{-11}\,\text{g}$
Oberflächeninhalt	$1{,}0 \cdot 10^{-10}\,\text{m}^2$

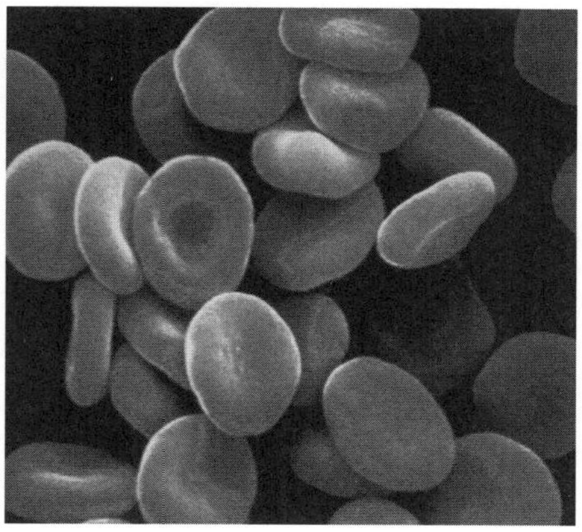

a) Etwa 35 % der gesamten Erythrozytenmasse besteht aus dem roten Blutfarbstoff Hämoglobin.
Wie viel Hämoglobin ist im Blut eines Erwachsenen?

b) Wie groß ist die Gesamtoberfläche aller Erythrozyten im Blut eines Erwachsenen? Gib diese in Quadratmetern an.

c) Wie viele Erythrozyten müssen durchschnittlich in jeder Stunde neu gebildet werden?

d) Ein einziges rotes Blutkörperchen kann näherungsweise als zylindrischer Körper aufgefasst werden.
Prüfe damit, ob sich der im „Steckbrief" angegebene Oberflächeninhalt bestätigen lässt.

2 (1 + 1 + 1 + 1 VP)
Löse die Gleichungen.
a) $5^x = 5^2 + 10^2$

b) $6^{x-1} = \frac{1}{36}$

c) $2^{-4x+1} = \frac{1}{2}$

d) $10^{-2} - x = 2$

3 (3 + 1 + 2 VP)
Ein Quader hat die Seitenlängen 6,0 cm, 4,0 cm und 3,0 cm.
a) Berechne den Flächeninhalt des Dreiecks ABS.
Wie ändert sich dieser Flächeninhalt, wenn sich S auf der Strecke GH bewegt?

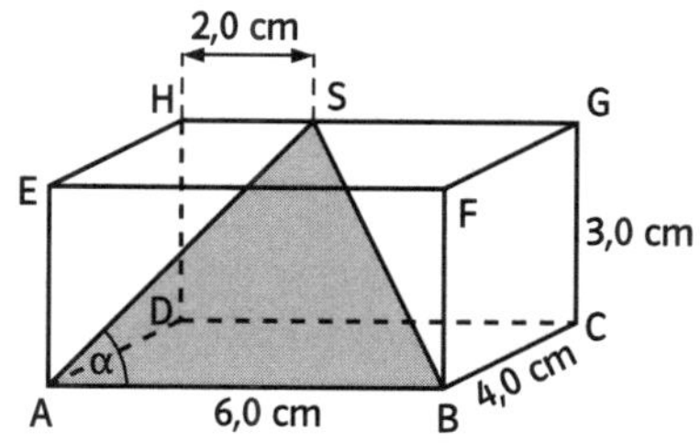

b) Wie lang ist die Dreiecksseite AS?

c) Welche Weite α hat der Winkel BAS?
Welche Werte kann α annehmen, wenn sich der Punkt S auf der Strecke GH bewegt?

4 (4 VP)
Beweise: Im Rechteck ABCD hat die Ecke B von der Diagonalen AC den Abstand
$e = \frac{ab}{\sqrt{a^2 + b^2}}$.

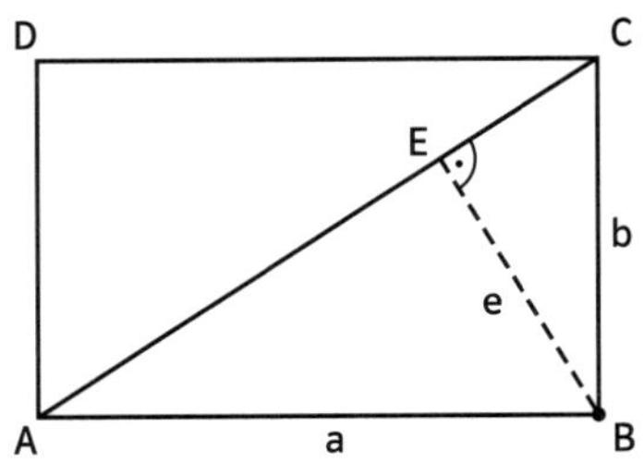

5 (2 + 2 VP)
Im Koordinatensystem sind die Graphen G_1 und G_2 zweier Bestandsentwicklungen B_1 bzw. B_2 eingezeichnet, die exponentielle Zunahme bzw. exponentielle Abnahme beschreiben.

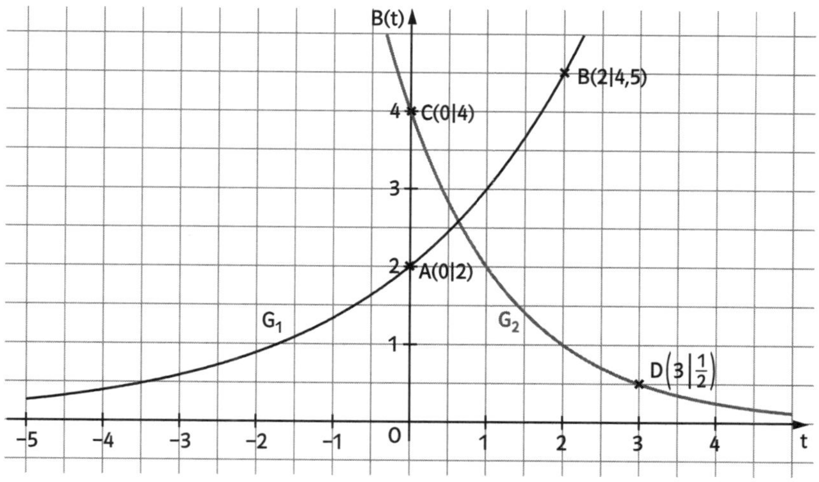

a) Bestimme unter Verwendung der eingezeichneten Punkte A, B, C und D die beiden Gleichungen zur Beschreibung der Bestandsentwicklungen.

b) Bestimme durch eine geeignete Rechnung die Schnittstelle der beiden Graphen auf zwei Nachkommastellen gerundet.

1 (5 VP)
Um zu verdeutlichen, welche unfassbar große Genauigkeit bei einer Kreisberechnung mit „nur“ 100 Nachkommastellen von π erreichbar ist, hat man vor etwa 100 Jahren folgende Aufgabe konstruiert:

> Man nehme eine Kugel an, in deren Mittelpunkt die Erde liege und die bis zum Sirius reiche. Das Licht, das sich mit 300 000 $\frac{km}{s}$ fortpflanzt, braucht 8,75 Jahre von der Erde bis zum Sirius. Diese Kugel fülle man mit Bakterien. In einen Kubikmillimeter sollen eine Billion Bakterien passen. Alle diese Bakterien werden nun auf einer Kette aufgefädelt gedacht, so dass der Abstand zwischen benachbarten Bakterien gerade wieder so groß ist wie der Abstand des Sirius von der Erde. Die Länge dieser Kette sei dann der Radius eines Kreises.
> Berechnet man den Umfang dieses Kreises, indem man 100 Nachkommastellen von π verwendet, dann wird sich der erhaltene Näherungswert vom exakten Kreisumfang um weniger als ein Zehnmillionstel eines Millimeters unterscheiden.

Berechne den Radius dieses unvorstellbar großen Kreises.

2 (3 + 2 VP)
Eine Hochleistungspumpe in einem Labor kann den Druck in einem Probenbehälter in jeweils 10 Sekunden auf 50 % des vorherigen Drucks verringern. Der Anfangsdruck beträgt 1020 mbar.
a) Nach welchem Gesetz nimmt der Druck im Probengefäß ab?
Wie groß ist der Druck nach einer Minute?

b) Wie lange dauert es, bis der Anfangsdruck auf weniger als ein Hundertstel Millibar abgenommen hat?

3 (5 VP)
Einem Kreis mit dem Radius r sind ein regelmäßiges Viereck mit der Seitenlänge s_4 (Quadrat) und ein regelmäßiges Achteck mit der Seitenlänge s_8 einbeschrieben. Berechne die Seitenlänge des Achtecks in Abhängigkeit vom Kreisradius r.

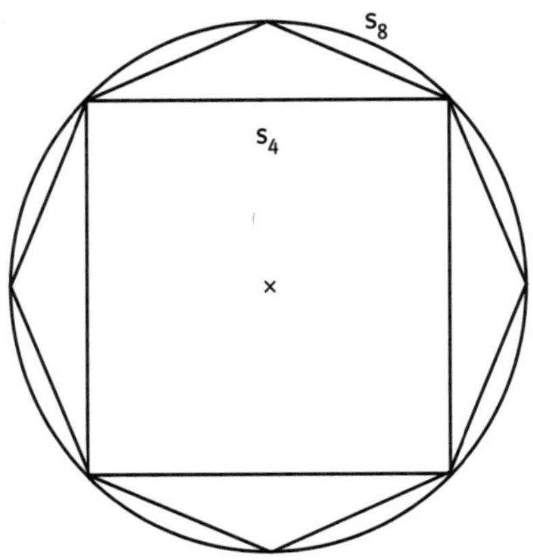

4 (4 VP)
Das Trapez ABCD hat die parallelen Seiten AB und CD, wobei $\overline{AB} = 2 \cdot \overline{CD}$ gilt. Die Punkte M_a und M_c sind die Seitenmittelpunkte der Seiten AB und CD.
Die Strecken AM_c und DM_a schneiden sich in S, die Strecken BM_c und CM_a schneiden sich in T.
Weise nach, dass die Strecke ST parallel zur Strecke AB ist.

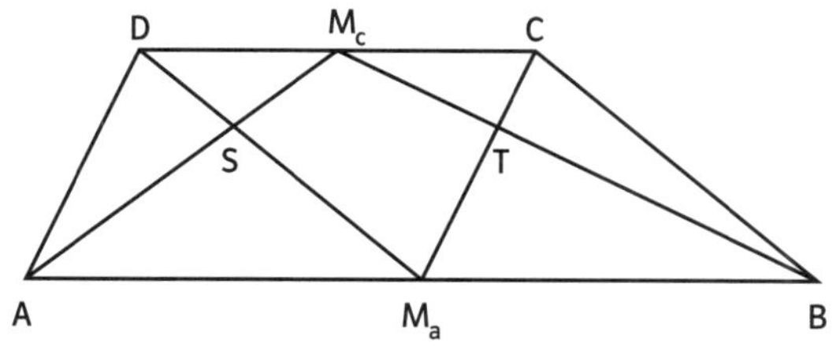

5 (2 VP)

Bei einem Schullandheimaufenthalt in den Bergen sehen die Schülerinnen und Schüler der Klasse 9a das abgebildete Verkehrszeichen.
Peter behauptet: „Jetzt steigt die Straße unter einem Winkel der Weite 22° an."
Denise meint: „Das stimmt nicht! Die Straße steigt auf dem nächsten Kilometer 220 m an."
Beurteile diese beiden Aussagen.

6 (1 + 2 VP)

Begründe mithilfe einer Zeichnung, dass für alle Winkelweiten α, $0° \leqq \alpha \leqq 90°$, gilt:

a) $\cos(\alpha) = \sin(90° - \alpha)$

b) $\sin(\alpha) = \sqrt{1 - \cos^2(\alpha)}$

Punkte:

1

Vereinfache die Rechenausdrücke soweit wie möglich.

a) $\left(2^6 \cdot \left(\frac{1}{2}\right)^{-4}\right) : 4^5$

$= (2^6 \cdot 2^{+4}) : (2^2)^5$
$= 2^{6+4} : 2^{2 \cdot 5}$
$= 2^{10} : 2^{10}$
$= 2^{10-10}$
$= 2^0$
$= 1$

1 ☐

b) $(-3^2)^3 : 3$

$= (-3^{2 \cdot 3}) : 3^1$
$= -3^6 : 3^1$
$= -3^{6-1}$
$= -3^5$

1 ☐

c) $(0{,}03^2 \cdot 0{,}01^5) : 0{,}3^2$

$= ((3 \cdot 10^{-2})^2 \cdot (1 \cdot 10^{-2})^5) : (3 \cdot 10^{-1})^2$
$= (3^2 \cdot 10^{-4} \cdot 10^{-10}) : (3^2 \cdot 10^{-2})$
$= (3^2 \cdot 10^{-14}) : (3^2 \cdot 10^{-2})$
$= 10^{-14} \cdot 10^2$
$= 10^{-12}$

1 ☐

2

Bestimme x.

a) $2^{x+2} - 2^x = 12$

$2^x \cdot 2^2 - 2^x = 12$
$2^x \cdot (4 - 1) = 12$
$2^x \cdot 3 = 12$
$2^x = 4$
$2^x = 2^2$
$x = 2$

2 ☐

b) $5^x - 7 \cdot 5^{x-2} = 90$

$5^x - 7 \cdot 5^x \cdot 5^{-2} = 90$
$5^x \cdot \left(1 - \frac{7}{25}\right) = 90$
$5^x \cdot \frac{18}{25} = 90$
$5^x = 90 \cdot \frac{25}{18}$
$5^x = 125$
$5^x = 5^3$
$x = 3$

2 ☐

Punkte:

3

Info
Lichtgeschwindigkeit
$c = 3{,}0 \cdot 10^5 \, \frac{km}{s}$
Masse der Sonne
$m = 2{,}0 \cdot 10^{30}\, kg$

Die Galaxie Messier 104 ist eines der massereichsten Objekte im Galaxienhaufen Virgo. Ihre Masse beträgt etwa 800 Milliarden Sonnenmassen. Der Abstand zur Erde ist etwa 28 Millionen Lichtjahre. Ihr Durchmesser beträgt 50 000 Lichtjahre.

a) Wie groß ist die Masse der Galaxie?

Masse der Galaxie

$M = 800 \cdot 10^9 \cdot m$

$M = 8 \cdot 10^2 \cdot 10^9 \cdot 2 \cdot 10^{30}\, kg$

$M = 16 \cdot 10^{2+9+30}\, kg$

$M = 16 \cdot 10^{41}\, kg$

$M = 1{,}6 \cdot 10^{42}\, kg$ 1 ☐

b) Gib den Abstand der Galaxie zur Erde in Kilometern an.

Abstand der Galaxie zur Erde

$d = 28 \cdot 10^6\, ly$

$d = 28 \cdot 10^6 \cdot 365 \cdot 24 \cdot 60 \cdot 60\, s \cdot 300\,000 \frac{km}{s}$

$d = 28 \cdot 365 \cdot 24 \cdot 60 \cdot 60 \cdot 3 \cdot 10^5 \cdot 10^6\, km$

$d = 2{,}649024 \cdot 10^9 \cdot 10^{11}\, km$

$d \approx 2{,}6 \cdot 10^{20}\, km$ 2 ☐

4

a) Berechne die Flächeninhalte der Dreiecke ABC und AMC.

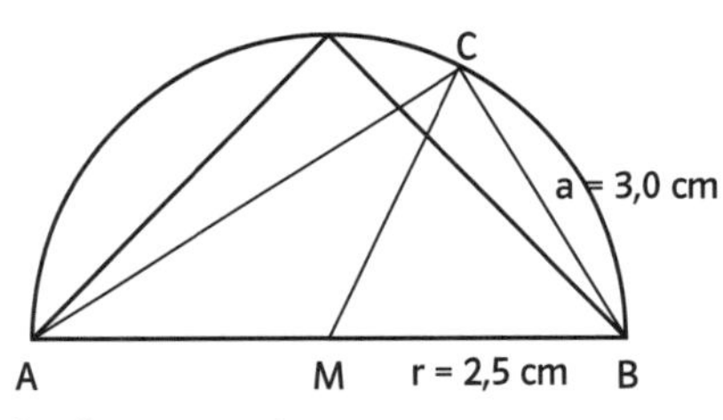

Flächeninhalt des Dreiecks ABC
Das Dreieck ABC ist nach dem Satz des Thales rechtwinklig bei C. Daher kann BC als Grundseite und AC als Höhe des Dreiecks aufgefasst werden.
Mit dem Satz des Pythagoras im Dreieck ABC gilt:

$\overline{AB}^2 = \overline{BC}^2 + \overline{AC}^2$

$\overline{AC}^2 = \overline{AB}^2 - \overline{BC}^2$

$\overline{AC} = \sqrt{\overline{AB}^2 - \overline{BC}^2}$

$\overline{AC} = \sqrt{(5\, cm)^2 - (3\, cm)^2}$

$\overline{AC} = \sqrt{25\, cm^2 - 9\, cm^2}$

$\overline{AC} = \sqrt{16\, cm^2}$

$\overline{AC} = 4{,}0\, cm$

Punkte:

Damit erhält man den Flächeninhalt des Dreiecks ABC:

$A_{\triangle ABC} = \frac{1}{2} \cdot \overline{BC} \cdot \overline{AC}$

$A_{\triangle ABC} = \frac{1}{2} \cdot 3{,}0\,cm \cdot 4{,}0\,cm$

$A_{\triangle ABC} = 6{,}0\,cm^2$

Flächeninhalt des Dreiecks AMC

Jetzt wird die Seite AB als Grundseite des Dreiecks ABC aufgefasst und entsprechend AM als Grundseite des Dreiecks AMC.

Es gilt: $\overline{AM} = \frac{1}{2} \cdot \overline{AB}$.

Da beide Dreiecke die gemeinsame Ecke C haben, ist die Höhe beider Dreiecke zu den genannten Grundseiten gleich.

Der Flächeninhalt des Dreiecks AMC ist somit halb so groß wie der Flächeninhalt des Dreiecks ABC: $A_{\triangle AMC} = 3{,}0\,cm^2$ 2 ☐

b) Wie groß sind die Winkel ∢ BAC und ∢ MCB?

Weite des Winkels ∢ BAC

Der Winkel ∢ BAC habe die Weite α.

Dann gilt:

$\sin(\alpha) = \frac{\overline{BC}}{\overline{AB}}$

$\sin(\alpha) = \frac{3{,}0\,cm}{5{,}0\,cm}$

$\sin(\alpha) = \frac{3}{5}$

$\alpha \approx 36{,}9°$

Weite des Winkels ∢ MCB

Da das Dreieck AMC gleichschenklig mit $\overline{AM} = \overline{MC}$ *ist, hat der Winkel ∢ ACM ebenfalls die Weite α.*

Für die Winkelweite β des Winkels ∢ MCB ergibt sich daher:

$\beta = 90° - \alpha$

$\beta \approx 53{,}1°$ 2 ☐

5

Ein Trichter hat die Form eines geraden Kreiskegels.

a) Wie groß ist das Fassungsvermögen des Trichters?

Volumen V des Trichters

Der Trichter bildet einen geraden Kreiskegel mit dem Radius r = 6,0 cm und der Höhe h = 15,0 cm. Folglich gilt:

$V = \frac{1}{3} \cdot \pi \cdot r^2 \cdot h$

$V = \frac{1}{3} \cdot \pi \cdot (6\,cm)^2 \cdot 15\,cm$

$V = 180 \cdot \pi\,cm^3$

Das Fassungsvermögen beträgt etwa 565 cm³. 1 ☐

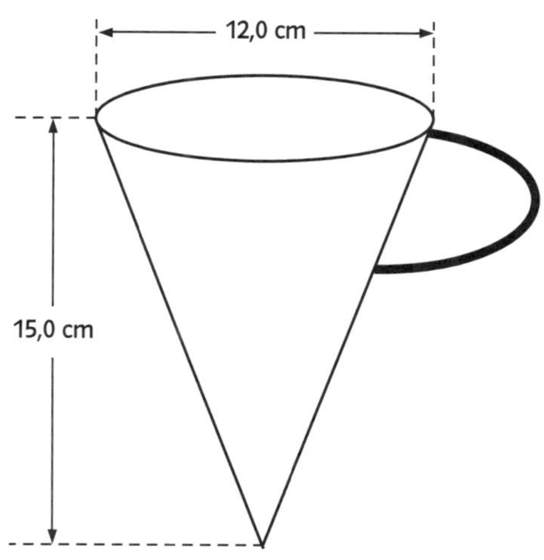

Punkte:

b) Wie viel Flüssigkeit ist im Trichter, wenn der Flüssigkeitsspiegel 3,0 cm unterhalb der Trichteroberkante liegt?

Radius r_1 des Grundkreises des Flüssigkeitskegels
Der Flüssigkeitsspiegel ist parallel zur Trichteroberkante.
Mit dem 2. Strahlensatz ergibt sich:

$\overline{SB_1} : \overline{SB} = \overline{A_1B_1} : \overline{AB}$

$h_1 : h = r_1 : r$

$r_1 \cdot h = r \cdot h_1$

$r_1 = \frac{r \cdot h_1}{h}$

$r_1 = \frac{6\,cm \cdot 12\,cm}{15\,cm}$

$r_1 = 4{,}8\,cm$

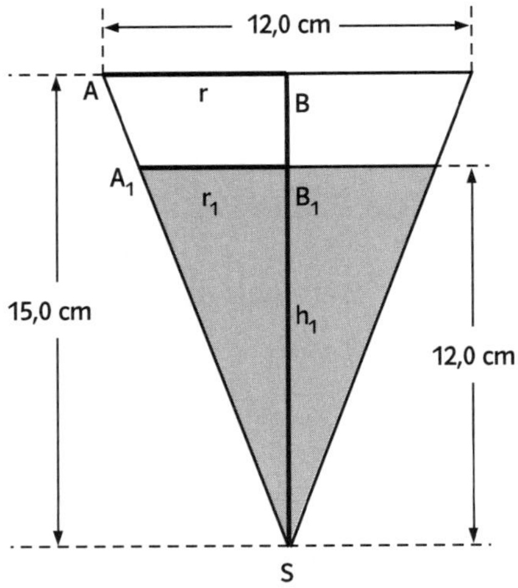

Volumen V_1 der Flüssigkeit

$V_1 = \frac{1}{3} \cdot \pi \cdot r_1^2 \cdot h_1$

$V_1 = \frac{1}{3} \cdot \pi \cdot (4{,}8\,cm)^2 \cdot 12\,cm$

$V_1 = 92{,}16 \cdot \pi\,cm^3$

Im Trichter befinden sich etwa $290\,cm^3$ Flüssigkeit.

3 ☐

c) An welcher Stelle müsste eine Markierung angebracht werden, die erkennen lässt, dass der Trichter zu einem Viertel gefüllt ist?

Streckfaktor k der zentrischen Streckung
Der Trichterkegel kann durch eine zentrische Streckung mit dem Streckfaktor k auf den Flüssigkeitskegel abgebildet werden.
Dabei gilt:

$r_2 = k \cdot r$

$h_2 = k \cdot h$

$V_2 = \frac{1}{3} \cdot \pi \cdot r_2^2 \cdot h_2$

$V_2 = \frac{1}{3} \cdot \pi \cdot (k \cdot r)^2 \cdot (k \cdot h)$

$V_2 = \frac{1}{3} \cdot \pi \cdot r^2 \cdot h \cdot k^3$

$V_2 = V \cdot k^3$

Mit $V_2 = \frac{1}{4} \cdot V$ folgt daraus:

$\frac{1}{4} \cdot V = V \cdot k^3$

$\frac{1}{4} = k^3$

$k = \sqrt[3]{\frac{1}{4}}\ (\approx 0{,}63)$

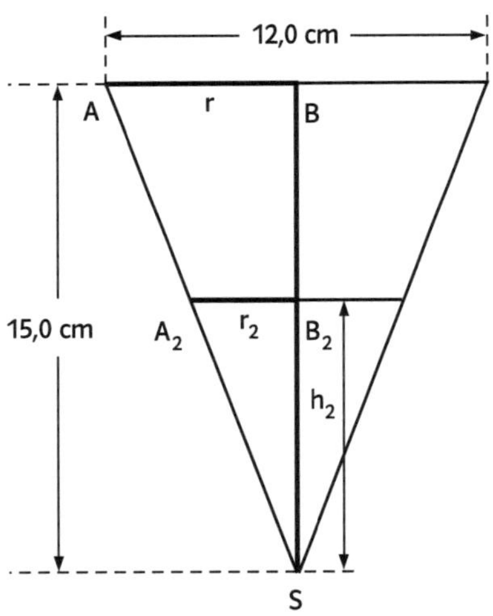

Lage der Markierung
Es gilt:

$h_2 = k \cdot h$

$h_2 = \sqrt[3]{\frac{1}{4}} \cdot 15\,cm$

Die Markierung müsste lotrecht gemessen etwa 9,5 cm oberhalb der Kegelspitze liegen.

3 ☐

6

a) Ein Ehepaar legt bei der Geburt ihres Kindes ein Sparkonto an und zahlt 2000,00 € ein. Nach sieben Jahren ist das Kapital auf 2721,72 € angewachsen. Berechne den durchschnittlichen Zinssatz.

Punkte:

Berechnung des Zinssatzes
Das Guthaben wächst exponentiell. Daher gilt:
$B(t) = B(0) \cdot q^t$
Der Anfangsbestand ist $B(0) = 2000$, *der Bestand nach sieben Jahren ist* $B(7) = 2721{,}72$. *Daher gilt:*
$2721{,}72 = 2000 \cdot q^7 \quad | :2000$
Folglich:
$q^7 = 1{,}36086\ldots$
$q = \sqrt[7]{1{,}36086\ldots}$
$q \approx 1{,}045$
Der durchschnittliche Zinssatz beträgt 4,5%.

2 ☐

b) Wie lange würde es dauern, bis das Kapital von 2000,00 € bei einem gleich bleibenden Zinssatz von 4,5 % je Jahr auf 3000,00 € angewachsen wäre?

Berechnung der Anlagedauer
Aus $B(t) = B(0) \cdot q^t$ *ergibt sich:*
$3000 = 2000 \cdot 1{,}045^t \quad | :2000$
$1{,}5 = 1{,}045^t$
Diese Gleichung wird mit einer Wertetabelle näherungsweise gelöst.

t	9	10	9,1	9,2
$1{,}045^t$	1,49	1,55	1,49	1,50

Die Anlagedauer wäre etwa 9,2 Jahre.

1 ☐

1

Punkte:

Aus einem Biologiebuch
Erwachsene haben etwa 25 Billionen rote Blutkörperchen (Erythrozyten) im Blut, von denen jedes nur etwa 120 Tage „lebt“. Daher müssen ständig neue Blutkörperchen gebildet werden.

Steckbrief für rote Blutkörperchen

Größe	
Durchmesser	$2{,}7 \cdot 10^{-6}$ m
Randdicke	$2{,}5 \cdot 10^{-6}$ m
Masse	$3{,}0 \cdot 10^{-11}$ g
Oberflächeninhalt	$1{,}0 \cdot 10^{-10}$ m²

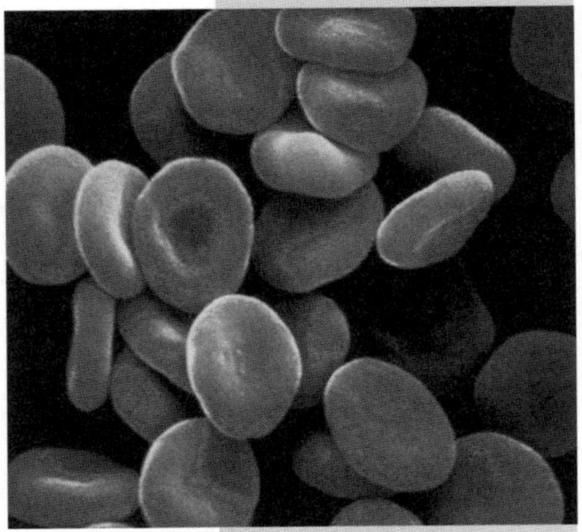

a) Etwa 35% der gesamten Erythrozytenmasse besteht aus dem roten Blutfarbstoff Hämoglobin.
Wie viel Hämoglobin ist im Blut eines Erwachsenen?

Erythrozytenmasse m
$m = 25 \cdot 10^{12} \cdot 3 \cdot 10^{-11}\,g$
$m = 75 \cdot 10^{12-11}\,g$
$m = 7{,}5 \cdot 10^{2}\,g$

Masse M des Hämoglobins
$M = \frac{35}{100} \cdot m$
$M = \frac{35}{100} \cdot 7{,}5 \cdot 10^{2}\,g$
$M \approx 2{,}6 \cdot 10^{2}\,g$ 2 ☐

b) Wie groß ist die Gesamtoberfläche aller Erythrozyten im Blut eines Erwachsenen? Gib diese in Quadratmetern an.

Gesamtoberfläche O aller Erythrozyten
$O = 25 \cdot 10^{12} \cdot 1{,}0 \cdot 10^{-10}\,m^2$
$O = 25 \cdot 10^{2}\,m^2$
$O = 2{,}5 \cdot 10^{3}\,m^2$ 1 ☐

c) Wie viele Erythrozyten müssen durchschnittlich in jeder Stunde neu gebildet werden?

Anzahl n der je Stunde gebildeten Erythrozyten
Da jedes Blutkörperchen im Mittel 120 Tage lebt, müssen in dieser Zeit von 120 · 24 Stunden alle 25 Billionen Erythrozyten neu gebildet werden.
$n = (25 \cdot 10^{12}) : (120 \cdot 24)$
$n \approx 8{,}7 \cdot 10^{9}$
In jeder Stunde werden etwa 8,7 Milliarden rote Blutkörperchen neu gebildet. 1 ☐

d) Ein einziges rotes Blutkörperchen kann näherungsweise als zylindrischer Körper aufgefasst werden.
Prüfe damit, ob sich der im „Steckbrief" angegebene Oberflächeninhalt bestätigen lässt.

Punkte:

Oberflächeninhalt des Zylinders
Es gilt:
$O = 2 \cdot \pi \cdot r^2 + 2 \cdot \pi \cdot r \cdot h$
Für r wird der halbe Durchmesser, für h die Randdicke angenommen.
Daher:
$O = 2 \cdot \pi \cdot \left(\frac{7{,}5}{2} \cdot 10^{-6}\,m\right)^2 + 2 \cdot \pi \cdot \left(\frac{7{,}5}{2} \cdot 10^{-6}\,m\right) \cdot 2{,}5 \cdot 10^{-6}\,m$
$O = 2 \cdot \pi \cdot \left[\left(\frac{7{,}5}{2}\right)^2 + \frac{7{,}5}{2} \cdot 2{,}5\right] \cdot 10^{-12}\,m^2$
$O \approx 1{,}5 \cdot 10^{-10}\,m^2$

Dieser Wert stimmt größenordnungsmäßig mit dem im „Steckbrief" genannten Wert überein. 2 ☐

2
Löse die Gleichungen.
a) $5^x = 5^2 + 10^2$

$5^x = 5^2 + 10^2$
$5^x = 125$
$5^x = 5^3$
$x = 3$ 1 ☐

b) $6^{x-1} = \frac{1}{36}$

$6^{x-1} = \frac{1}{36}$
$6^{-1} \cdot 6^x = \frac{1}{6^2} \quad | \cdot 6^1$
$6^x = \frac{1}{6^2} \cdot 6$
$6^x = 6^{-1}$
$x = -1$ 1 ☐

c) $2^{-4x+1} = \frac{1}{2}$

$2^{-4x+1} = \frac{1}{2}$
$2^1 \cdot 2^{-4x} = 2^{-1} \quad | \cdot 2^{-1}$
$2^{-4x} = 2^{-2}$
$-4x = -2 \quad | :(-4)$
$x = \frac{1}{2}$ 1 ☐

d) $10^{-2} - x = 2$

$10^{-2} - x = 2$
$-x = 2 - 10^{-2}$
$-x = 2 - 0{,}01$
$-x = 1{,}99 \quad | \cdot(-1)$
$x = -1{,}99$ 1 ☐

Punkte:

3

Ein Quader hat die Seitenlängen 6,0 cm, 4,0 cm und 3,0 cm.

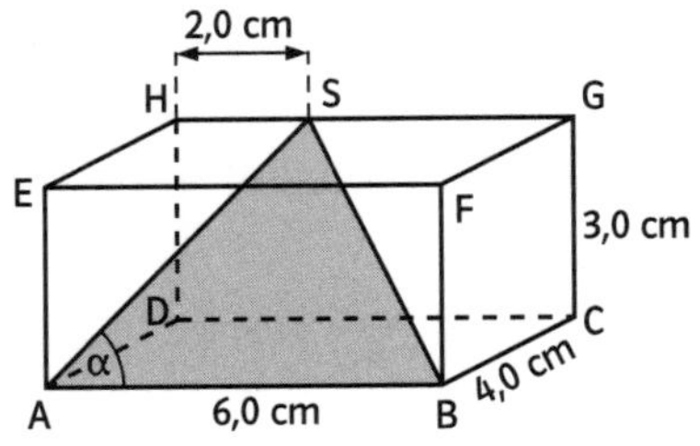

a) Berechne den Flächeninhalt des Dreiecks ABS.
Wie ändert sich dieser Flächeninhalt, wenn sich S auf der Strecke GH bewegt?

Höhe ST im Dreieck ABS
Der Abstand des Punktes S von der Kante AB ist genau so groß wie der Abstand des Punktes H von Punkt A.
AH ist Diagonale im Rechteck mit den Seitenlängen $\overline{AD} = 4{,}0\,cm$ und $\overline{DH} = 3{,}0\,cm$.
Mit dem Satz des Pythagoras im rechtwinkligen Dreieck ADH gilt:

$\overline{AH}^2 = \overline{AD}^2 + \overline{DH}^2$

$\overline{AH} = \sqrt{\overline{AD}^2 + \overline{DH}^2}$

$\overline{AH} = \sqrt{(4\,cm)^2 + (3\,cm)^2}$

$\overline{AH} = 5{,}0\,cm = \overline{ST}$

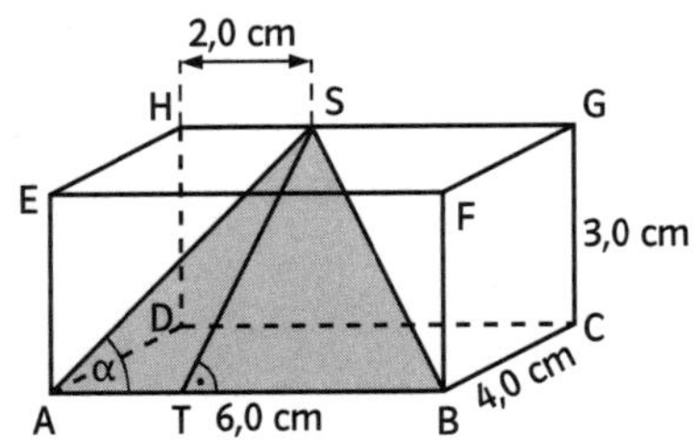

Flächeninhalt A des Dreiecks ABS

$A = \frac{1}{2} \cdot \overline{AB} \cdot \overline{ST}$

$A = \frac{1}{2} \cdot 6\,cm \cdot 5\,cm$

$A = 15\,cm^2$

Der Flächeninhalt des Dreiecks ABS ändert sich nicht, wenn S auf der Strecke GH bewegt wird, denn der Abstand des Punktes S von AB bleibt in jedem Fall unverändert, da GH zu AB parallel ist, ebenso die Grundseitenlänge des Dreiecks. 3 ☐

b) Wie lang ist die Dreiecksseite AS?

Länge der Dreiecksseite AS
Im rechtwinkligen Dreieck ATS gilt mit dem Satz von Pythagoras:

$\overline{AS}^2 = \overline{AT}^2 + \overline{TS}^2$

$\overline{AS} = \sqrt{\overline{AT}^2 + \overline{TS}^2}$

$\overline{AS} = \sqrt{(2\,cm)^2 + (5\,cm)^2}$

$\overline{AS} = \sqrt{29}\,cm$

Die Seite AS ist etwa 5,4 cm lang. 1 ☐

c) Welche Weite α hat der Winkel ∢BAS?
Welche Werte kann α annehmen, wenn sich der Punkt S auf der Strecke GH bewegt?

Weite des Winkels ∢BAS
Im rechtwinkligen Dreieck ATS gilt:

$\cos(\alpha) = \frac{\overline{AT}}{\overline{AS}}$

$\cos(\alpha) = \frac{2\,cm}{\sqrt{29}\,cm}$

$\cos(\alpha) = \frac{2}{\sqrt{29}}$

$\alpha \approx 68{,}2°$

Punkte:

Veränderung der Winkelweite
Wenn S mit H zusammenfällt, dann nimmt α seinen größt möglichen Wert an.
Es gilt: $\alpha_{max} = 90°$
Wenn S auf der Strecke GH auf G zu bewegt wird, dann wird α immer kleiner. Der kleinste Wert α_{min} wird für S = G angenommen. In diesem Fall gilt:

$\tan(\alpha_{min}) = \frac{\overline{BG}}{\overline{AB}}$

$\tan(\alpha_{min}) = \frac{\overline{AH}}{\overline{AB}}$

$\tan(\alpha_{min}) = \frac{5\,cm}{6\,cm}$

$\tan(\alpha_{min}) = \frac{5}{6}$

$\alpha_{min} \approx 39{,}8°$

Die Winkelweite α nimmt Werte zwischen etwa 39,8° und 90° an. 2 ☐

4

Beweise: Im Rechteck ABCD hat die Ecke B von der Diagonalen AC den Abstand
$e = \frac{ab}{\sqrt{a^2 + b^2}}$.

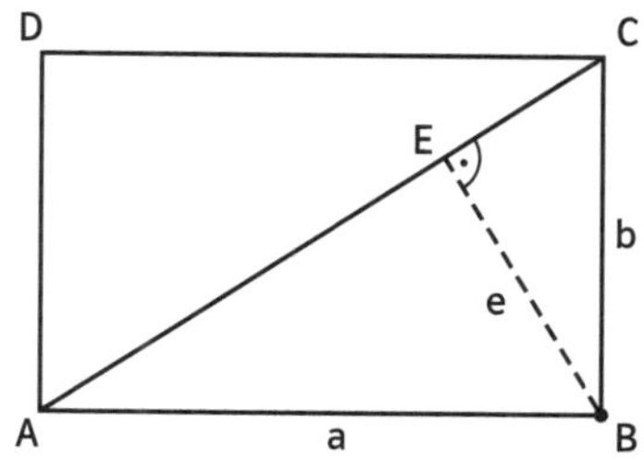

Voraussetzung
1. *Viereck ABCD ist ein Rechteck mit den Seitenlängen a und b.*
2. *E liegt auf der Diagonalen AC.*
3. *(BE) ist orthogonal zu (AC)*

Behauptung
$e = \overline{BE} = \frac{ab}{\sqrt{a^2 + b^2}}$

Beweis
Die Dreiecke ABC und CEB sind ähnlich:

$\sphericalangle CBA = 90° = \sphericalangle BEC$	*(Vor. 1; Vor. 3)*
$\sphericalangle ACB = \sphericalangle ECB$	*(gemeinsamer Winkel)*
$\sphericalangle BAC = \sphericalangle CBE$	*(Winkelsummensatz)*

Daher gilt:

$\overline{AC} : \overline{AB} = \overline{BC} : \overline{BE}$

$\overline{BE} = \frac{\overline{AB} \cdot \overline{BC}}{\overline{AC}}$

$e = \frac{a \cdot b}{\overline{AC}}$

Da AC die Diagonale im Rechteck mit den Seitenlängen a und b ist, gilt mit dem Satz des Pythagoras:

$\overline{AC}^2 = \overline{AB}^2 + \overline{BC}^2$

$\overline{AC} = \sqrt{\overline{AB}^2 + \overline{BC}^2}$

$\overline{AC} = \sqrt{a^2 + b^2}$

Folglich erhält man:

$e = \frac{ab}{\sqrt{a^2 + b^2}}$

Dies war zu zeigen. 4 ☐

Punkte:

5

Im Koordinatensystem sind die Graphen G_1 und G_2 zweier Bestandsentwicklungen B_1 bzw. B_2 eingezeichnet, die exponentielle Zunahme bzw. exponentielle Abnahme beschreiben.

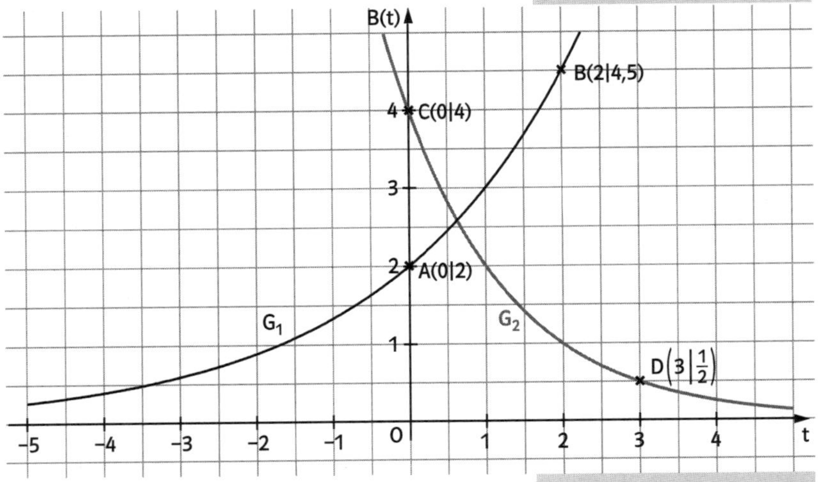

a) Bestimme unter Verwendung der eingezeichneten Punkte A, B, C und D die beiden Gleichungen zur Beschreibung der Bestandsentwicklungen.

Bestandsentwicklung B_1
Es gilt: $B_1(t) = B_1(0) \cdot q^t$
Da $A(0|2)$ *auf* G_1 *liegt, gilt:*
(1) $B_1(0) = 2$
Da $B(2|4{,}5)$ *auf* G_1 *liegt, gilt mit (1):*
$$B_1(2) = B_1(0) \cdot q^2$$
$$4{,}5 = 2 \cdot q^2 \qquad |:2$$
$$q^2 = 2{,}25$$
$$q = 1{,}5$$
Folglich: $B_1(t) = 2 \cdot 1{,}5^t$

Bestandsentwicklung B_2
Es gilt: $B_2(t) = B_2(0) \cdot q^t$
Da $C(0|4)$ *auf* G_2 *liegt, gilt:*
(2) $B_2(0) = 4$
Da $D\left(3\middle|\frac{1}{2}\right)$ *auf* G_2 *liegt, gilt mit (2):*
$$B_2(3) = B_2(0) \cdot q^3$$
$$\frac{1}{2} = 4 \cdot q^3 \qquad |:4$$
$$q^3 = \frac{1}{8}$$
$$q = \frac{1}{2}$$
Folglich: $B_2(t) = 4 \cdot \left(\frac{1}{2}\right)^t$

2 ☐

b) Bestimme durch eine geeignete Rechnung die Schnittstelle der beiden Graphen auf zwei Nachkommastellen gerundet.

Berechnung der Schnittstelle der Graphen
Es gilt: $B_1(t) = B_2(t)$
Folglich:
$$2 \cdot 1{,}5^t = 4 \cdot \left(\tfrac{1}{2}\right)^t \qquad |:2$$
$$1{,}5^t = 2 \cdot \left(\tfrac{1}{2}\right)^t \qquad |:\left(\tfrac{1}{2}\right)^t = 0{,}5^t$$
$$\frac{1{,}5^t}{0{,}5^t} = 2$$
$$\left(\frac{1{,}5}{0{,}5}\right)^t = 2$$
$$3^t = 2$$

Diese Gleichung wird mit einer Wertetabelle gelöst.
Die Werte sind auf zwei Nachkommastellen gerundet.

t	*0,60*	*0,70*	*0,62*	*0,63*	*0,64*
3^t	*1,93*	*2,16*	*1,98*	*2,00*	*2,02*

Die Schnittstelle der Graphen ist etwa 0,63.

2 ☐

Punkte:

1

Um zu verdeutlichen, welche unfassbar große Genauigkeit bei einer Kreisberechnung mit „nur" 100 Nachkommastellen von π erreichbar ist, hat man vor etwa 100 Jahren folgende Aufgabe konstruiert:

> Man nehme eine Kugel an, in deren Mittelpunkt die Erde liege und die bis zum Sirius reiche. Das Licht, das sich mit 300 000 $\frac{km}{s}$ fortpflanzt, braucht 8,75 Jahre von der Erde bis zum Sirius. Diese Kugel fülle man mit Bakterien. In einen Kubikmillimeter sollen eine Billion Bakterien passen. Alle diese Bakterien werden nun auf einer Kette aufgefädelt gedacht, so dass der Abstand zwischen benachbarten Bakterien gerade wieder so groß ist wie der Abstand des Sirius von der Erde. Die Länge dieser Kette sei dann der Radius eines Kreises.
> Berechnet man den Umfang dieses Kreises, indem man 100 Nachkommastellen von π verwendet, dann wird sich der erhaltene Näherungswert vom exakten Kreisumfang um weniger als ein Zehnmillionstel eines Millimeters unterscheiden.

Berechne den Radius dieses unvorstellbar großen Kreises.

Streckenlänge für ein Lichtjahr
$s = 300\,000\,\frac{km}{s} \cdot 365 \cdot 24 \cdot 60 \cdot 60\,s$
$s \approx 9{,}46 \cdot 10^{12}\,km$

Entfernung zum Sirius
$r = 8{,}75 \cdot s$
$r \approx 8{,}3 \cdot 10^{13}\,km$

Volumen der Kugel
$V = \frac{4}{3} \cdot \pi \cdot r^3$
$V = \frac{4}{3} \cdot \pi \cdot (8{,}3 \cdot 10^{13}\,km)^3$
$V = \frac{4}{3} \cdot \pi \cdot 8{,}3^3 \cdot 10^{39}\,km^3$
$V = \frac{4}{3} \cdot \pi \cdot 8{,}3^3 \cdot 10^{39} \cdot (10^6\,mm)^3$
$V = \frac{4}{3} \cdot \pi \cdot 8{,}3^3 \cdot 10^{39} \cdot 10^{18}\,mm^3$
$V \approx 2{,}4 \cdot 10^{60}\,mm^3$

Anzahl der Bakterien in dieser Kugel
$n = V \cdot 10^{12} \cdot \frac{1}{mm^3}$
$n \approx 2{,}4 \cdot 10^{60} \cdot 10^{12}$
$n \approx 2{,}4 \cdot 10^{72}$

Länge l der Kette
$l = n \cdot r$
$l \approx 2{,}4 \cdot 10^{72} \cdot 8{,}3 \cdot 10^{13}\,km$
$l \approx 2 \cdot 10^{86}\,km$

Der Radius dieses Kreises wäre etwa $2 \cdot 10^{86}$ km. 5 ☐

Punkte:

2

Eine Hochleistungspumpe in einem Labor kann den Druck in einem Probenbehälter in jeweils 10 Sekunden auf 50 % des vorherigen Drucks verringern. Der Anfangsdruck beträgt 1020 mbar.

a) Nach welchem Gesetz nimmt der Druck im Probengefäß ab?
Wie groß ist der Druck nach einer Minute?

Gesetz für die Druckabnahme
Die prozentuale Änderung des Drucks je Zeitschritt von 10 Sekunden ist konstant:
$p = -50\% = -0{,}5$
Daher liegt exponentielle Druckabnahme vor.
$B(n) = B(0) \cdot 0{,}5^n, \quad n \in \mathbb{N}.$
$B(0)$ ist die Maßzahl des in Millibar gemessenen Anfangsdrucks, $B(n)$ ist entsprechend die Maßzahl des in Millibar gemessenen Drucks nach n Zeitschritten von jeweils 10 Sekunden ($n \in \mathbb{N}$).
Somit:
$B(n) = 1020 \cdot 0{,}5^n, \; n \in \mathbb{N}$

Druck nach einer Minute
Eine Minute entspricht 6 Zeitschritten.
Somit:
$B(6) = 1020 \cdot 0{,}5^6$
$B(6) = 15{,}93\ldots$
Der Druck nach einer Minute beträgt etwa 16 mbar. 3 ☐

b) Wie lange dauert es, bis der Anfangsdruck auf weniger als ein Hundertstel Millibar abgenommen hat?

Laufzeit der Pumpe
Nun ist n so zu bestimmen, dass $B(n) = \frac{1}{100}$ gilt.
Folglich:

$$\frac{1}{100} = 1020 \cdot 0{,}5^n$$
$$\frac{1}{100 \cdot 1020} = 0{,}5^n$$
$$0{,}5^n = 9{,}8039 \cdot 10^{-6}$$

Diese Gleichung löst man mithilfe einer Wertetabelle.

n	10	15	16	17
$0{,}5^n$	$9{,}77 \cdot 10^{-4}$	$3{,}05 \cdot 10^{-5}$	$1{,}53 \cdot 10^{-5}$	$7{,}63 \cdot 10^{-6}$

Der Druck hat nach etwas weniger als 17 Zeitschritten, also nach knapp 170 Sekunden auf ein Hundertstel Millibar abgenommen. 2 ☐

Punkte:

3

Einem Kreis mit dem Radius r sind ein regelmäßiges Viereck mit der Seitenlänge s_4 (Quadrat) und ein regelmäßiges Achteck mit der Seitenlänge s_8 einbeschrieben. Berechne die Seitenlänge des Achtecks in Abhängigkeit vom Kreisradius r.

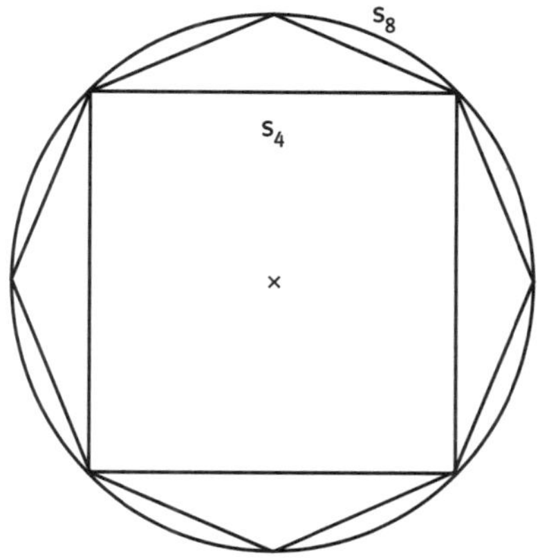

Berechnung von s_4
Da MB auf einer Quadratdiagonalen liegt, hat der Winkel ∢ABM die Weite $\alpha = 45°$.
Das Dreieck AMB ist rechtwinklig bei A und daher hat auch der Winkel ∢BMA die Weite $\alpha = 45°$.
Das Dreieck AMB ist somit auch gleichschenklig mit $\overline{AB} = \overline{AM} = \frac{1}{2}s_4$.
Mit dem Satz des Pythagoras ergibt sich:

$$\overline{MB}^2 = \overline{AM}^2 + \overline{AB}^2$$
$$r^2 = \left(\tfrac{1}{2}s_4\right)^2 + \left(\tfrac{1}{2}s_4\right)^2$$
$$r^2 = \tfrac{1}{4}s_4^2 + \tfrac{1}{4}s_4^2$$
$$r^2 = \tfrac{1}{2}s_4^2$$
$$s_4^2 = 2r^2$$
$$s_4 = \sqrt{2}\cdot r$$

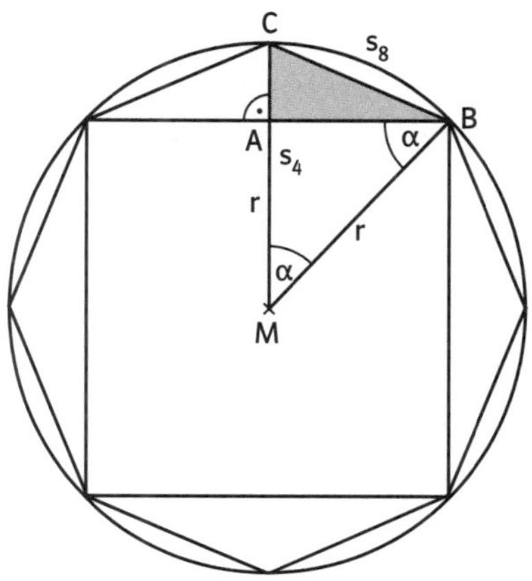

Berechnung von s_8
Mit dem Satz des Pythagoras im Dreieck ABC erhält man:

$$\overline{BC}^2 = \overline{AB}^2 + \overline{AC}^2$$
$$s_8^2 = \left(\tfrac{1}{2}s_4\right)^2 + (\overline{MC} - \overline{AM})^2$$
$$s_8^2 = \tfrac{1}{4}s_4^2 + \left(r - \tfrac{1}{2}s_4\right)^2$$
$$s_8^2 = \tfrac{1}{4}s_4^2 + r^2 - r\cdot s_4 + \tfrac{1}{4}s_4^2$$
$$s_8^2 = \tfrac{1}{2}s_4^2 - r\cdot s_4 + r^2$$

Mit $s_4 = \sqrt{2}\cdot r$ folgt daraus:

$$s_8^2 = \tfrac{1}{2}(\sqrt{2}\cdot r)^2 - r\cdot(\sqrt{2}\cdot r) + r^2$$
$$s_8^2 = r^2 - r^2\cdot\sqrt{2} + r^2$$
$$s_8^2 = 2\cdot r^2 - \sqrt{2}\cdot r^2$$
$$s_8^2 = (2 - \sqrt{2})\cdot r^2$$
$$s_8 = \sqrt{2 - \sqrt{2}}\cdot r$$

5 ☐

4

Das Trapez ABCD hat die parallelen Seiten AB und CD, wobei $\overline{AB} = 2 \cdot \overline{CD}$ gilt. Die Punkte M_a und M_c sind die Seitenmittelpunkte der Seiten AB und CD.
Die Strecken AM_c und DM_a schneiden sich in S, die Strecken BM_c und CM_a schneiden sich in T.
Weise nach, dass die Strecke ST parallel zur Strecke AB ist.

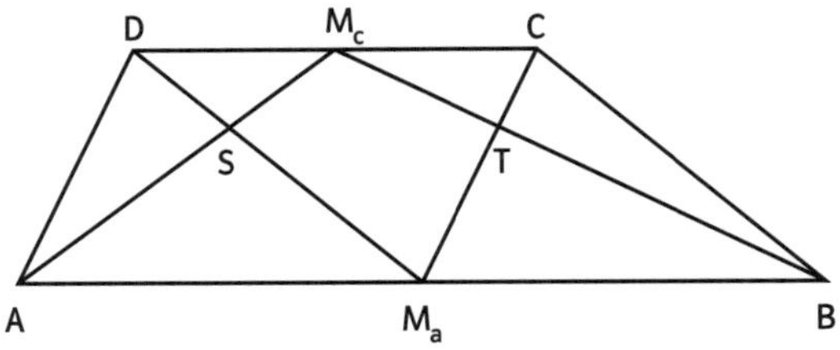

Lösungsidee
Die Parallelität von Geraden (Strecken) kann man z. B. mit der Umkehrung des 1. Strahlensatzes nachweisen. Dazu wird gezeigt, dass S bzw. T die Strecken AM_c bzw. BM_c im gleichen Verhältnis teilen.

Beweis
Die Strecken AB und CD sind nach Voraussetzung parallel.
Mit dem 2. Strahlensatz von S aus folgt:

$\overline{SA} : \overline{SM_c} = \overline{AM_a} : \overline{M_cD}$

$\overline{SA} : \overline{SM_c} = \left(\frac{1}{2}\overline{AB}\right) : \left(\frac{1}{2}\overline{CD}\right)$

$\overline{SA} : \overline{SM_c} = 2 : 1$

Entsprechend folgt mit dem 2. Strahlensatz von T aus:

$\overline{TB} : \overline{TM_c} = \overline{M_aB} : \overline{CM_c}$

$\overline{TB} : \overline{TM_c} = \left(\frac{1}{2}\overline{AB}\right) : \left(\frac{1}{2}\overline{CD}\right)$

$\overline{TB} : \overline{TM_c} = 2 : 1$

Zusammengefasst ergibt sich:

$\overline{SA} : \overline{SM_c} = \overline{TB} : \overline{TM_c}$

Die Abschnitte auf dem Strahl M_cA verhalten sich genau so wie die Abschnitte auf dem Strahl M_cB. Die Umkehrung des 1. Strahlensatzes von M_c aus gewährleistet daher, dass die Strecken ST und AB zueinander parallel sind.

Punkte: 4 ☐

Punkte:

5

Bei einem Schullandheimaufenthalt in den Bergen sehen die Schülerinnen und Schüler der Klasse 9a das abgebildete Verkehrszeichen.

Peter behauptet: „Jetzt steigt die Straße unter einem Winkel der Weite 22° an."
Denise meint: „Das stimmt nicht! Die Straße steigt auf dem nächsten Kilometer 220 m an."
Beurteile diese beiden Aussagen

Die Behauptung von Peter ist falsch.
Begründung
Das Schild sagt, dass die Steigung 22 % beträgt. Die Steigung ist der Tangens des Steigungswinkels α:

$\tan(\alpha) = 0{,}22$

$\alpha \approx 12{,}4°$

Die Straße steigt also unter einem Winkel von etwa 12,4°.

Die Behauptung von Denise trifft nicht zu.
Begründung

$\tan(\alpha) = \frac{220\,m}{1000\,m}$

$\tan(\alpha) = 0{,}22$

$\tan(\alpha) = 22\,\%$

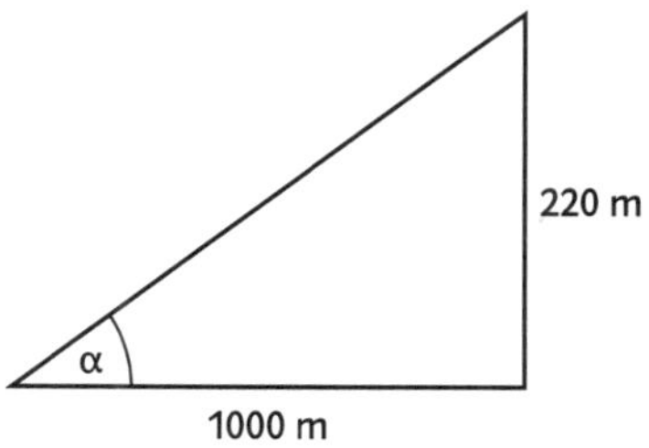

Der Weg längs der Straße gemessen ist jedoch länger als 1 km.

2 ☐

6

Begründe mithilfe einer Zeichnung, dass für alle Winkelweiten α, $0° \leqq \alpha \leqq 90°$, gilt:

a) $\cos(\alpha) = \sin(90° - \alpha)$

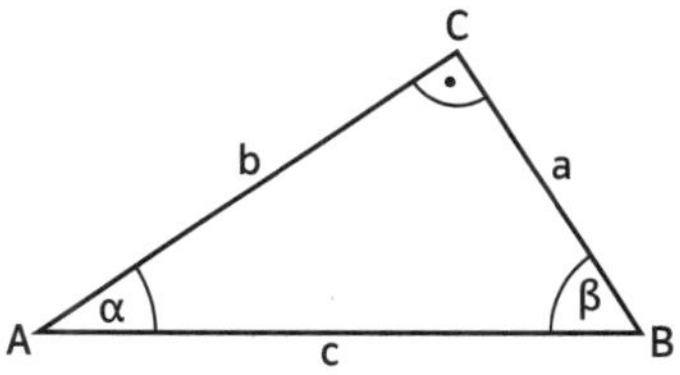

Im rechtwinkligen Dreieck ABC gilt:

$\sin(\beta) = \frac{b}{c}$

$\cos(\alpha) = \frac{b}{c}$

Da $\alpha + \beta = 90°$, *folgt daraus* $\cos(\alpha) = \sin(\beta) = \sin(90° - \alpha)$

1 ☐

b) $\sin(\alpha) = \sqrt{1 - \cos^2(\alpha)}$

Im rechtwinkligen Dreieck ABC gilt mit dem Satz von Pythagoras:

$a^2 + b^2 = c^2$

Daraus ehält man nach Division durch c^2:

$\frac{a^2}{c^2} + \frac{b^2}{c^2} = 1$

$\left(\frac{a}{c}\right)^2 + \left(\frac{b}{c}\right)^2 = 1$

Mit $\sin(\alpha) = \frac{a}{c}$ *und* $\cos(\alpha) = \frac{b}{c}$ *folgt:*

$\sin^2(\alpha) + \cos^2(\alpha) = 1$

$\sin^2(\alpha) = 1 - \cos^2(\alpha)$

$\sin(\alpha) = \sqrt{1 - \cos^2(\alpha)}$

Dies war zu zeigen.

2 ☐

Bildquellennachweis

U1.1 Corbis (Diego Lezama Orezzoli), Düsseldorf; **U1.2** Getty Images (Stone/Jody Dole), München; **28** Siegfried Liebrecht Agentur und Verlag (Gaymann), Hannover; **47** CCC, www.c5.net (Claude-Bernard Gay), Pfaffenhofen a.d. Ilm; **48** Olivieri, Markus, Laufenburg/Baden; **53.1**; **53.2** Klett-Archiv, Stuttgart; **68** HNF (Jan Braun), Paderborn; **69** Wikimedia Foundation Inc. (gemeinfrei), St. Petersburg FL; **72** Fotolia LLC (Stefan Rajewski), New York; **73** Ganson, Arthur, Stoneham, MA; **82** BPK, Berlin; **86** FOCUS (Sinklier), Hamburg; **87** Fotolia LLC (pzAxe), New York; **107** URW, Hamburg; **127** creativ collection Verlag GmbH, Freiburg; **131** FOCUS (SPL, Dr. Tony Brain), Hamburg; **140** URW, Hamburg; **142** creativ collection Verlag GmbH, Freiburg; **146** FOCUS (SPL, Dr. Tony Brain), Hamburg; **155** URW, Hamburg

Sollte es in einem Einzelfall nicht gelungen sein, den korrekten Rechteinhaber ausfindig zu machen, so werden berechtigte Ansprüche selbstverständlich im Rahmen der üblichen Regelungen abgegolten.